国家出版基金项目
NATIONAL PUBLICATION FOUNDATION

走近航天科普丛书

探测月球

——嫦娥探月知识问答

刘继忠　主编

中国宇航出版社

·北京·

图书在版编目（CIP）数据

探测月球：嫦娥探月知识问答 / 刘继忠主编. -- 北京：中国宇航出版社，2022.1

（走近航天科普丛书）

ISBN 978-7-5159-1985-0

Ⅰ. ①探… Ⅱ. ①刘… Ⅲ. ①月球探索－普及读物 Ⅳ. ①V1－49

中国版本图书馆CIP数据核字(2021)第268894号

责任编辑　马　喆　　　**装帧设计**　宇星文化

出版发行	中国宇航出版社		
社　址	北京市阜成路8号　邮　编　100830 (010)68768548	版　次	2022年1月第1版 2022年1月第1次印刷
网　址	www.caphbook.com	规　格	710×1000
经　销	新华书店	开　本	1/16
发行部	(010)68767386　(010)68371900 (010)68767382　(010)88100613（传真）	印　张	25.25
		字　数	380千字
零售店	读者服务部 (010)68371105	书　号	ISBN 978-7-5159-1985-0
		定　价	88.00元
承　印	北京中科印刷有限公司		

本书如有印装质量问题，可与发行部联系调换

《探测月球——嫦娥探月知识问答》
编审委员会

前言

嫦娥奔月，是中华民族古老的神话传说；月球探测，是人类开展深空探测的起点。2004年，党中央、国务院批准绕月探测工程立项，自此，中国探月工程——嫦娥工程正式拉开帷幕。

18年来，参与探月工程的全体人员从零起步、不畏艰难、勇于探索、锐意创新，不断攀登航天科技高峰，突破了一大批拥有自主知识产权的核心关键技术，圆满完成了包括绕月探测、落月勘察、采样返回三步走的七次探测任务，实现了获取月球三维影像、探测地月空间环境、探测月壤厚度结构、调查月表地形地貌、地外天体取样返回等科学目标，同时孕育形成了“追逐梦想、勇于探索、协同攻坚、合作共赢”的探月精神。探月工程是航天强国建设征程中的重要里程碑，对中国航天事业发展具有十分重要的意义。

为了向广大读者普及月球探测科技知识，本书编委会组织专家，编写了《探测月球——嫦娥探月知识问答》科普图书。本书共7章，从工程总体角度，介绍了中国探月工程的概况；通过绕月探测、落月勘察、采样返回三章，分别介绍了包括嫦娥一号、嫦娥二号在内的绕月探测任务，包括嫦娥三号、嫦娥四号、鹊桥中继星在内的落月探测任务，包括再入返回飞行试验器、嫦娥五号在内的采样返回任务；通过火箭发射、测控回收、地面应用三章，分别介绍了包括运载火箭、发射场、测控与回收、地面应用等工程组成系统。本书以问答形式，通过101个问题，由浅入深、循序渐进地将探月工程的相关知识，用通俗易懂、生动活泼的语言展现给广大读者，使读者能够了解中国探月工程的科学知识、技术应用和研究成果，提升社会大众对航天事业的关注和对科学探索的热爱。

本书由刘继忠担任主编，蒋宇平、张铁钧、唐玉华担任副主编。第一章由周武、耿言、唐玉华撰写；第二章由蒋宇平、张铁钧撰写；第三章由蒋宇平、袁勇撰写；第四章由卢亮亮、张铁钧、蒋宇平、袁勇撰写；第五章由谢建玲、王东锋撰写；第六章由李海涛撰写；第七章由蒋宇平撰写。李平、刘彤杰、钱航、王琼、黄晓峰、薛长斌、张洪波等专家参与了对编写提纲和书稿的审阅，刘继忠对全书进行了审定。本书得到了国家出版基金的资助。在此，对各位作者、专家的辛勤付出和国家出版基金的大力支持表示衷心的感谢。

书中如有不妥之处，欢迎读者批评指正。

刘继忠

2022年1月

目录

第一章　工程总体

第二章　绕月探测

第三章　落月勘察

第四章　采样返回

第五章　火箭发射

第六章 测控回收

第七章 地面应用

第一章 工程总体

1 中国为什么实施探月工程？

开展月球探测工程，是党中央把握我国经济科技发展大势做出的重大战略决策，是中国航天事业持续发展、急起直追、重点跨越的必然选择。工程自立项以来已圆满完成七次探测任务，为未来开展月球和行星探测奠定了坚实基础。

1991 年，长征二号捆绑式运载火箭的成功，大幅度提升了中国进入空间的能力，我国航天专家提出开展月球探测工程的建议。从 1994 年起，“863”计划航天领域专家组对开展月球探测的必要性和可行性进行了初步分析与论证，认为中国已有能力开展月球探测，并以“863”计划的名义发表了《我国月球探测技术发展的建议》。

1998 年，在国防科工委组织下，中国适时开展了以月球探测为起点的深空探测活动深化论证工作。“开展探月有没有必要？是否可行？上月球干什么？做哪几件事情？”专家们进行了系统论证和先期科技攻关，先后向相关主管部门提交了《中国月球探测发展战略研究》和《月球资源探测卫星科学目标》等论证报告。

专家们一致认为：月球是人类走出地球、奔向更深远宇宙的起点，实施探月工程，不但能确保我国在国际月球探测活动中占有一席之地，提高我国认识月球、和平利用太空的能力，更有利于提高我国航天技术水平，推动空间科学、天文学、生命科学、材料科学等基础科学和信息技术、新能源技术、新材料技术、微机电技术、动力技术等高新技术的创新和发展，对于促进我国科技进步、经济可持续发展具有强大的推动作用，对于增加我国民族自信心和综合国力都具有重大的现实意义和深远影响，同时，也为人类社会进步和发展贡献中国智慧和力量。

2000 年 10 月 5 日，在北京召开的首届世界空间周庆祝大会上，国防科工委副主任、国家航天局局长栾恩杰做了题为《面向 21 世纪的中国航天》的专题发言：“在空间探测方面，中国将实现月球探测，并积极参与国际火星探测活动，使中国的空间探测技术上升到一个更高的水平。”这是中国高层首次公开表明探月决心。11 月 22 日，中国政府首次公布航天白皮书——《中国的航天》，明确了近期发展目标中包括“开展以月球探测为主的深空探测预先研究”。

2001~2002 年间，栾恩杰、孙家栋组织全国各方面力量，对首期目标——发射一颗卫星去月球又进行了为期一年的综合论证，最后得出结论：科学目标明确、先进，技术能够实现，没有难以逾越的技术问题。

2004 年 1 月 23 日，国务院批准绕月探测工程立项。国防科工委任命了工程总指挥栾恩杰、总设计师孙家栋，聘任欧阳自远为首席应用科学家，各项工作进入工程实施阶段。

以“嫦娥”命名工程，不仅赋予了工程历史内涵和人文气息，也表明了这是中华民族的工程。通过全国公开征集，中国探月工程的标识（见图 1）

顺势而出：以中国书法的笔触，抽象地勾勒出一轮圆月，一双脚印踏在其上，昭示着中国人走向月球的决心，圆弧的起笔处自然形成龙头，象征中国航天如巨龙腾空而起，落笔处由一群自由飞翔的和平鸽构成，表达了中国和平利用太空的美好愿望。

图 1　中国探月工程的标识

18 年来，参与探月工程建设的全体人员大力弘扬“追逐梦想、勇于探索、协同攻坚、合作共赢”的探月精神，凭借新型举国体制优势，攻坚克难，不断攀登新的科技高峰。如今，中国已经昂首进入了深空探测的新时代，天问一号已在火星开展环绕和巡视探测。未来，我们的探测器还要飞得更远，去探测小行星、木星、天王星，我们也将与其他国家一道，共同建设国际月球科研站。

2 探月工程包括哪几个阶段?

中国开展月球探测虽然起步较晚，但蓝图谋划长远、落实精准，步子大、迈得稳。从最初没有成熟经验可借鉴、没有充分数据可参考的困境中起步，中国航天人步步衔接、开拓创新，走出了一条中国人自己的探月之路。

探月工程自2004年立项以来，按照“绕”“落”“回”三步走（见图1）的既定方针，分为三个阶段，聚焦“自主创新、重点跨越、支撑发展、引领未来”的目标，“一张蓝图绘到底”，“一条龙”攻关攻坚，“一盘棋”协同推进，“一体化”迭代提升，实现了“七战七捷”。

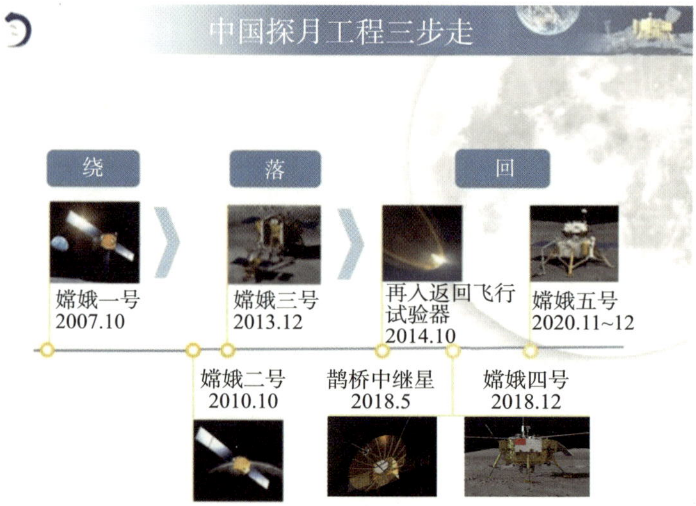

图1　中国探月工程三步走

2007年10月24日，嫦娥一号卫星在西昌卫星发射中心由长征三号甲运载火箭发射成功，拉开了中国人探索月球的序幕。嫦娥一号卫星携带立体相机、成像光谱仪、激光高度计、微波探测仪、高能粒子探测器和太阳风离子探测器等多种科学仪器，在距月面200千米的轨道绕行了近500天，突破至地球外天体的飞行技术，获得了世界首幅三维立体全月图，分析月球表面元素含量和物质类型的分布特点，探测月壤特性和地月空间环境。2009年3月1日，嫦娥一号受控落于月球东经52.36°、南纬1.50°的预定区域，为探月第一步“绕”的任务画上一个圆满的句号，表明第一阶段即探月工程一期任务顺利完成。

嫦娥一号的旗开得胜为其备份星赢得了自由发挥的空间和时间，2010年发射的嫦娥二号工作轨道距月面仅100千米，获得了分辨率更高的三维影像、月球物质成分分布图等重要科学数据，为后续“落”的任务选址打下坚实的基础。完成既定任务后，嫦娥二号开展了拓展试验，先前往距地球150万千米的日地拉格朗日L2点，完成了一个完整周期的飞行探测；之后，飞到700万千米外，以不到3千米的距离与图塔蒂斯小行星擦肩而过，首次实现了我国对小行星的飞越探测。最后，它飞到一亿千米之外，对我国深空测控有关技术进行了验证，目前已成为环绕太阳飞行的人造小行星。

执行“落”任务的嫦娥三号探测器由着陆器与玉兔号巡视器组成，突破了月球软着陆、自动巡视勘测、测控通信与遥操作等关键技术。2013年12月2日，嫦娥三号探测器在西昌卫星发射中心由长征三号乙成功发射，12月14日安全着陆在月球北纬44.12°、西经19.51°的虹湾着陆区。12月15日，玉兔号巡视器（月球车）与着陆器分离，驶抵月面，实现两器互拍，标志着探月第二步“落”任务即探月工程二期任务圆满完成。后续着陆器、巡视器开展了“测月、巡天、观地”科学探测，获取了着陆巡视区月面下330米处分层结构和月面物质介电常数，得到了地球周围15个地球半径的等离子体层紫外图像数据，发现了等离子体层膨胀凸起现象，揭示了太阳活动对地球空间环境的影响。由于月表气象认知原因，月球车于2014年1月25日停止工作。着陆器工作至今，已超过2700个地球日，成为人类迄今月面工作最长的探测器。

嫦娥三号任务的完成，让嫦娥四号被赋予大胆创新的特殊使命，作为探月四期首次任务，为建设月球科研站基本型，提供先期验证。在2018年5月21日发射的鹊桥中继卫星的支持下，2019年1月3日，嫦娥四号探测器在月球南极艾特肯盆地内的冯•卡门撞击坑成功着陆，成为世界首个在月球背面软着陆并巡视探测的航天器。嫦娥四号首次揭示月球背面地下40米浅层结构，发现其由低损耗的月壤物质和大小不同的大量石块组成。

“回”为探月工程三期任务，为降低风险，由两次发射任务组成。2014年10月，我国发射了再入返回飞行试验器，实现了中国航天器首次以第二宇宙速度返回地球，对“半弹道跳跃式返回”再入关键技术进行了验证。之后，服务舱先后完成地月拉格朗日L2点绕飞、月球轨道交会对接、远程导引控制等拓展试验任务，为后续嫦娥五号任务的顺利实施开展了技术验证。

2020年11月24日，嫦娥五号探测器在海南文昌航天发射场发射升空，开启了我国首次地外天体采样返回之旅，主要任务是突破采样返回探测器小型采样返回器、月表钻岩机、月表采样器、机器人操作臂等技术，采集月球样品返回地球，进行实验室分析研究，深化对地月系统的起源与演化的认识。嫦娥五号先后完成月球表取、钻取采样和封装任务，上升器成功与轨道器返回器组合体交会对接，返回器于12月17日携带月球样品，在内蒙古四子王旗预定区域安全着陆。嫦娥五号着陆器留在月面开展原位探测，轨道器继续完成拓展性任务。嫦娥五号任务的成功实施，标志着探月工程第三步“回”任务即探月工程三期任务圆满完成。

探月工程重大科技专项“绕、落、回”已圆满收官，后续将进行更深入的月球探测活动。目前，我国已公布了探月四期工程后续计划。首次任务嫦娥四号已成功实施，嫦娥六号、嫦娥七号和嫦娥八号探测器计划将分别在月球背面进行采样返回、综合探测和月球科研站建设。“嫦娥”姐妹们不会止步，还将不断书写人类探索月球的新篇章。

3 探月工程由哪些系统组成？

2006年，在国家中长期科学和技术发展规划纲要中，探月工程被列为十六个重大专项国家战略科技工程之一，由国家航天局组织实施，具体由工程总体以及探测器、运载火箭、发射场、测控（测控与回收）、地面应用等五大系统组成（见图1）。工程汇聚了全国包括港澳地区在内的数千家单位、数万名科技工作者，技术的每一次突破，工程的每一步跨越，都是各系统团结协作、攻坚克难和勇攀高峰的结果。

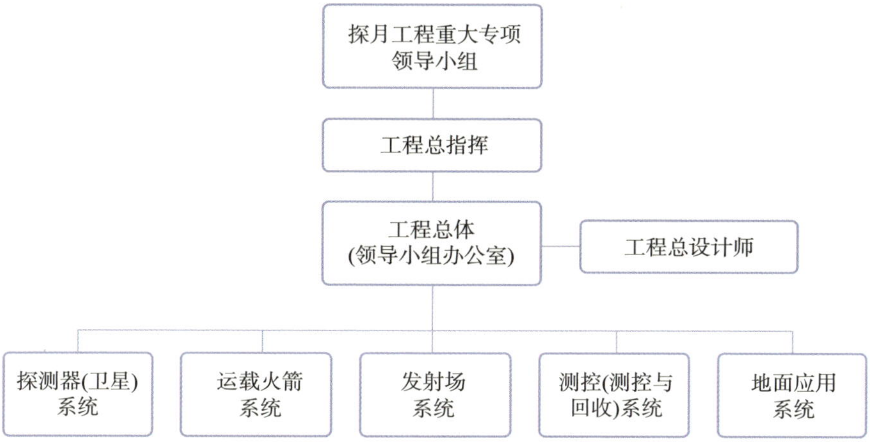

图1　探月工程组织体系（工程总指挥系统、工程总体）

探测器系统由探测器平台和有效载荷两部分组成。探测器平台由相关分系统组成，一般包含结构与机构分系统、供配电分系统、数据管理分系统、测控数传分系统、制导导航与控制分系统、推进分系统和热控分系统等，各分系统完成相关功能，携带有效载荷，实现对月球的环绕、着陆和巡视等探测任务。

运载火箭系统负责把“嫦娥”姐妹们运送到地月转移轨道。长征三号甲系列火箭性能稳定、技术成熟，可满足探月工程一、二期发射任务要求；长征五号是我国新一代大型运载火箭，地月转移轨道运载能力大于8吨，满足探月工程三期任务需求。

发射场系统负责承担卫星、探测器、火箭的测试和发射任务。西昌卫星发射中心是一个技术状态良好、技术成熟度较高的发射场系统；文昌航天发射场是我国新世纪新建的沿海发射场。嫦娥一号至嫦娥四号探测器和鹊桥中继星先后使用了长征三号甲、丙、乙火箭从西昌卫星发射中心发射，嫦娥五号探测器从文昌航天发射场由长征五号运载火箭发射。

测控系统负责卫星和探测器的测量与控制，总体要求是确保跟踪完整、测量准确、指令无误。中国航天测控网和甚长基线干涉测量（VLBI）网共同完成嫦娥任务各飞行段的测定轨及定位任务。VLBI测轨分系统由北京站、上海站、昆明站和乌鲁木齐站以及位于上海天文台的VLBI数据处理中心组成。

地面应用系统负责探测数据的接收、处理、管理、应用与研究，包括运行管理分系统，数据接收分系统，数据预处理分系统，数据管理分系统，样品存储、制备与处理分系统，样品与探测数据研究分系统等分系统。

为了中国航天事业可持续发展，几代航天人紧紧围绕自立自强这条主线，探索形成一整套符合国情的组织结构、创新团队和体制机制。“两总”模式（总指挥系统＋总设计师系统）是在型号工程研制过程中创建并不断完善的行政与技术两条指挥线的管理方式。行政指挥和技术指挥系统高度协调，自上而下形成岗位责任明确、各个环节可追溯的责任制度。探月工程各系统结合自身职能定位和专业方向，按照分工有序、协作互补、系统集成的协同创新模式，形成持续强大的创新合力。

探月工程的实施建立了我国月球探测核心能力，培养造就了一支专业化、年轻化、能打硬仗的人才队伍，形成了组织实施复杂航天工程的系统工程方法，积淀彰显了“追逐梦想、勇于探索、协同攻坚、合作共赢”的探月精神，为我国加快建设航天强国做出了突出贡献。

在探月工程任务实施中，中国向世界敞开探月合作大门，开创了国际合作的新领域。中国与欧空局、阿根廷、纳米比亚、巴基斯坦等国际组织和国家开展了测控领域的协同合作；中国与俄罗斯合作的同位素热源保障了嫦娥三号、嫦娥四号探测器安全度过月夜；嫦娥四号任务中包含了由荷兰、德国、瑞典、沙特科学家参与研制的4台科学载荷。后续，中国还将依据月球样品及数据管理办法，广泛征集合作方案，鼓励国内外更多科学家参与科学研究，力争获得更多科学成果。

4 嫦娥探测器有哪些探测模式?

一般将对太阳系天体的近距离探测分为有人探测和无人探测（也称作机器人探测）。有人探测目前只有美国实现过载人登月，人类下一个载人登陆的目标是火星。无人探测通常有撞击、飞越、环绕、着陆、巡视、采样返回几种形式。

撞击是探测器直接撞上目标天体，在接近目标天体的短暂过程开展探测并传回数据，也称硬着陆；飞越就是从目标天体旁边飞掠过去，在一定距离内开展探测。撞击和飞越探测时间非常短暂、获取的信息比较有限，是在航天探测的起步阶段，对目标星球的了解比较少、航天技术能力还较弱的早期常用的手段，现在除非有特殊需要，一般很少采用。

环绕探测，是将探测器变成目标天体的卫星，稳定地绕目标天体飞行，对其进行长期的远距离观察，这种类型的探测器也称作轨道器，如我国的嫦娥一号、嫦娥二号，都是对月球开展环绕探测。人类开展的大部分探测活动采用这种形式，技术较容易实现，成本较低，可以获取大量的数据，但一般都是大尺度的数据。

着陆探测，顾名思义，就是探测器着陆到目标天体表面，如果探测器没有行动能力，只在原地开展近距离科学探测，称作着陆器；如果探测器是可移动的，可以边走边对感兴趣的目标开展近距离探测，称作巡视器，俗称“××车”，如月球车、火星车，相应的探测方式称作巡视探测。如我国的嫦娥三号、四号，既有着陆器，也有巡视器（即玉兔号、玉兔二号月球车）。目前人类实现了对月球、火星、金星、彗星、小行星的成功着陆，在月球和火星上开展了多次巡视探测。

取样返回，就是指挥探测器从目标天体上采集样品，然后将样品送回地球，开展实验室精细分析。对行星（包括大的卫星）开展这种形式的探测，往往任务比较复杂，难度和规模都比较大，目前仅实现了月球和小行星的有人和无人取样返回。日本 2003 年发射的“隼鸟号”实现了 25143 小行星采样返回。我国正在研制“天问二号”，将实现 2016H03 小行星采样返回。

5 月球环境有什么特殊之处？

月球是地球的天然卫星，围绕地球作近圆形轨道运动，其轨道半长轴为384400千米，偏心率为0.05，地月通信时间滞后约3秒。月球轨道面（月球绕地球旋转轨道所在平面，也称为白道面）与地球轨道面（地球绕太阳旋转轨道所在平面，也称为黄道面）夹角在4°57′ ~5°17′ 之间变化，平均为5°9′；月球自转轴的倾角为1°32′ （自转轴相对于黄道面法线夹角）；月球的赤道面与月球轨道面夹角平均为6°41′ ，如图1所示。

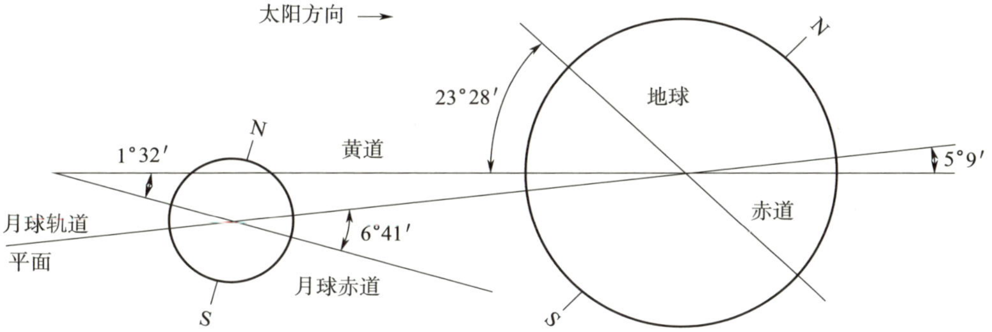

图1 月球绕地球的旋转轴和轨道几何关系

由于潮汐锁定[①]的作用，使得月球的自转周期等于其绕地球的公转周期，这导致月球总以同一个半球面朝地球，而地球上也永远无法直接观察到月球背面。同时由于天平动[②]的效应，地球上可以观测到的月球面积比50%略大，约为59%。

月球自转周期为27.3217天（月球的恒星日），月球上的一天约等于地

① 天文学术语，（或同步自转、受俘自转）发生在中心天体的重力梯度（也被称为潮汐力）使其中心天体重力场中的其他天体永远以同一面对中心天体。典型代表有太阳周围的水星、地球周围的月球。

② 从中心天体看到已经潮汐锁定卫星缓慢的摆动，这种摆动可以是真实摆动，也可以是视觉效应。

球上的一个月，同时由于月球自转轴倾角仅有1°32′，几乎垂直于黄道面，远小于地球的23°28′，这导致月球表面不同纬度的区域昼夜几乎等长，均为14天，类似于地球处于春分或秋分点时全球昼夜等长的状态。

月球基本上是一个球体，直径为3476千米，相当于地球直径的27%；质量为7.35×10^{22}千克，约为地球质量的1/81；体积只有地球体积的1/49；表面积为3790万平方千米，是地球表面积的1/14；月球的平均密度为3.34克/立方厘米，比地球的平均密度（5.52克/立方厘米）小。月球重力加速度只有地球的1/6，月球赤道上的重力加速度为1.62米/秒^2。月球上的逃逸速度只有2.38千米/秒，比地球上的逃逸速度（11.2千米/秒）小得多。

根据月球轨道飞行器测量的结果，月球没有全球性的偶极磁场。对月球岩石样品剩磁的研究，发现在32亿年前的月球岩石具有较明显的剩余磁场强度，表明古代月球具有偶极磁场；而后期形成的岩石，几乎缺乏剩磁，表明月球全球性的磁场已消失。在阿波罗任务中，只检测到了一个非常弱的磁场，大约只有（3~300）$\times 10^{-9}$特，作为对比，地球磁场约为（5~6）$\times 10^{-5}$特，远高于月球。

月球表面没有大气（实际上月球表面有极其微薄的大气，其气压仅为地球表面大气的万亿分之一，可以忽略）。由于没有大气层的保温和传热，月表昼夜温差非常大，白天受阳光照射的地方，温度可高达127℃，而夜间和阳光照射不到的阴暗处，温度会下降到−190℃，月食的时候，月球表面会迅速冷却，2小时内温度下降可达250℃。同时月球表面的导热性非常小，研究发现月表温度变化仅在岩石表面12厘米范围内进行，更深的地下层，昼夜温度波动不大。

由于没有磁场与大气的庇护，太阳风与宇宙射线可以直接到达月球表面，月球面临的辐射来源包括太阳风、太阳耀斑事件与银河宇宙射线；按照辐射类型，月球表面面临的电离辐射包括质子、电子和一些重核子。由于这些粒子的能量和组成不同，它们与月球相互作用也不同，渗透深度从几厘米到几米不等。任何近月和月表的探测器都需要进行辐射防护。月球表面辐射主要来源于以下三种：

太阳风：属于稀薄热等离子体，发源于高温日冕，太阳风的主要成分是电子和质子，占95%以上；重离子成分主要是氦离子，约占4.8%，其他成分如氧离子、铁离子等含量甚少。

太阳耀斑：随着太阳耀斑的发生，太阳也间歇地产生高能带电粒子强流，包括了太阳耀斑质子与太阳宇宙射线。特大质子事件会给航天器带来数百拉德的电离总剂量，太阳宇宙射线会引发电子元器件的单粒子事件。

银河宇宙射线：来自太阳系以外的银河系高能粒子。银河宇宙射线能量极高，但通量很低，其对电离总剂量贡献较小，主要需防护其引发单粒子事件。

月球表面覆盖一层淡褐、暗灰色土壤，称为月壤，其元素与地球上的基本相同，包括氧、硅和铝。月壤大部分由小于1毫米的、具有粘聚的细颗粒组成。多数月壤的颗粒大小差异不大，月壤颗粒大小的中间值为40~130微米，平均大小为70微米。由于月壤非常细小，推力器的点火、巡视器与月壤相互作用、稍大一点的陨石撞击都可能引起悬浮尘埃，形成月尘环境。悬浮尘埃可以侵蚀没有完全密闭的轴承、齿轮和其他机械装置，造成机械元件磨损。而且月球尘埃携带有静电，可以造成仪器表面被覆尘埃。由于月壤长期受到太阳风与宇宙射线辐照，其内部还有少量的氦3（据估计氦3约占月壤质量的亿分之一），氦3与氘聚变时不产生中子辐射，是一种清洁而理想的聚变材料，具有潜在价值。

月球表面存在月震，根据阿波罗被动月震仪8年的监测结果，月震活动非常微弱，基本上可以忽略。

整个月球表面总体上可分为月海（Mare）和月陆（也称高地）（Highland）两大地理单元。月海是月面上宽广的平原，约占月表面积的25%。绝大多数月海分布在月球正面（即向着地球的一面），约占整个正面半球表面积的一半，尤以北半球的月海分布更为显著。月海地区最大坡度约为17°，一般坡度在0°~10°。高地是指月球表面高出月海的地区，一般高出月球水准面约2~3千米，面积约占月表面积的75%。在月球正面，高地的总面积和月海的总面积大体相等；在高地地区较月海地区起伏更大，最大坡度约为34°，一般为0°~23°。撞击坑内侧坡度很陡，在25°~50°之间，一般为35°，外侧坡度则很缓，只有3°~8°。月球表面高程如图2所示。

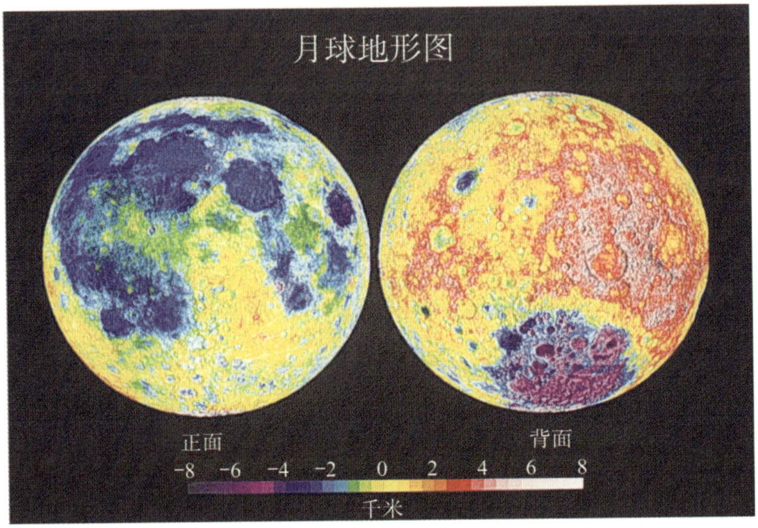

图2　月球表面高程图

第二章
绕月探测

6 绕月探测卫星包括哪些分系统？

截至2021年年底，中国探月工程共发射了5颗月球探测器，其中嫦娥一号、嫦娥二号属于绕月探测卫星，嫦娥三号、嫦娥四号属于月球着陆探测器（携带月球巡视探测器），嫦娥五号属于月面采样返回探测器。

嫦娥一号卫星由结构，热控，制导、导航与控制，推进，供配电，数据管理，定向天线，测控数传和有效载荷等9个分系统组成。这些分系统各司其职、协同工作，保证绕月探测任务的顺利完成。星上的有效载荷用于完成对月球的科学探测和试验，其他分系统则为有效载荷正常工作提供支持、控制、指令、管理、保证和服务。

（1）结构分系统。用于支撑和固定卫星上的各种仪器、设备，使之构成一个整体。在地面运输、火箭发射和空间运行过程中，结构分系统负责承受和传递各种外力。

（2）热控分系统。在卫星发射和运行期间，控制卫星内部和外部的热交换，使星上仪器、设备的工作温度稳定在要求的范围内。

（3）制导、导航与控制分系统。负责对卫星飞行路线偏差进行修正和控制，对卫星姿态进行测量和控制，对卫星太阳能电池帆板和有效载荷进行指向控制，保证卫星在飞行期间的轨道稳定，并保持一定的飞行姿态。

（4）推进分系统。在星箭分离后，按照制导、导航与控制分系统的指令，开、关各类发动机，实现卫星的轨道机动、轨道修正和姿态调整。包括为卫星轨道机动和轨道修正提供动力，为卫星姿态调整提供力矩。

（5）供配电分系统。由太阳能电池帆板、蓄电池和变压器等组成，为卫星生产、贮存和调节电能，以满足星上仪器、设备在飞行过程中的用电需求。

（6）数据管理分系统。负责将星上的遥测、遥控、数据传输、数据处理等任务，综合在一个以计算机为主的系统中，以实现各项功能的综合管理与调度。

（7）定向天线分系统。卫星入轨后，顺利完成定向天线解锁、展开和到位锁定，在地面测控站和星上制导、导航与控制分系统的控制下，实现对地跟踪，保证信号在射频信道的正常传输。

（8）测控数传分系统。负责提供卫星和地面测控站之间的 S 频段射频信道和 X 频段射频信道。

（9）有效载荷分系统。有效载荷分系统是探月卫星的主角，负责对月球进行科学探测和试验。

嫦娥二号卫星是中国探月工程二期先导星，由嫦娥一号的备份星改造而成。因此，与嫦娥一号卫星的构成大同小异。

与嫦娥一号卫星相比，嫦娥二号卫星增加了技术试验分系统，包括 X 频段应答机、降落相机、监视相机等工程载荷。

有效载荷分系统除了继承嫦娥一号卫星的部分有效载荷外，还对原有部分有效载荷进行了改进，用于提高探测精度、准确度和分辨率，扩展探测种类，深化探测特性。此外，还改进了有效载荷数据管理子系统，提高了数据存储的可靠性。

参考文献

[1] 吴伟仁. 奔向月球[M]. 北京：中国宇航出版社，2007.
[2] 吴伟仁，张荣桥，郝希凡. 嫦娥二号工程技术手册[M]. 北京：中国宇航出版社，2010.

7 绕月探测卫星的动力装置有何功能?

绕月探测卫星的动力装置称为推进分系统，它的功能是，在星箭分离后，按照制导、导航与控制分系统的指令，开、关各类发动机，实现卫星的轨道机动、轨道修正和姿态调整。包括为卫星轨道机动和轨道修正提供动力，为卫星姿态调整提供力矩。

由于发射时所使用的运载火箭推力不同，嫦娥一号卫星和嫦娥二号卫星的奔月轨道也有所不同。

嫦娥一号卫星是用长征三号甲火箭发射的。由于长征三号甲火箭的推力不足以将嫦娥一号卫星直接送入地月转移轨道，需要先将嫦娥一号卫星送入运行时间为 16 小时的大椭圆轨道（调相轨道），然后嫦娥一号卫星依靠自带的发动机，通过调相轨道进行多次加速，最后进入地月转移轨道，飞往月球（见图 1）。嫦娥一号卫星利用发动机进行加速的这一过程即为轨道机动。

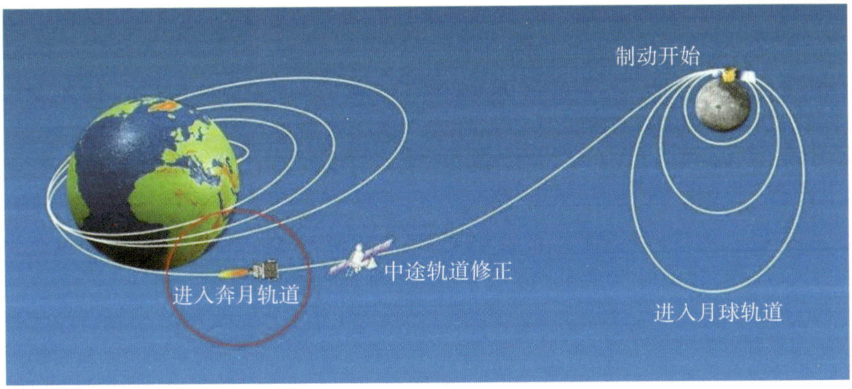

图 1　嫦娥一号卫星奔月轨道示意图

嫦娥二号卫星是用长征三号丙火箭发射的，由于长征三号丙比长征三号甲的运载能力大，不用经过调相轨道，就可以将嫦娥二号卫星直接送入地月转移轨道（见图 2）。

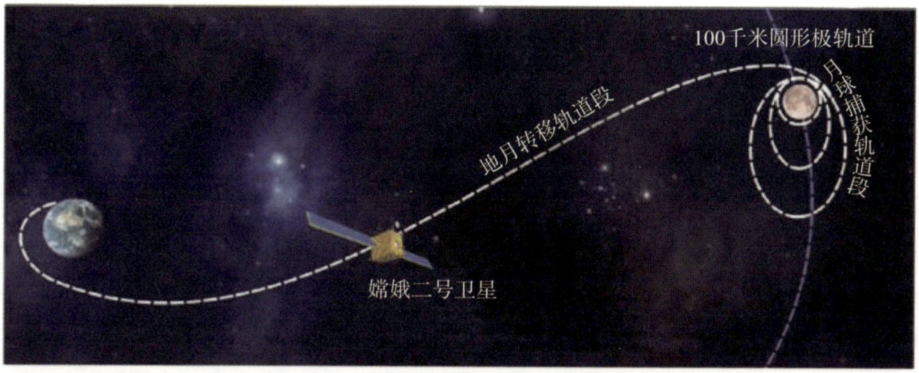

图 2　嫦娥二号卫星奔月轨道示意图

在嫦娥一号卫星和嫦娥二号卫星的地月转移轨道段，会出现一定的轨道偏差，推进分系统将按照制导、导航与控制分系统的指令，通过开、关卫星侧面不同位置的发动机，使卫星沿着设计轨道飞行，这一过程称为轨道修正。

在卫星接近月球时，相对月球的速度约为 2.4 千米 / 秒，由于月球的引力作用不够大，不能将卫星吸引到自己身边，使其成为环绕月球飞行的卫星。如果卫星不进行减速，将会与月球“擦肩而过”。这时，就需要卫星用自带的发动机通过“反推”进行“刹车”，使飞行速度降下来，经过减速机动，最终进入绕月轨道。这一过程也称为轨道机动。

进入绕月轨道后，卫星需要将科学探测仪器对准月球表面；为了保证能源供应，太阳能电池帆板需要面对太阳；为了将探测数据和自身工作状态等信息发回地球，还要将定向天线对准地球。因此，卫星在轨运行期间，需要同时保持对日、地、月的三体定向姿态。这就要求卫星用自身携带的发动机，根据三体定向需要进行姿态调整。

当然，在嫦娥一号卫星环绕地球飞行和嫦娥一号卫星、嫦娥二号卫星地月转移飞行过程中，同样需要将太阳能电池帆板面对太阳、将定向天线对准地球，这属于二体定向问题，也需要通过发动机进行姿态调整。

参考文献

[1] 吴伟仁．奔向月球［M］．北京：中国宇航出版社，2007.

[2] 刘林宗，谢涛，庞之浩，等．探月的故事［M］．北京：中国宇航出版社，2008.

8 绕月探测卫星如何保持正常“体温”？

太阳是一个大热源，它通过辐射，给我们的地球带来温暖。由于太阳辐射角度不同，越靠近赤道的地方，温度越高；越靠近两极的地方，温度越低。由于地球周围分布着稠密的大气层，在很大程度上削弱了太阳辐射的强度；同时，在日照不足时，又阻止热量向外扩散。所以，地球上的温度既不算太高，也不算很低，适宜人类及其他动植物生存。全球地表平均气温在15℃左右。据历史记载，全球最高气温曾达到58.8℃，最低气温曾达到−89.2℃。

对人体最适宜的温度是19~24℃。当气温降低时，可以通过增添衣物进行保暖；当气温升高时，可以通过站在阴凉地、扇扇子、睡凉席降低体温。热量是通过辐射、对流和传导三种方式进行传递的。增添衣物就是通过减少向外辐射和空气对流，来保存人体热量；站在阴凉地就是通过减少太阳辐射、扇扇子就是通过增加空气对流、睡凉席就是通过加快传导来输出热量、降低体温。当然，随着技术进步和经济发展，人们现在可以通过烧暖气、开空调来改善室内环境，保持适宜人类生活的温度。

同样，卫星在太空飞行时，也有一个适宜工作的温度。一般而言，地球卫星的工作温度需要保持在5~45℃，个别仪器的工作温度只允许在1~2℃范围内变化。电子仪器长时间在高于50℃的环境下工作，很容易发生故障；而一些化学设备（如蓄电池），在低于0℃的环境下工作，效率会很低。绕月探测卫星的某些仪器设备，对温度的要求比地球卫星还要苛刻。

卫星在地球轨道飞行时，会遇到高温和低温两种环境。当卫星在阳照区飞行时，由于太空没有空气阻挡太阳辐射，加之缺乏对流和传导的散热方式，温度会很高，最高可达100℃以上；当卫星在地球阴影区飞行时，由于没有太阳辐射，温度会很低，最低可达−100℃以下。

绕月探测卫星的飞行环境更为恶劣。由于月球周围没有大气层，面对太阳的一面，月表温度高达 127℃；背对太阳的一面，月表温度低至 −190℃。月面温度的剧烈变化，使卫星面对月球的一面，面临的热辐射反差非常大。

为了适应近月空间的热环境，使星上仪器设备能在适宜的温度范围内工作，科研人员为卫星特制了一件“冬暖夏凉”的“保温衣”。卫星呈六面体形状，在面对月球的一面，安装着主要的科学探测仪器，为了减小其受月球热辐射的影响，使用了一种超级隔热材料；其余五个面，在部分区域使用了一种特殊的散热材料。当卫星在阳照区飞行时，“保温衣”可以发挥散热作用；当卫星在阴影区飞行时，“保温衣”又能够发挥保温作用。

卫星在飞行时，朝阳面和背阳面的温度差异很大。同时，星上仪器设备在工作时，产生的热量也各不相同。为了使这些仪器设备之间达到温度平衡或减小温差，可以通过预埋热管的方式，将热量从温度高的设备传导到温度低的设备，或者传导到设置在卫星外表面的散热器，将热量排向太空。

“保温衣”和热管都属于被动式热控技术。被动式热控技术在对卫星进行热控制时，不需要消耗能量，简单、经济、可靠。但是，其热控精度低，控制范围有限。

为了保证卫星内部的温度均衡，科研人员还开发了主动式热控技术，利用扩热板、电加热器、热敏电阻等装置，通过主动加温或降温，合理组织卫星内外部的热量交换。当卫星进入光照区时，主动式热控装置可以把热量导出来，以免仪器温度过高；当卫星进入阴影区时，主动式热控装置可以对怕冷的仪器进行加热，防止其被冻坏。就像我们在家里开空调一样，热了使用制冷模式，冷了使用加热模式。

绕月探测卫星与地球卫星的区别还在于，当环绕月球飞行时，会遇到月食（见图 1）。

在月食期间，由于长时间见不到阳光，卫星接收不到太阳辐射，太阳能电池帆板无法产生电能，所以其温度迅速降低。为了保证星上仪器设备处于适当的温度范围，一方面通过热管，将发热量大的设备产生的热量，传导到发热量小的设备上，使不同设备之间的温度相对平衡，减少卫星的热量损失。

另一方面，在卫星进入月食区之前，提高热控设备的加热功率，使卫星保持较高的整体温度；在卫星飞出月食区之后，快速启动热控设备，使卫星温度尽快回升。

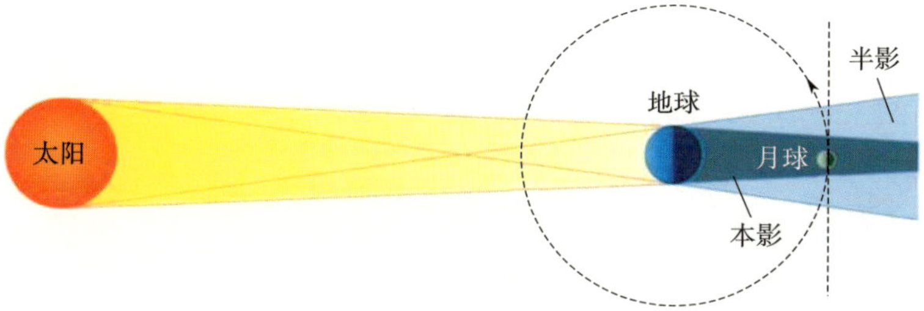

图 1　月食示意图

参考文献

[1]　吴伟仁 . 奔向月球 [M] . 北京：中国宇航出版社，2007.
[2]　罗格 . 叩开天空之门：航天科技知识问答 [M] . 北京：宇航出版社，2000.
[3]　刘林宗，谢涛，庞之浩，等 . 探月的故事 [M] . 北京：中国宇航出版社，2008.
[4]　吴伟仁，张荣桥，郝希凡 . 嫦娥二号工程技术手册 [M] . 北京：中国宇航出版社，2010.
[5]　戚发轫，李颐黎 . 巡天神舟：揭秘载人航天器 [M] . 北京：中国宇航出版社，2011.

9 绕月探测卫星怎样保证供电？

电是现代人日常生活中不可或缺的资源。我们身边的电灯、电视、电脑、电话、电冰箱、电动车，无一不是用电驱动的。同样，卫星上的各种仪器设备，也需要通过供电才能正常工作。

那么，电是如何供应的呢？我们的家用电器，主要是由发电站通过国家电网，把电力输送到千家万户后而实现供电的；有些移动电器，则是通过先给蓄电池充电、而后由蓄电池实现供电的，如手机、电动自行车、电动汽车等。

有些卫星，也可以由蓄电池供电。但是，蓄电池是一种消耗性电源，工作寿命不可能很长，一般在1个月以内，常用于在轨时间比较短的卫星，如返回式卫星。嫦娥一号卫星和嫦娥二号卫星的设计寿命分别是1年和6个月，实际运行时间则更长，显然，单独用蓄电池为星上设备供电，难以满足卫星的设计寿命要求。

为此，设计师们采用太阳能电池帆板+蓄电池组的方式，组成联合电源，为卫星供电。太阳能电池帆板固定在卫星两侧（见图1），上面贴满了单晶硅电池片。当卫星飞到阳照区时，电池片受太阳光照射，产生电能，为星上设备供电；当供电功率大于设备所需功率时，同时向蓄电池组充电；当卫星飞到阴影区时，电池片无法继续产生电能，改由蓄电池组向卫星设备供电。蓄电池组可以多次充电、放电，最多可达数万次。

这就像汽车上的蓄电池一样，在发动机工作期间，由发动机为蓄电池充电；当发动机关闭时，蓄电池仍可以为发动机点火、车灯照明、收音机播放等提供电力。

太阳能电池帆板+蓄电池组组成的联合电源称为一次电源。由于卫星上不同的仪器设备所需的电压不同，为了满足各种仪器设备的不同需求，还需要通过二次电源，将一次电源的电压变换成各种设备所需要的电压，供星上设备使用。

图 1　嫦娥一号卫星的太阳能电池帆板

围绕地球飞行的卫星，有时处于阳照区，有时处于地球阴影区。绕月探测卫星除了有时飞到月球阴影区，还会碰到月食的情况，即整个月球处于地球阴影区。那么，在月食期间，绕月探测卫星如何保证供电呢？

当月食发生时，照向月球的太阳光被地球挡住。月球阴影区有一个显著特点，就是半影区较大。在半影区，光照强度是逐渐变化的，当光照强度较大时，电池片仍能供电。当绕月探测卫星进入以本影中心为原点、半径 5600 千米的区域时，电池片无法供电，只能由蓄电池组单独供电，此区域为“有效阴影区”。

月食全过程最长在 5 小时以上，有效阴影区约 3 小时，大大超过绕月探测卫星蓄电池 45 分钟的供电时间。为了保证绕月探测卫星安全度过月食，科研人员进行了深入研究，提出了相应对策。

在绕月探测卫星进入有效阴影区之前，地面测控人员通过调整飞行姿态，最大限度地提高卫星的光照时间和光照强度，以便更多地储存电能。

在月食有效阴影区，将大部分仪器设备关机，将必须开机的仪器设备调整为最小耗电模式，以便节省电能。

通过上述方式，解决绕月探测卫星在月食期间的供电问题。

参考文献

[1] 罗格．叩开太空之门：航天科技知识问答［M］．北京：宇航出版社，2000.
[2] 吴伟仁，张荣桥，郝希凡．嫦娥二号工程技术手册［M］．北京：中国宇航出版社，2010.
[3] 刘林宗，谢涛，庞之浩，等．探月的故事［M］．北京：中国宇航出版社，2008.

10 绕月探测卫星用什么勘察月球?

绕月探测卫星由多个分系统组成，用于探测月球的是有效载荷分系统。

嫦娥一号卫星携带了8种有效载荷，它们的表现决定着嫦娥一号卫星科学探测任务的成败。

（1）CCD立体相机（见图1右）。主要用来获取同一目标星下点、前视、后视三幅二维数据图像，经过修正和重构，获得月球表面三维图像。

图1　CCD立体相机（右）和干涉成像光谱仪（左）

（2）激光高度计（见图2）。用来获取月表地形高度数据，配合CCD立体相机绘制月球表面三维图像。

图2　激光高度计

（3）γ 射线谱仪。用来测量月表物质的 γ 射线谱，从而探测元素的含量和分布。

（4）X 射线谱仪。用来测量月表物质的 X 射线谱，从而探测元素的含量和分布。

（5）干涉成像光谱仪（见图 1 左）。用来获取月表可见光 / 近红外的高光谱图像，从而获得月表主要物质类型及分布信息。

（6）微波探测仪。测量月球表面的微波辐射，反演月壤厚度。

（7）太阳高能粒子探测器。用来探测太阳高能粒子在地月空间的组成和变化。

（8）太阳风离子探测器。用来探测太阳风等离子体在地月空间的组成和变化。

嫦娥一号卫星有效载荷与科学目标的关系如表 1 所示。

表 1　嫦娥一号卫星有效载荷与科学目标的关系

科学目标	有效载荷	任务分工
获取月球表面三维影像	CCD 立体相机	获取月球三个不同视角的二维影像
	激光高度计	测量卫星到月球表面的高度
分析月球表面元素含量和物质类型的分布特点	γ 射线谱仪	探测月球表面 14 种化学元素的含量与分布特征
	X 射线谱仪	
	干涉成像光谱仪	获取月球表面光谱图像，探测月球表面主要物质类型和主要矿物含量
探测月壤厚度	微波探测仪	测量月球表面的微波辐射，反演月壤厚度
探测地月之间和月球表面的空间环境	太阳高能粒子探测器	监测卫星轨道空间高能带电粒子成分、能谱、通量和随时间的变化特征
	太阳风离子探测器	探测太阳风等离子体的能谱

嫦娥二号卫星携带 7 种有效载荷，取消了嫦娥一号卫星的干涉成像光谱仪。除了继承嫦娥一号卫星的其他有效载荷外，还对部分有效载荷进行了改进，用于提高探测精度、准确度和分辨率，扩展探测种类，深化探测特性。同时，改进了有效载荷数据管理子系统，提高了数据存储的可靠性。嫦娥二号卫星

有效载荷改进情况如表 2 所示，嫦娥二号卫星有效载荷分系统组成情况如图 3 所示。

表 2 嫦娥二号卫星有效载荷改进情况

有效载荷	主要改进	实现目标
CCD 立体相机	更换相机	获取优于 10 米分辨率月表三维影像
激光高度计	提高重复频率	提高测量分辨率
γ 射线谱仪	更换晶体	提高探测精度，扩展探测种类
X 射线谱仪	增加定标额	提高测量准确度
微波探测仪	继承嫦娥一号卫星	提高探测精度，深化月壤探测特性
太阳高能粒子探测器	继承嫦娥一号卫星	弥补缺失的地月空间数据
太阳风离子探测器	继承嫦娥一号卫星	

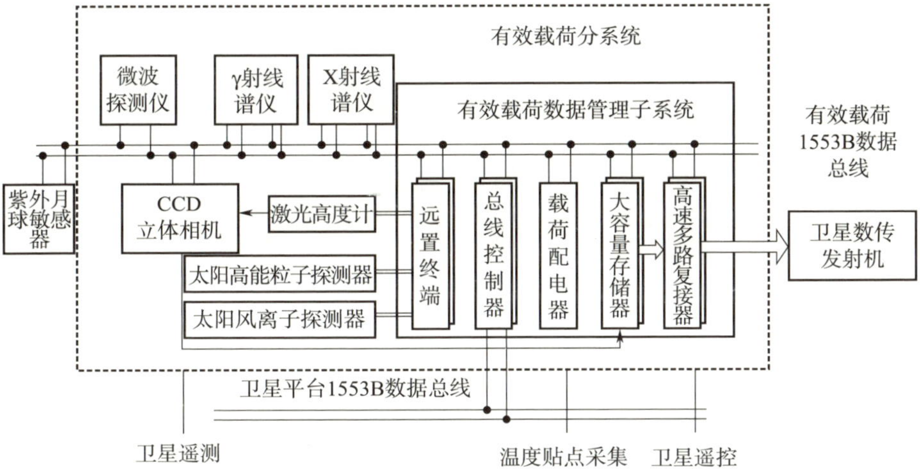

图 3 嫦娥二号卫星有效载荷分系统组成情况

参考文献

[1] 吴伟仁. 奔向月球 [M]. 北京：中国宇航出版社，2007.
[2] 刘林宗，谢涛，庞之浩，等. 探月的故事 [M]. 北京：中国宇航出版社，2008.
[3] 吴伟仁，张荣桥，郝希凡. 嫦娥二号工程技术手册 [M]. 北京：中国宇航出版社，2010.

11 飞往月球需要多快的速度?

根据三大宇宙速度原理，在向太空发射航天器时，要使航天器围绕地球做圆周运动，其速度必须达到 7.9 千米 / 秒，该速度称为第一宇宙速度；要使航天器摆脱地球引力束缚，飞离地球，其速度必须达到 11.2 千米 / 秒，该速度称为第二宇宙速度；要使航天器摆脱太阳引力束缚，飞出太阳系，其速度必须达到 16.7 千米 / 秒，该速度称为第三宇宙速度。

那么，要使卫星飞向月球，其速度应该达到多少呢？有人可能认为，应该达到第二宇宙速度。其实不然。

如果卫星的飞行速度达到第二宇宙速度，当然可以到达月球，但是，这样会浪费火箭推进剂。

实际上，要想把卫星送到近地点 200 千米、远地点约 38 万千米的大椭圆轨道，只需要达到 10.916 千米 / 秒以上的近地点速度，因为月球本身也处在地球的引力范围之内。低于这一速度，卫星将无法飞抵月球。

由于长征三号甲火箭只能将质量为 2350 千克的嫦娥一号卫星送入近地点 200 千米、远地点 5.1 万千米、周期约 16 小时的初始大椭圆轨道。在这一轨道上，运载火箭提供的近地点速度是 10.3 千米 / 秒，嫦娥一号卫星还达不到足够的奔月速度。因此，嫦娥一号卫星与运载火箭分离后，需要依靠自身携带的发动机，通过不断加速和变轨，最终将速度提高到 10.916 千米 / 秒，进入地月转移轨道。

长征三号丙是在长征三号甲基础上、捆绑了两枚助推器研制而成的运载火箭，火箭推力由原来的 2961.6 千牛提高到 4442.4 千牛，可以将质量为 2480 千克的嫦娥二号卫星直接送入近地点 200 千米、远地点约 38 万千米的地月转移轨道。嫦娥二号卫星飞行轨道示意图如图 1 所示。

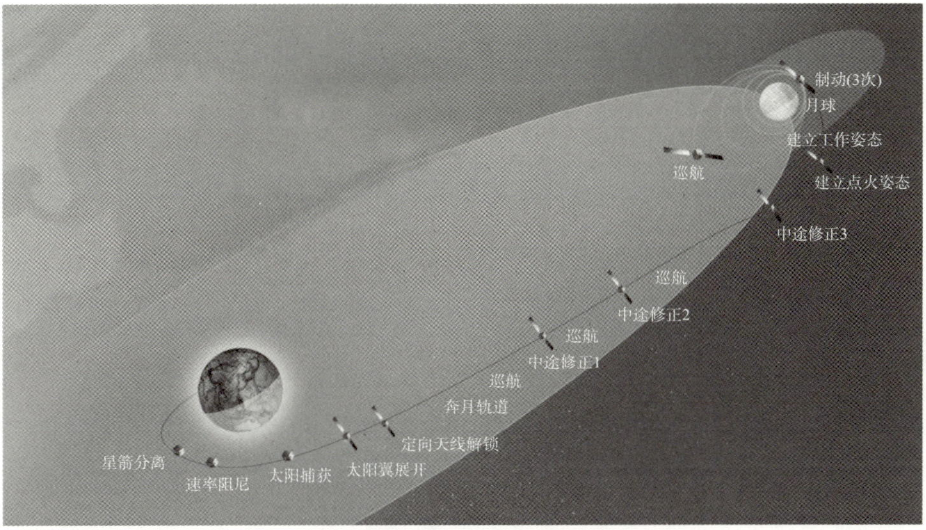

图 1　嫦娥二号卫星飞行轨道示意图
（原计划对嫦娥二号卫星进行三次中途轨道修正，由于轨道精度比较高，实际只进行了一次中途轨道修正）

参考文献

[1]　刘林宗，谢涛，庞之浩，等．探月的故事［M］．北京：中国宇航出版社，2008.
[2]　《世界航天运载器大全》编委会．世界航天运载器大全［M］．北京：中国宇航出版社，2007.
[3]　吴伟仁，张荣桥，郝希凡．嫦娥二号工程技术手册［M］．北京：中国宇航出版社，2010.

12 绕月探测卫星在奔月过程中受哪些引力影响?

2007年和2010年，中国先后发射了嫦娥一号和嫦娥二号月球探测卫星，嫦娥一号先进入环绕地球的调相轨道飞行，再进入地月转移轨道飞行116小时到达月球，最后进行减速机动，让月球引力“捕获”卫星，使嫦娥一号成为绕月飞行的卫星。嫦娥二号则由运载火箭直接送入地月转移轨道，然后由月球捕获，成为环绕月球飞行的卫星。那么，它们在一路奔月的过程中受到哪些引力的作用呢?

牛顿1687年提出了万有引力定律，即任意两个物体之间都存在着引力作用，引力的方向在它们质心的连线上，引力大小与它们质量的乘积成正比，与它们距离的平方成反比。按照万有引力定律，绕月探测卫星在奔月过程中应该受到各个天体的引力作用，包括地球、月球、太阳、金星、火星等。

但实际上，除了地球和月球之外，其他天体——无论是太阳还是金星、火星等——距离绕月探测卫星非常遥远，而绕月探测卫星的质量与这些天体相比又小到可忽略的程度，使绕月探测卫星与它们之间的引力微乎其微，以至在对绕月探测卫星奔月轨道进行设计时可以忽略不计，只考虑绕月探测卫星、地球和月球三者之间的引力作用，从而使万有引力作用下复杂的动力学问题变成只考虑地球、月球和绕月探测卫星三个物体的“三体”问题。

绕月探测卫星从地球飞到月球，会经历从以地球引力为主到以月球引力为主的转变过程，整个飞行过程的运动问题是“三体”问题。遗憾的是，尽管历代的天文学家和数学家作了不懈的努力，迄今仍没有研究出一个可用的分析解，或者说对“三体”问题还没有解算的办法。这给绕月探测卫星轨道设计带来了难题。

不过，由于绕月探测卫星的质量远远小于地球和月球，它对月球和地球运动的影响可以忽略不计。在这种情况下，地球与月球在引力场中的运动规律可以由二体问题完全确定，因此只需要研究绕月探测卫星分别在地球和月球引力作用下的运动，就可以设计一条近似的轨道，满足绕月探测卫星从地球飞往月球的需要。轨道专家将这类简化的三体问题称为“限制性三体问题”。

在实际的轨道设计中，轨道专家采用了十分巧妙的方法。我们来看看轨道专家是怎样根据引力场的变化来设计绕月探测卫星的飞行轨道的。

飞行的第一个阶段，即环绕地球飞行阶段（图 1 中 *E—T* 段），绕月探测卫星从地球发射后先进入环绕地球飞行的轨道，直到卫星离开地球进入地月转移轨道。在这一阶段，卫星主要受地球引力的影响，不考虑月球引力的影响，因而可按二体问题来处理，得到围绕地球运行的椭圆轨道。嫦娥一号发射后围绕地球运行了三圈，然后进入地月转移轨道；嫦娥二号发射后只围绕地球运行了大约半圈就开始进入地月转移轨道，虽然它们围绕地球运行的轨道不同，但这一阶段的轨道运行只需要考虑地球引力的作用。

飞行的第二个阶段，即地月转移轨道段（图 1 中 *T—M* 段），绕月探测卫星由地球空间奔向月球空间。在地月转移轨道的前半段，卫星离月球的距离遥远，所受的主要作用力仍然是地球引力，飞行轨道与不考虑月球引力的轨道相差不大，仍可以把卫星在这个区域的运动近似地看作是在地球引力场中运动的二体问题，轨道设计可采用二体问题的解来近似，得到一条围绕地球运行的大椭圆轨道。随着卫星离地球越来越远、离月球越来越近，卫星受地球引力的作用逐渐减小，受月球引力的作用逐渐增大，当到达地月空间的某一位置时，月球引力变成主要作用力，这时可以把卫星在这个区域的运动近似地看作是在月球引力场中运动的二体问题，同样采用二体问题的解来近似，得到一条以月球为焦点的双曲线轨道。卫星在地月转移轨道阶段，经历了以地球引力为主的前半段和以月球引力为主的后半段，这两个不同区域的分界面是以月球为中心半径约为 66400 千米的圆球的球面，天文学上称这个球形区域为月球的“影响球”。把前半段（*T—O*）和后半段（*O—M*）轨道在“影响球”的球面拼接起来，就可以得到一条近似的地月转移轨道。由于椭圆、双曲线和抛物线在数学上统称为圆锥截线，所以这种轨道设计方法也被称为圆锥截线拼接法。采用这种方法并不能获得非常精确的数值解，但对于工程设计来说，只要能够获得足够精确的数值解就可以了。

飞行的第三个阶段，即环月飞行阶段。当绕月探测卫星到达月球附近时，卫星上的主发动机点火，通过近月制动降低卫星飞行速度，利用月球引力捕获卫星，“嫦娥”成为围绕月球运行的月球卫星。在这个阶段，绕月探测卫星所受的力以月球引力为主，不考虑地球引力的影响，因而这一段的轨道设计可按二体问题来处理，得到一条围绕月球运行的轨道。

把上述环绕地球、地月转移、环绕月球等三个阶段的轨道拼接起来，就可以得到一条近似的从地球飞向月球的完整轨道。

在前面介绍嫦娥轨道设计时，我们只考虑地球和月球而忽略了太阳等天体的引力作用。实际上，在绕月探测卫星从地球飞往月球的过程中，还会受到太阳和其他天体引力摄动的影响，它们引起的轨道偏差问题，可以通过轨道修正等方法来解决。

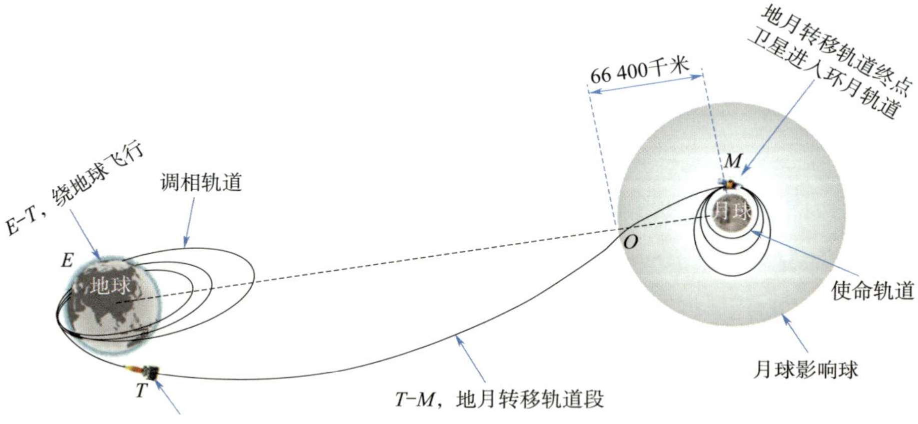

图 1　嫦娥一号奔月轨道示意图

13 绕月探测卫星怎样从地球飞到月球?

从地球飞到月球的飞行轨道称为地月转移轨道。绕月探测卫星在地月转移轨道近地点的速度不同，到达月球的飞行时间也不同。表1列出了当近地点为200千米时，不同的近地点速度对应的到达月球的时间。由表1可见，近地点速度越低，到达月球的时间越长。最低近地点速度为10.916千米/秒，低于此速度，卫星将无法飞抵月球。

表1　绕月探测卫星近地点速度与到达月球时间的关系

速度/(千米/秒)	时间/小时	备　注
10.916	119.5	最小能量轨道
10.92	93.2	
10.93	85.9	
10.94	75.4	
10.95	69.0	
10.96	64.4	
10.97	60.8	
10.98	57.9	
10.99	55.4	
11.00	53.3	
11.01	50.7	抛物线轨道

嫦娥一号卫星的奔月方案是：

先由长征三号甲运载火箭将嫦娥一号卫星送入近地点200千米、远地点5.1万千米、周期约16小时的初始大椭圆轨道（调相轨道）。

嫦娥一号卫星与运载火箭分离后，在初始大椭圆轨道上运行约1天，在远地点进行第一次轨道机动，将近地点抬高到600千米。

再经过1天时间的飞行，当嫦娥一号卫星到达近地点时，进行第二次轨道机动，将远地点由 5.1 万千米提高到 7.1 万千米，将轨道周期由 16 小时变为 24 小时。

嫦娥一号卫星在 24 小时轨道上运行一圈，1 天后再次到达近地点，进行第三次轨道机动，进入远地点 12 万千米、周期 48 小时的椭圆轨道。

经过 2 天飞行后，嫦娥一号卫星在近地点进行最后一次轨道机动，进入远地点约 38 万千米的地月转移轨道，奔向月球。

图 1 为嫦娥一号卫星调相轨道示意图。

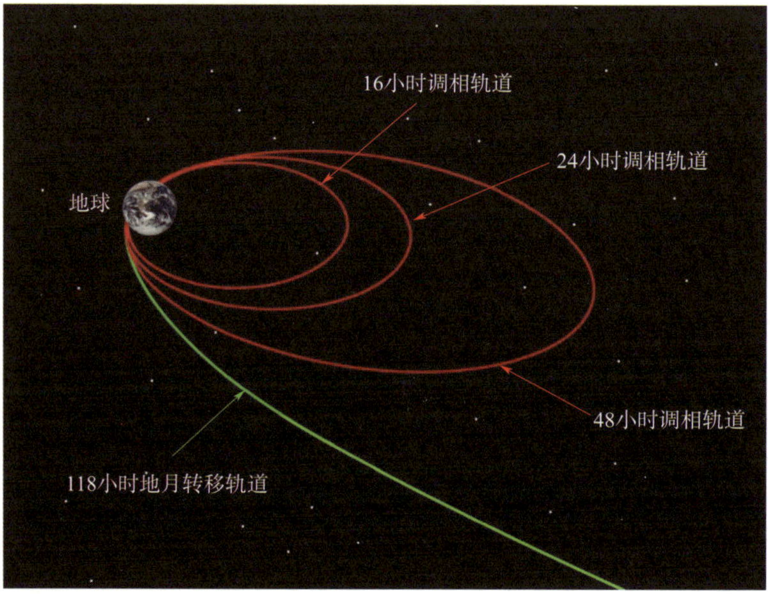

图 1　嫦娥一号卫星调相轨道示意图

嫦娥一号卫星在地月转移轨道上飞行约 114 小时，中途经过一次轨道修正，最后到达近月点，通过减速机动，被月球捕获。

图 2 为嫦娥一号卫星地月转移轨道示意图。

嫦娥二号卫星由长征三号丙运载火箭直接送入地月转移轨道。在地月转移轨道段，进行了一次中途修正，飞行约 112 小时后，到达距月面约 100 千米的近月点，通过减速机动，被月球捕获。

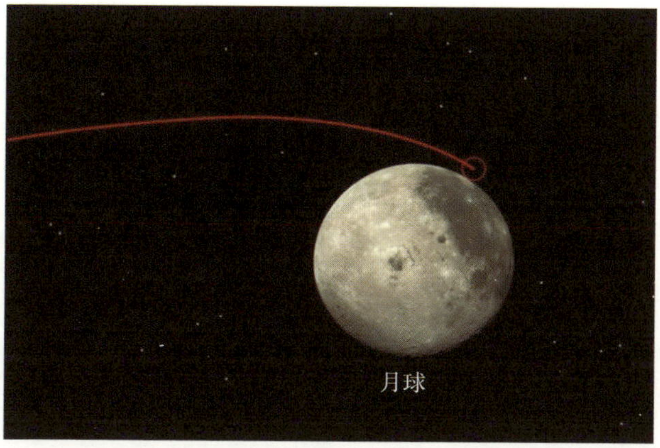

图 2　嫦娥一号卫星地月转移轨道示意图

参考文献

[1]　吴伟仁. 奔向月球 [M]. 北京：中国宇航出版社，2007.
[2]　刘林宗，谢涛，庞之浩，等. 探月的故事 [M]. 北京：中国宇航出版社，2008.
[3]　吴伟仁，周建亮，高薇. 绕月探测卫星飞行控制 [M]. 北京：中国宇航出版社，2012.
[4]　吴伟仁，张荣桥，郝希凡. 嫦娥二号工程技术手册 [M]. 北京：中国宇航出版社，2010.

14 绕月探测卫星如何进入绕月轨道?

在绕月探测卫星飞临月球时，相对月球的速度还比较大，月球的引力不足以将卫星吸引到自己身边，使其成为环绕月球飞行的卫星。如果飞行速度不降下来，卫星将会飞离月球。这时，就需要卫星通过自身携带的发动机进行减速，实现轨道机动，进入绕月轨道。

当嫦娥一号卫星到达近月点时，相对月球的速度约为 2.4 千米 / 秒，而要使其成为 200 千米圆轨道上的月球卫星，其运行速度约为 1.6 千米 / 秒，因此，必须在近月点进行减速机动，以使月球将其捕获。

嫦娥一号卫星共安排了三次近月点减速机动：

第一次减速机动，进入近月点 200 千米、远月点 8617 千米、轨道周期 12 小时的绕月椭圆轨道；

第二次减速机动，进入近月点 200 千米、远月点 1716 千米、轨道周期 3.5 小时的绕月椭圆轨道；

第三次减速机动，进入距月面 200 千米、轨道周期 127 分钟的绕月圆轨道——使命轨道，开始执行月球探测任务。

图 1 为嫦娥一号卫星月球捕获轨道示意图。

嫦娥二号卫星到达距月面约 100 千米的近月点后，也安排了三次近月点减速机动：

第一次减速机动，进入近月点高度 100 千米、周期 12 小时的绕月椭圆轨道;

第二次减速机动，进入近月点高度 100 千米、周期 3.5 小时的绕月椭圆轨道；

第三次减速机动，进入高度 100 千米、周期 118 分钟的绕月圆轨道，通过轨道修正和仪器设备在轨测试，进入在轨工作状态。

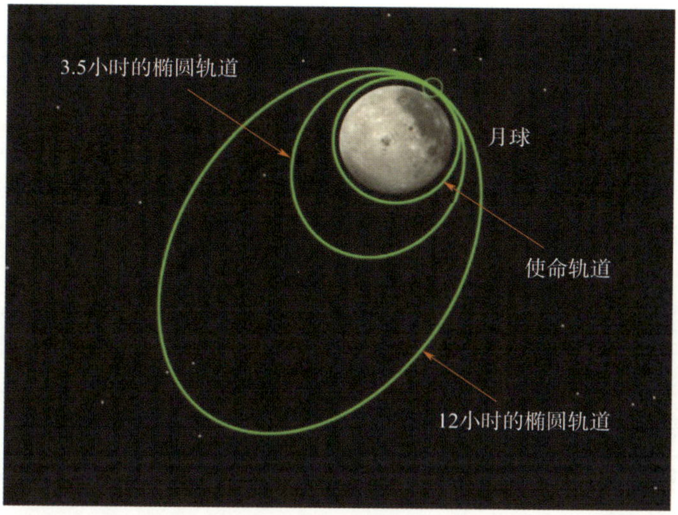

图 1 嫦娥一号卫星月球捕获轨道示意图

为了实现虹湾区成像，在 100 千米圆轨道运行初期，嫦娥二号卫星择机机动，将近月点高度降至 15 千米，进入 100 千米 ×15 千米椭圆轨道，对虹湾区进行高分辨率成像。2~3 天后，再次变轨至 100 千米绕月圆轨道，进入长期绕月运行阶段。

参考文献

[1] 吴伟仁 . 奔向月球 [M]. 北京：中国宇航出版社，2007.
[2] 刘林宗，谢涛，庞之浩，等 . 探月的故事 [M]. 北京：中国宇航出版社，2008.
[3] 吴伟仁，周建亮，高薇 . 绕月探测卫星飞行控制 [M]. 北京：中国宇航出版社，2012.
[4] 吴伟仁，张荣桥，郝希凡 . 嫦娥二号工程技术手册 [M]. 北京：中国宇航出版社，2010.

15 绕月探测卫星以什么姿态运行?

卫星在太空失重环境下飞行，必须对飞行姿态进行控制，否则，就会在飞行中“翻筋斗”。

绕月探测卫星在绕地飞行和地月转移飞行过程中，需要将太阳能电池帆板面对太阳、将定向天线对准地球，这属于二体定向问题。

卫星在绕月飞行过程中，要满足三轴姿态稳定要求，即：为了完成科学探测任务，需要将科学探测仪器对准月球；为了保证能源供应，需要将太阳能电池帆板对准太阳；为了将探测数据和自身工作状态等信息发回地球，还要将定向天线对准地球。因此，卫星在绕月运行期间，需要同时保持对日、地、月的三体定向姿态（见图1）。

图1　绕月探测卫星同时保持对日、地、月三体定向示意图

卫星在太空飞行，必须选定一些天体作为参照物，来确定卫星在空间的对准方向。其携带的太阳敏感器、星敏感器、红外地球敏感器、紫外月球敏感器就是绕月探测卫星在不同飞行阶段，用来确定自己对准方向的仪器。

太阳敏感器用于使太阳能电池帆板对日定向；星敏

感器是以某颗亮度较高的恒星为基准，来确定卫星飞行方向和姿态；红外地球敏感器通过测量地球与天空的红外辐射差别，使卫星定向天线对地定向；紫外月球敏感器通过探测月球的紫外辐射捕获月球，实现探测仪器对月定向。

绕月探测卫星在奔月飞行过程中，基本保持对日定向的飞行姿态。在进入对日定向模式时，卫星会用太阳敏感器寻找太阳的方向，使六个面中的一个面始终面向太阳。此时，太阳能电池帆板面向太阳，接受充足的日照，将太阳能转换为电能，供卫星设备使用。

在进行轨道修正时，卫星要从对日定向转入恒星定向，就是通过星敏感器来确定自身在太空中的方位，相对恒星保持相对固定的方向。实现恒星定向后，卫星就可以将按照制导、导航与控制分系统的指令，通过开、关发动机，实现卫星方向的调整。

在进入绕月轨道后，卫星先从对日定向转入恒星定向，然后进行方向调整，实现对月定向，保证安装科学探测仪器的一面始终朝向月球，以便对月球进行科学探测。

如何使卫星有效实现对月定向呢？科研人员经过研究，发现月球有稳定的紫外辐射，据此研制出了紫外月球敏感器，用来解决卫星对月定向问题。

当卫星姿态固定后，为了保证太阳能电池帆板朝向太阳，一方面利用太阳敏感器捕获太阳方位，同时通过驱动机构，使太阳能电池帆板进行360°旋转，以获得最佳的阳光入射角，从而为星上设备提供电源。

为了将探测数据和遥测数据准确地传回地球，同时降低天线的功耗，首先用红外地球敏感器捕获地球，并通过驱动机构，使定向天线在半球空间内进行旋转，实现定向天线对地定向。

通过上述方式，绕月探测卫星在保持探测仪器对月定向的基础上，利用太阳敏感器、红外地球敏感器和驱动机构，实现太阳能电池帆板对日定向、定向天线对地定向，即以三轴稳定的姿态控制方式，解决绕月探测过程中的三体定向问题。

参考文献

[1] 罗格. 叩开太空之门——航天科技知识问答 [M]. 北京：宇航出版社，2000.
[2] 刘林宗，谢涛，庞之浩，等. 探月的故事 [M]. 北京：中国宇航出版社，2008.

16 绕月探测卫星怎样拍摄月球立体照片？

有人说，人眼就像照相机，晶状体相当于一个可变焦距的凸透镜，视网膜相当于可以成像的光屏，物体的光线通过晶状体投射到视网膜上，形成物体的像，我们就看到了这个物体。可是，为什么照相机拍出来的照片是平面的，而人眼看到的物体是立体的呢？

这主要是由于人有两只眼睛，左眼与右眼相距 65 毫米左右，同一个物体在左右眼中所成的像之间形成轻微偏差，即双目视差，反映到人脑中，就形成了立体图像。你如果闭上一只眼睛，则难以分辨物体的远近，就是因为立体感不强。

3D 电影就是利用双目视差，使人感知屏幕上的立体信息。在拍摄 3D 电影时，用两个镜头从比较接近的两个角度进行拍摄，然后通过两台放映机同步放映，使具有轻微偏差的两幅图像显示在银幕上。这时如果直接观看，会看到屏幕上有两幅重叠的画面，而且模糊不清。要想看到清晰的立体影像，需要戴上立体眼镜，使左眼看到左图像，右眼看到右图像，进而由大脑将左右眼看到的图像融合成立体图像。

那么，绕月探测卫星上的照相机怎样拍出月球的立体照片呢？与双目成像、3D 电影一样，绕月探测卫星也是利用双目视差原理来拍摄月球的立体照片。

一般来讲，要获得月球的立体照片，可以通过一颗卫星绕月飞行两圈，从不同角度对同一区域拍摄两张照片；或者用两颗卫星上的两台照相机，同时从两个角度拍摄同一个区域。

绕月探测卫星上安装的CCD立体相机，与传统的立体成像技术不尽相同。一般的照相机，一次只能拍一张照片。而绕月探测卫星上的 CCD 立体相机以推扫方式进行拍摄，能够在毫秒级的时间内获得月球表面同一区域的多幅图像。嫦娥一号相机采用三视角，即前视、正视、后视。嫦娥二号相机比嫦娥一号相机的分辨率提高了 17 倍以上，由于受各种条件制约，嫦娥二号相机采用前视、后视两视角，可以同时获得同一区域前视 8° 和后视 17° 两幅影像。这两幅影像从两个不同角度反映同一个区域，经过合成，得到月面的立体图像。再用地面行频注入和激光高度计辅助计算两种方式进行速高比补偿，最终得到分辨率为 7 米的立体全月图。

激光高度计用来获取月表地形高度数据，配合 CCD 立体相机绘制月球立体图像。它每隔 1 秒向月面垂直发射一束激光，通过测量回波脉冲的延迟时间来测量卫星与月面的距离，并推算出月面每一点的高度。嫦娥二号卫星激光高度计对月球南北极及嫦娥三号探测器预期着陆区进行了详细的三维地形测量，提高了月面高程的空间分辨率。

参考文献

[1] 吴伟仁 . 奔向月球 [M] . 北京：中国宇航出版社，2007.
[2] 陈求发 . 揭秘全月图 [M] . 北京：中国宇航出版社，2013.
[3] 吴伟仁，张荣桥，郝希凡 . 嫦娥二号工程技术手册 [M] . 北京：中国宇航出版社，2010.

17 绕月探测卫星怎样探查月壤厚度?

月球上，除了一些悬崖峭壁，几乎所有表面都覆盖着一层厚厚的月壤。月壤蕴藏着丰富的矿物资源，探明月壤层厚度及其分布特征，对月球资源的开发和利用具有重要的意义。我国嫦娥一号和嫦娥二号卫星都把探测月壤厚度作为重要的探测任务。那么，绕月探测卫星是怎样探测月壤厚度的呢?

自然界中的一切物体，只要温度在绝对零度（−273.15℃）以上，都以电磁波辐射的形式向外传送能量。电磁波是由不同波长的波组成的合成波，它包括了γ射线、X射线、紫外光、可见光、红外、微波和无线电波等，绕月探测卫星正是利用月壤向外辐射微波这一现象来探测月壤厚度的。微波一般指波长在1毫米至1米范围内的电磁波，其波长较长，具有一定的穿透能力。所以，月表之下不同深度的月球物质辐射的微波，可以穿透月球浅表层到达绕月探测卫星。微波的这个特点为绕月探测卫星探测月壤厚度提供了物理学上的依据。

月壤厚度探测由绕月探测卫星携带的微波探测仪承担，它是一种被动微波遥感器，本身不向月球发射微波，而是通过接收月表物质辐射的微波来实现对月壤的探测。它由两套天线和一套微波接收机组成，天线用于接收微波信号，微波接收机将接收到的微波信号放大，转换成数字编码，最终由卫星传送给地面。微波探测仪接收的微波信号，记录了微波辐射的强度，用一个专门的物理量“亮度温度”（简称“亮温”）来表示，它反映了月表物质向外辐射的能量强弱。所以，微波探测仪测量的是月球表层及月表之下不同深度层的月壤和月岩的“亮温”。

由于月球表层和次表层存在月尘、月壤和月岩三种物质，它们都以微波形式辐射能量，不仅月尘和月壤各自辐射的微波将到达绕月探测卫星，而且最下层的月岩辐射的微波也可以穿透月壤和月尘到达绕月探测卫星，因此，需要微波探测仪对它们进行识别。为此，科研人员为微波探测仪设计了 4 个接收频率，分别为 3 吉赫兹、7.8 吉赫兹、19.35 吉赫兹和 37 吉赫兹。从理论上说，频率越高、波长越短的微波穿透力越弱，反之，频率越低、波长越长的微波穿透力越强。37 吉赫兹接收频率只能接收处于月球表面的月尘辐射出来的能量，3 吉赫兹接收频段能接收底层月岩与月岩以上月壤和月尘辐射的能量之和，而 7.8 吉赫兹和 19.35 吉赫兹接收频率接收的能量辐射介于这两者之间。通过 4 个接收频率就可以对三种物质进行区分。卫星在月球上空经过 27.3 天的飞行，微波探测仪利用这 4 个频段就可以将卫星轨迹下面的月壤普查一次，获得 4 张微波辐射图，通过差别比较、理论分析和计算，就可以得到月壤在全月球分布的大致信息。

从以上的介绍中我们知道，微波探测仪不能直接测量月壤厚度和月壤特性，而是测量月壤的亮温。那么，要想得到月壤厚度数据，将月壤亮温转换成与月壤厚度相关的特定信息就成了关键环节。月壤亮温与厚度密切相关，但亮温还受到月壤介电常数、内部温度梯度、界面粗糙度、月壤层中的岩石碎块等诸多因素的影响。所以，微波探测仪获得的月壤亮温，是月壤厚度与这些因素共同影响的特定结果。科学家在探测月壤厚度时，采用“反演”的方法，即从特定结果推演出导致这个结果的影响因素，也就是从绕月探测卫星获得的月壤亮温“反演”出月壤厚度。

如果想通过“反演”得到月壤厚度数据，就需要深入研究月壤亮温与月壤厚度以及上述其他相关因素之间的对应关系（因果关系）。一旦有了这种对应关系，就不难从亮温“反演”出月壤厚度。为了确立月壤亮温与月壤厚度等影响因素的因果关系，科学家们利用已有的科学成果和科学试验，建立了真实反映这种因果关系的“反演模型”，并通过地面试验以验证模型的合理性。最终，科学家利用绕月探测卫星微波探测仪获得的月壤亮温数据和“反演模型”，推演出覆盖全月球的月壤的厚度数据。结果表明，月球上月壤层厚度分布范围多数在 4~6 米，5 米以上的厚度区域占全月的 43% 以上（见图 1）。

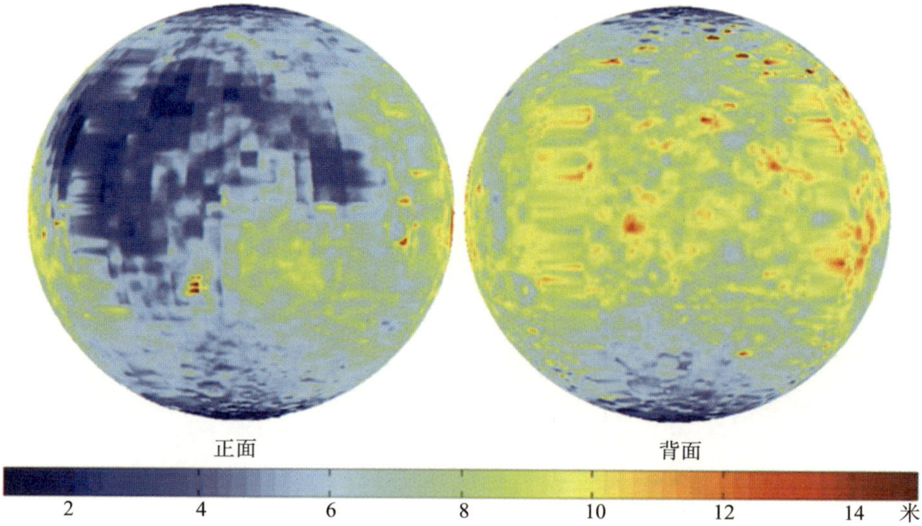

图 1 利用嫦娥一号探测数据进行全月球表面月壤厚度反演的结果

相关链接

月 壤

下图是一张月球浅层柱状剖面图，反映了随深度变化月表以下物质其及形态的情况，位于顶层的是月壤层。月壤主要由月球岩石碎屑、粉末、角砾、撞击熔融岩体组成，成分复杂。20 世纪六七十年代，美国阿波罗登飞船对六个着陆区的月壤进行了探测，发现月海分布区的月壤厚度平均为 3~5 米，而月球高地由于暴露于月球表面的时间较长，在历次小行星撞击月球形成撞击坑时，其溅射物使得月壤堆积较厚，平均厚度约 10 米。美国仅对阿波罗飞船着陆区的月壤特性和厚度进行了探测，而绕月探测卫星测量了全月球的月壤层厚度及其分布。（图片来源：Horz et al.，1991）

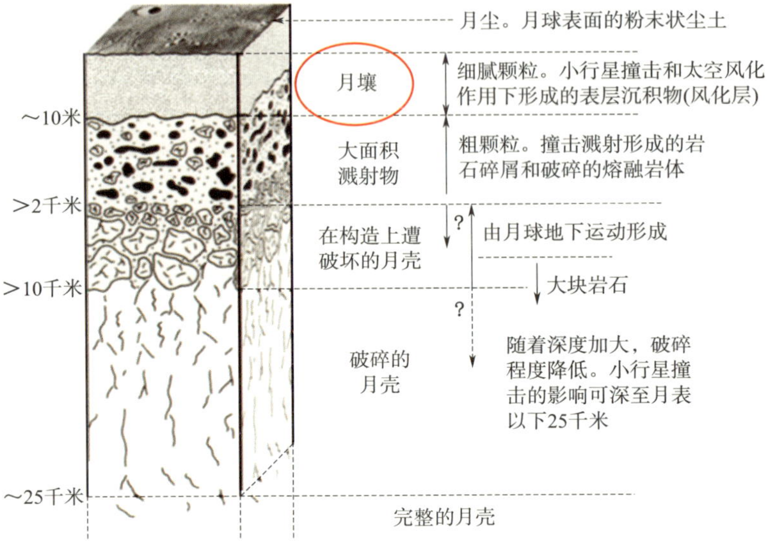

在月球形成之后的40多亿年中，小行星频繁撞击月球，高速撞击使大块岩石不断被打碎、混合、翻动，撞击溅射物质向外大量抛射，不断堆积，而剧烈的昼夜温差又促使月表岩石破裂和粉碎，在月表形成了月壤层（见下图）。在漫长的演化过程中，在太阳风注入和宇宙射线轰击的作用下，月壤的化学成分发生了改变，最终成为今天覆盖月球表面细腻的月壤。对月壤开展探测具有重要的意义：一方面，月壤蕴藏了丰富的矿物资源，如钛、钾、钡、锂、铷、锆、铪和稀土元素等，尤其是富含珍贵的核聚变材料氦3，探测月壤对于未来开发和利用月球资源意义重大；另一方面，月壤记录了小行星对月面的撞击历史以及太阳风和宇宙射线的辐射，对认识月球演化历程和太阳都具有重要的科学价值。

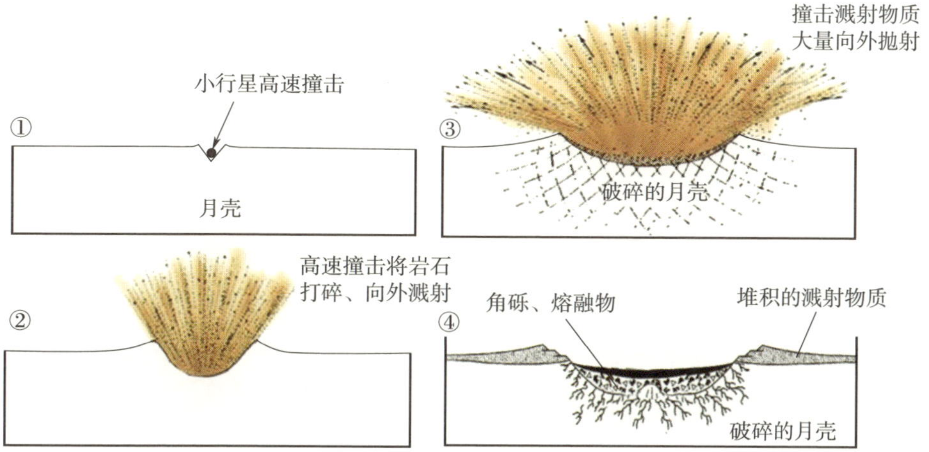

下图为太阳风向月壤注入氦3示意图。月壤蕴藏着丰富的矿物资源，其中氦3资源备受人们关注，它是一种清洁、安全和高效的核聚变发电的燃料。氦3是氦的同位素，原子核由2个质子和1个中子组成，在地球上十分稀缺，但在月壤中蕴藏丰富。我国科研人员根据嫦娥一号获取的月壤厚度等数据，估算出月球上的氦3资源量约为65万吨。关于月壤中氦3的来源，一些科学家认为，太阳通过太阳风向外抛射带电粒子，其中就包括氦3。由于月球几乎没有大气层，太阳风粒子直接注入月壤，经过几十亿年的演化，使月壤富集太阳风粒子成分，包括氦3成分。

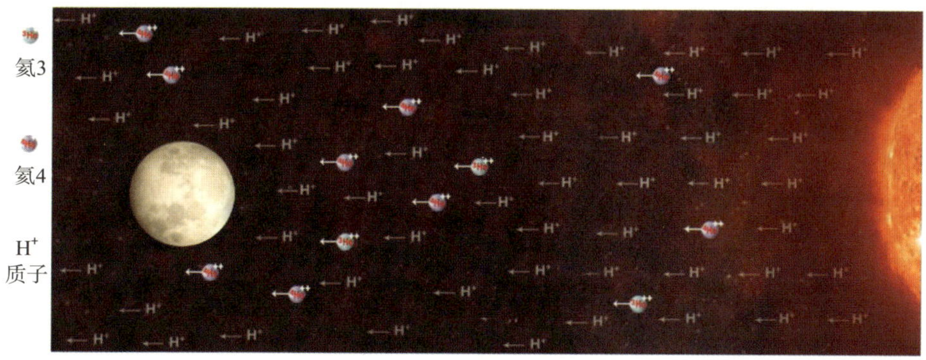

18 嫦娥二号怎样分辨月球物质成分?

月球表面有丰富的矿物资源，蕴藏着钛、铀、铁、钍、镁、钾、铬、镍、钠、锰、稀土元素等，月岩中含有60多种矿物。探测月球表面的物质成分及分布已成为各国开展月球探测的重要工作。我国的月球探测器对全月球主要元素成分和丰度开展了探测，通过分析各元素和月表物质类型的富集区域和分布特点等，可以帮助人类更深入地研究月球地质演化历史，还可为未来月球资源的开发利用提供科学数据。

嫦娥一号和二号都对月球的主要元素成分和丰度开展了探测，嫦娥一号采用了γ射线谱仪、X射线谱仪和干涉成像光谱仪等三种探测设备，而嫦娥二号只采用了γ射线谱仪、X射线谱仪两种设备来探测月球元素成分和丰度。其中，γ射线谱仪主要探测月球表面的铀、钍、钾、铁、钛、氧、镁、硅、铝、镁等元素，X射线谱仪主要探测镁、铝、硅、钙等元素，两台设备共同对月表元素进行探测。

γ射线和X射线都是电磁波，电磁波是电场与磁场在空间中衍生发射的振荡粒子波，是以波动的形式传播的电磁场，具有波粒二象性，其粒子形态称为光子。从辐射意义上看，电磁波可划分为电离辐射和非电离辐射两种类型，无线电波、微波、红外线、可见光和紫外线都属于非电离辐射型的电磁波，而X射线和γ射线则属于电离辐射型的电磁波（见图1）。电磁波是一种物质，虽然没有质量，但具有能量。不同的物质元素具有各自不同γ射线或X射线的特征能谱，也就是说，某一种元素产生的特征能谱是唯一的，其他元素的能谱必然与其不同，因而获得月表不同元素的特征能谱，就可以探明月表元素的种类和其他相关信息。而γ射线谱仪和X射线谱仪就是分别用来获得各种元素γ射线和X射线特征能谱的科学设备。

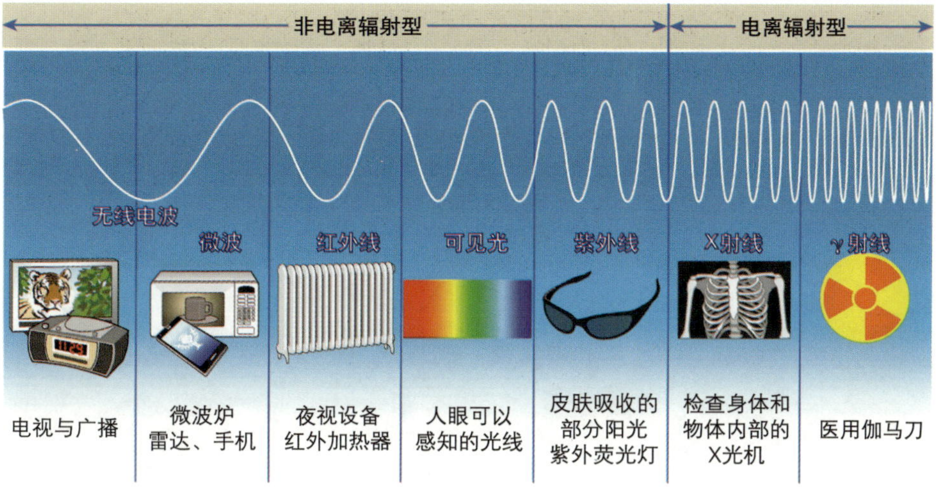

图1　生活中常见的各种电磁波

1. γ射线谱仪探测原理

月球表面的一些物质会产生γ射线，产生γ射线主要有两种原因，一种是元素本身具有天然放射性，如铀、钾40、钍、镧等天然放射性元素，它们在衰变过程中不断发射γ射线；另一种是元素本身不具有天然放射性，但当来自银河宇宙线的高能粒子与其发生复杂的相互作用时，会诱发月表元素产生γ射线（见图2）。来自银河宇宙射线的高能粒子会不断地轰击月表物质的原子核，被轰击的原子核将通过“核反应”产生大量的次级粒子，包括大量的中子。一些高能快中子会与月壤风化层中其他原子发生“非弹性碰撞”，使受撞原子核被“激发”，激发态原子核在“退激”时释放γ射线，并通过γ射线释放额外能量回到正常的静止状态。另一些能量较低的中子，撞击月壤中的原子时也会诱发γ射线，但中子本身则被原子捕获。还有一些中子以快中子、热中子或超热中子的形式逃逸到太空。图2中右侧表示，一些天然放射性元素无须银河宇宙射线诱发，它们在衰变时会自己释放γ射线。不过，所有元素包括放射性元素，都可以通过与宇宙射线的碰撞激发而产生γ射线。这些γ射线无论以何种方式产生，其不同元素产生的特征能谱与产生γ射线的方式无关，只与元素本身相关。

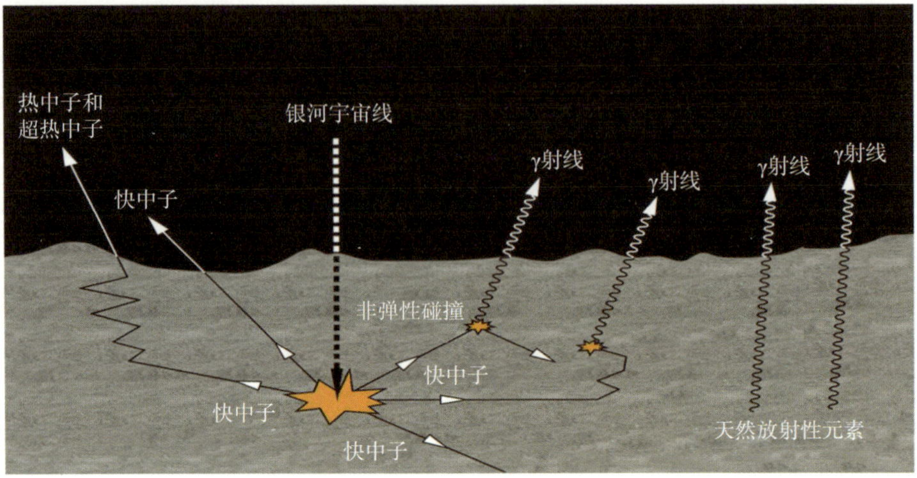

图 2　产生诱发γ射线的核反应机制

嫦娥二号卫星搭载的γ射线谱仪由探测晶体、光电倍增管和放大电路、数据传输电路等部分组成（见图 3）。其中，探测晶体是核心器件，它可以将进入晶体的γ射线的能量转换成光能而发出荧光，因而也被称为“闪烁晶体”。来自月表的γ射线进入探测器主晶体后，会产生荧光，荧光经过多次反射进入光电倍增管，通过光电效应转化为电信号。而来自其他方向的射线，比如卫星本身被高能粒子激发所产生的γ射线，将被另外一种晶体——“反符合晶体”吸收，并经过电子学系统处理后予以剔除，最终只有来自月表并进入主晶体的γ射线转换为有效的电信号。不同元素释放的γ射线的能量不同，由此转换得到的电信号也不同，这些电信号经过处理就可获得反映月表元素的γ射线能谱，依据各元素的特征能谱，就可以确定月表元素的种类和含量。

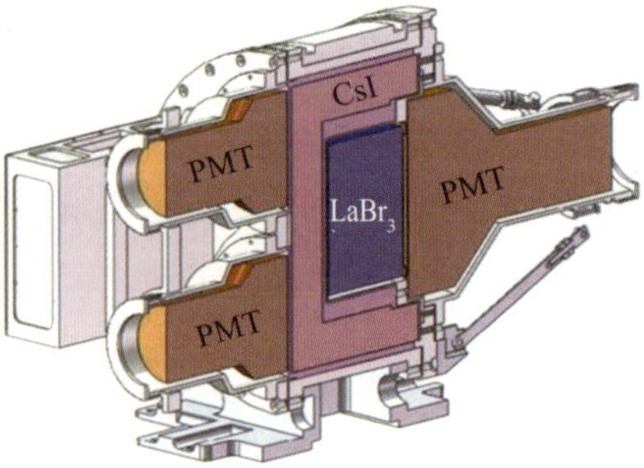

图 3　嫦娥二号γ射线谱仪外观和内部结构示意图

图 3 中 $LaBr_3$ 是溴化镧闪烁晶体，它接收来自月球的 γ 射线，是 γ 射线谱仪的探测器主晶体；CsI 是碘化铯闪烁晶体，作为“反符合晶体”用来剔除背景杂波；PMT 代表光电倍增管，它是一种将微弱的荧光信号转换成电信号的电子器件。嫦娥二号 γ 射线谱仪在世界上首次采用溴化镧闪烁晶体作为主探测器，能敏感地区分月球表面元素的细微差别，灵敏度远高于世界同类探测器。

2. X 射线谱仪探测原理

月表的某些元素在太阳 X 射线的激发下，会产生 X 射线，这种 X 射线也被称作荧光 X 射线。不同元素产生的 X 射线都具有相应的特征能谱，因而通过探测月表元素受激辐射出的荧光 X 射线，形成 X 射线能谱图，就可以确定月表元素，获得元素丰度与分布的信息。

X 射线谱仪由三部分组成，包括对准月球的 X 射线探测器、对准太阳的太阳监测器和相关的电子学系统（见图 4）。其中，X 射线探测器用于观测月球方向发生的 X 射线事例，其核心是 Si-PIN 半导体探测器，来自月球不同元素产生的 X 射线进入 Si-PIN 半导体探测器后，与 Si-PIN 半导体相互作用，在半导体内形成自由电子和空穴载流子，在外加电场（反向偏压）条件下，

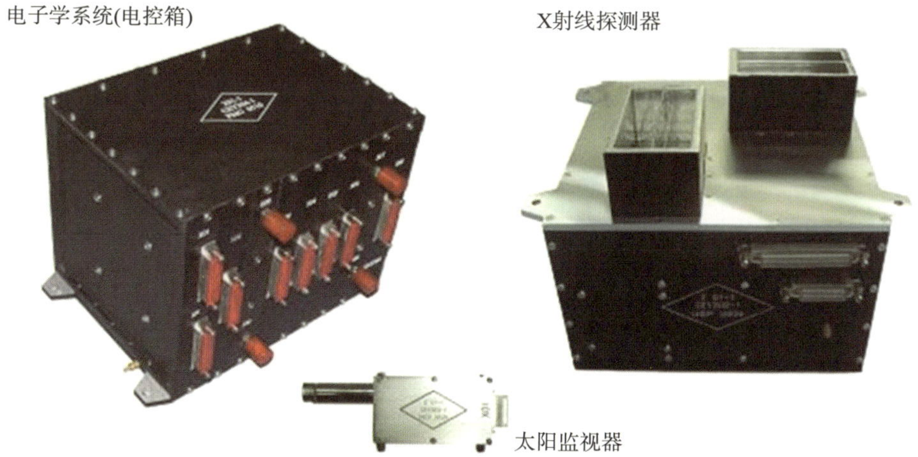

图 4　X 射线谱仪由 X 射线探测器、太阳监测器和电子学系统组成

载流子漂移形成信号电流。由于月表不同元素受激辐射产生的荧光X射线能量不同，因而Si-PIN半导体输出的这些信号电流也不同，反映了月表不同元素的信息。信号电流经电子学系统进行采集、处理和记录，最终由卫星发送给地面。研究人员对探测数据进行分析，就可以获得X射线能谱图，进而获得多种月表元素的科学数据。

嫦娥二号卫星的X射线探测器共配置了20个独立的Si-PIN半导体探测器，构成了2个探测阵列，一个用于探测能量范围在1~10千伏的低能X射线（软X射线），另一个用来探测能量范围在10~60千伏的高能X射线（硬X射线），它们主要探测硅、铝、镁、钙等元素。

19 绕月探测卫星怎样用激光测量月球地形？

我国于2007年和2010年发射的嫦娥一号和嫦娥二号月球卫星均携带了一台被称作激光高度计的科学设备，用于测量月球表面高高低低的地势地形，告诉人们哪里是高山峻岭、峡谷深壑，哪里是一马平川、阔野平原；利用这种设备可以绘制表示月球表面地势高低的月球高程图，还可以与绕月探测卫星携带的CCD立体相机配合，共同获得精确的月球表面三维影像。那么激光高度计是如何工作的呢？

激光高度计测量月表地势高低的方法，是不断地测量绕月探测卫星到星下点月球表面的距离。因为绕月探测卫星围绕月球运行的轨道高度基本是稳定的，所以，如果测量的距离越小，表明月表的地势越高；反之，如果距离越大，表明月表的地势越低（见图1）。通过地面应用系统将距离数据与卫星轨道参数、地月坐标关系进行综合数据处理，就可获得卫星星下点月表地形高度数据。

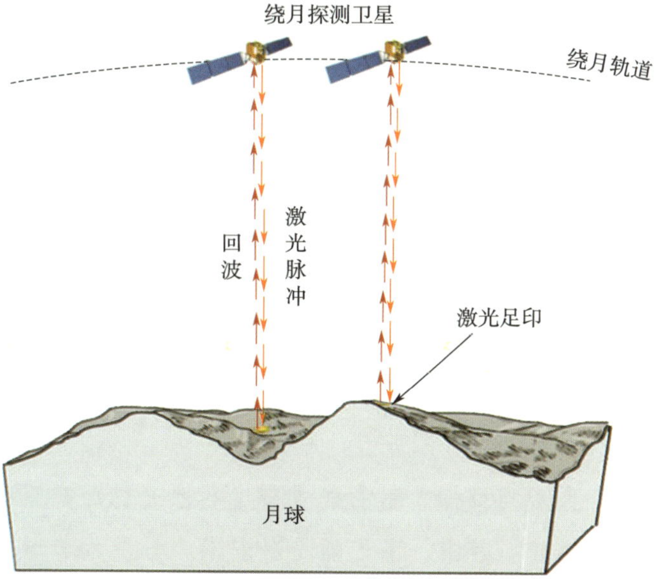

图1　激光高度计测量月表地势高低的方法

假设在轨道上运行的绕月探测卫星到星下点月球表面目标的距离为 H，那么激光高度计是怎样来测量这个距离的呢？激光高度计采用了发射激光脉冲的方法来进行距离测量。激光高度计的激光发射系统以垂直方向，向月球表面目标发射一束功率为 P、脉宽为 τ 的脉冲激光，同时，对脉冲激光进行取样，即从发射的脉冲激光中分出一小部分，由光电转换装置接收并转变为电信号，触发测距计数器开始计时。到达月面目标的激光发生散射，激光高度计的回波接收系统将探测到的激光回波信号转变为电信号，触发测距计数器停止计时。我们将开始计时时刻用 T_o 表示，结束计时时刻用 T_r 表示，由此就可以得到，一束脉冲激光从绕月探测卫星到达月球表面再返回卫星所用的时间 $\Delta T=T_r-T_o$；同时我们知道真空中的光速 c 为 299 792 458 米 / 秒，这样我们就可以用激光往返时间 ΔT 乘以光速 c，计算出激光往返的“路程”，这个路程除以 2，就是绕月探测卫星到星下点月球表面的距离 H（见图 2）。

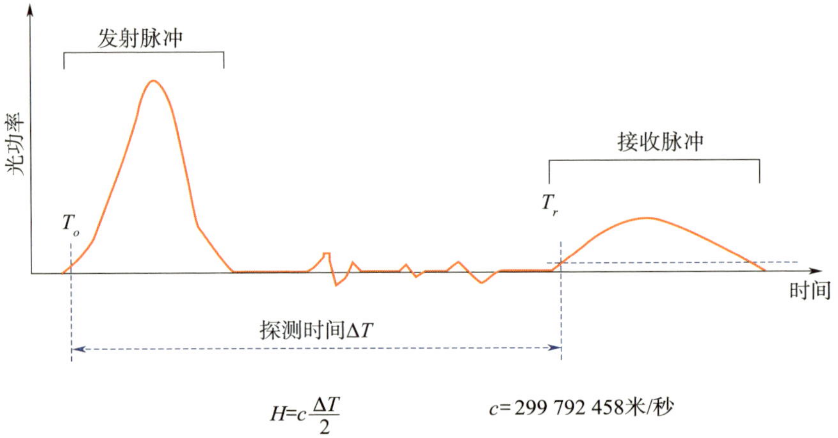

图 2　绕月探测卫星到星下点月球表面的距离 H 的计算方法

激光高度计主要由激光发射系统、接收系统、距离测量电路和中心控制器等组成，它的工作过程如图 3 所示。

激光发射系统负责向目标发射高能量密度的激光脉冲光束，主要由激光器和发射光学系统组成。其中，激光器是激发激光脉冲的装置，绕月探测卫星采用了 Nd：YAG 固体激光器；发射光学系统主要包括用来扩大平行光束直径并使激光更好地聚焦的激光扩束器等装置。

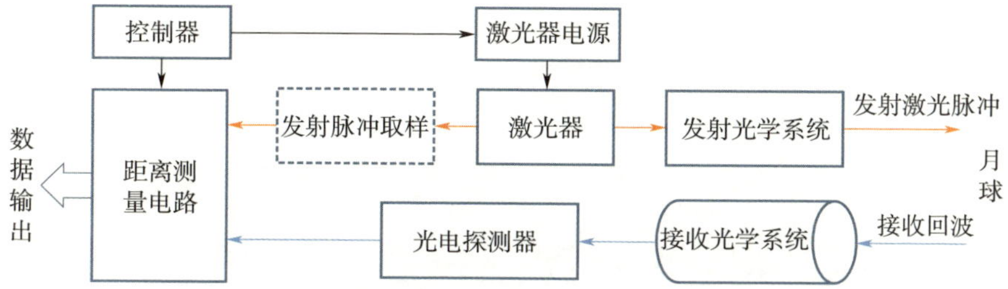

图3　激光高度计工作过程

回波接收系统负责接收从月球表面散射的激光回波，主要由接收光学系统和回波接收电路等组成。接收光学系统也可以看作一种光学接收望远镜，由一系列光学镜片组成，用于将反射回来的激光能量高效率地会聚到光电探测器的光敏面上，从而将望远镜收集到的光信号转换为电信号，再经接收电路进行放大，以触发时间计数电路停止计时。

距离测量电路负责计时，当发射激光脉冲形成的电信号触发它的计数电路时，电路开始计时；当回波信号形成的电信号触发计数电路时终止计时，由此计算绕月探测卫星到星下点的距离。此外，中心控制器对激光高度计的工作状态和激光脉冲发射进行控制。

上文介绍了通过测量绕月探测卫星到星下点月球表面的距离来确定星下点月表地形高度的原理。如果要获得月球表面的地势地形，显然需要大量的星下点月表地形高度数据。以嫦娥一号卫星为例，它的激光高度计每秒进行一次激光脉冲发射，绕月球运行一圈时，激光高度计可以获得绕月一圈的卫星与星下点之间的距离数据，通过数据处理就可获得这一圈高高低低的月球表面高程数据（见图4）；当嫦娥一号绕第二圈时，激光高度计又得到了另一条星下点的月表高程数据；随着嫦娥一号不断绕月运行，当它的运行轨道覆盖月球表面越来越多时，利用激光高度计的数据就可获得月球表面高低不平的地形数据，绘制月球表面高程图（见图5）。

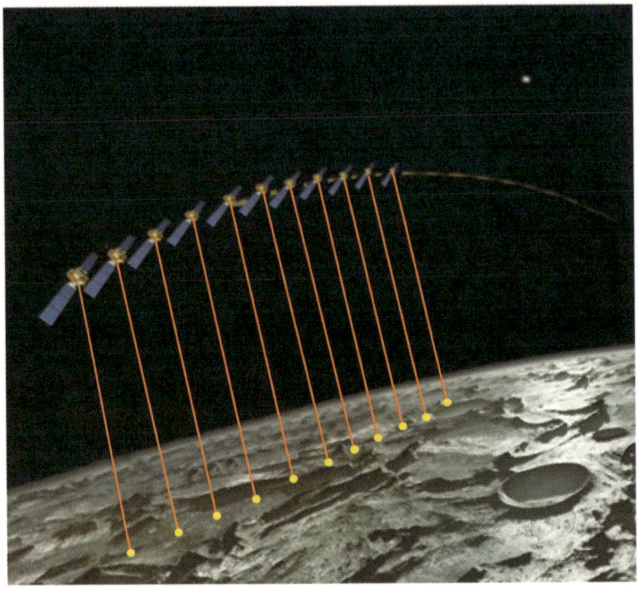

图 4　嫦娥一号卫星绕月球运行时激光高度计测距示意图

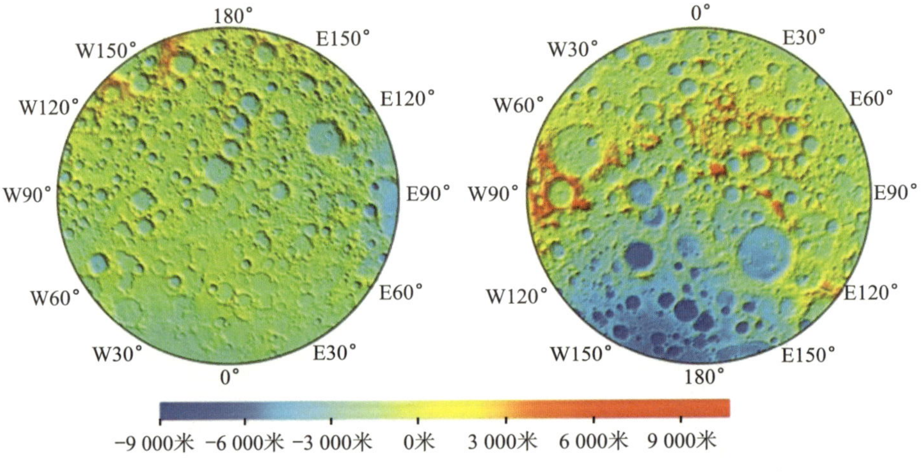

图 5　利用嫦娥一号激光高度计的探测数据制作的月球数字高程模型（分辨率 3 米）

20 为什么要探测月球空间环境?

空间环境涉及不同的方面，比如温度环境、真空环境、磁场环境、辐射环境等，而绕月探测卫星开展的空间环境探测是指对地月空间和近月空间的辐射环境进行探测，主要探测来自太阳的高能带电粒子和太阳风等离子体，以及银河宇宙射线等。

太阳不断地向外抛射着太阳风等离子体流和太阳高能粒子（见图1和图2），引起地月和近月空间呈现各种空间物理现象；不仅如此，这些粒子还会影响月球探测器的安全，危及登月航天员的生命和健康。迄今，虽然人类对它们开展了大量研究，但获得的科学数据还十分有限。探测月球空间的粒子辐射环境，是一项重要的基础性科学工作，可以帮助人们认识空间物理现象，了解日、地、月的相互作用，探测成果还将为未来载人月球探测任务和先进月球探测器的设计提供科学依据。

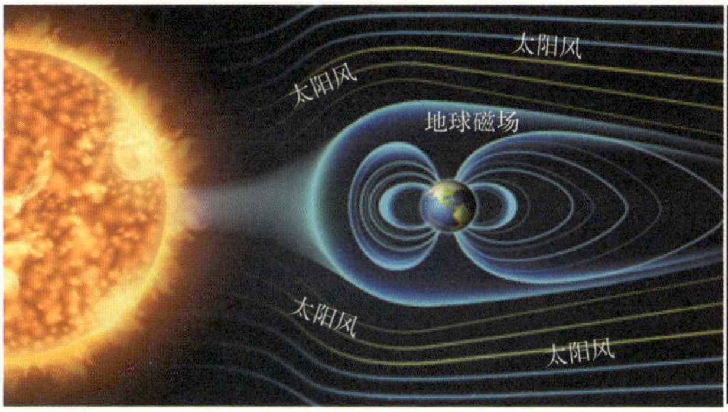

图1　太阳风等离子体流

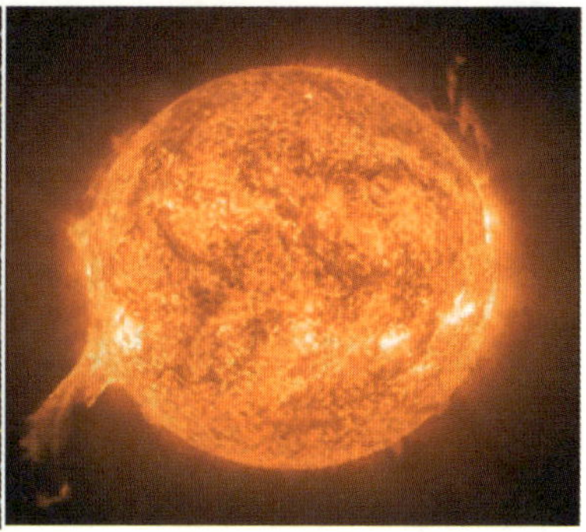

图2　太阳耀斑

太阳风是由太阳大气的最外层（即日冕）因高温膨胀，不断抛射到行星际空间的带电粒子流，这些带电粒子也被称为离子体，主要由质子和电子以及少量的氦原子核（α 粒子）和其他带电粒子组成，它们沿着太阳磁场线以300~800 千米 / 秒的速度向外放射，单个粒子的能量在 0.05~20 千电子伏特之间。太阳风弥漫于整个太阳系空间，地球因有强大的磁场保护，阻挡了太阳风侵入人类家园，使地球上所有生命和人类生活不受太阳风的影响。

图2中太阳表面伸出的“火焰”和发亮部分是太阳耀斑。太阳耀斑爆发呈周期性变化，大约11年爆发一次。每当太阳耀斑爆发时，会向外抛射高速运动的高能粒子流，这也被称为太阳宇宙线，粒子的成分与太阳风粒子相似，主要也是质子和电子以及少量氦核和其他原子核，但粒子能量远高于太阳风粒子的能量，可超过上万倍，因而在航天器设计时尤其要考虑太阳高能粒子的影响。

对于月球空间环境探测，绕月探测卫星肩负着重要的科学任务，一项是对太阳风活动进行探测，或者说是对来自太阳风、能量在0.05~20千电子伏特的低能带电粒子开展分析研究；另一项是研究太阳宇宙线和银河宇宙射线，也就是对来自太阳和银河系、能量在0.1~590兆电子伏特的高能粒子开展分析研究。

嫦娥一号和嫦娥二号都携带了两种空间环境探测器，第一种叫太阳风离子探测器，它可以捕获来自太阳风的低能带电粒子，并且按照这些粒子能量大小分别计数，获得它们的能谱、速度和分布等数据，得出太阳风等离子体的特征。这种装置主要由准直器、静电分析仪和微通道板（MCPs）组成，其原理如图3所示。

入射的太阳风带电粒子和其他低能粒子被准直器准直进入半球型静电分析仪，静电分析仪内极板与外极板形成了静电场，当入射粒子的能量满足预定范围时，粒子才能经过静电分析仪的能量通道到达微通道板的入射端面，微通道板有许多微通道，通过小孔进入一个微通道的单个粒子碰撞微通道内壁半导体材料会产生电子发射，在经多次倍增放大可以产生电信号。能量不同的粒子在通过静电分析仪时，将经过不同的能量通道达到微通道板上不同的空间位置，进入不同的微通道，使微通道板可以区分不同能量的粒子。绕月探测卫星携带的太阳风离子探测器将能量范围0.05~20千电子伏特划分为48个能量通道，以精确地探测不同能量的粒子。通过对电信号的处理，就可以对粒子能量大小分别计数，获得它们的能谱、速度和分布等数据，得出太阳风等离子体的特征。

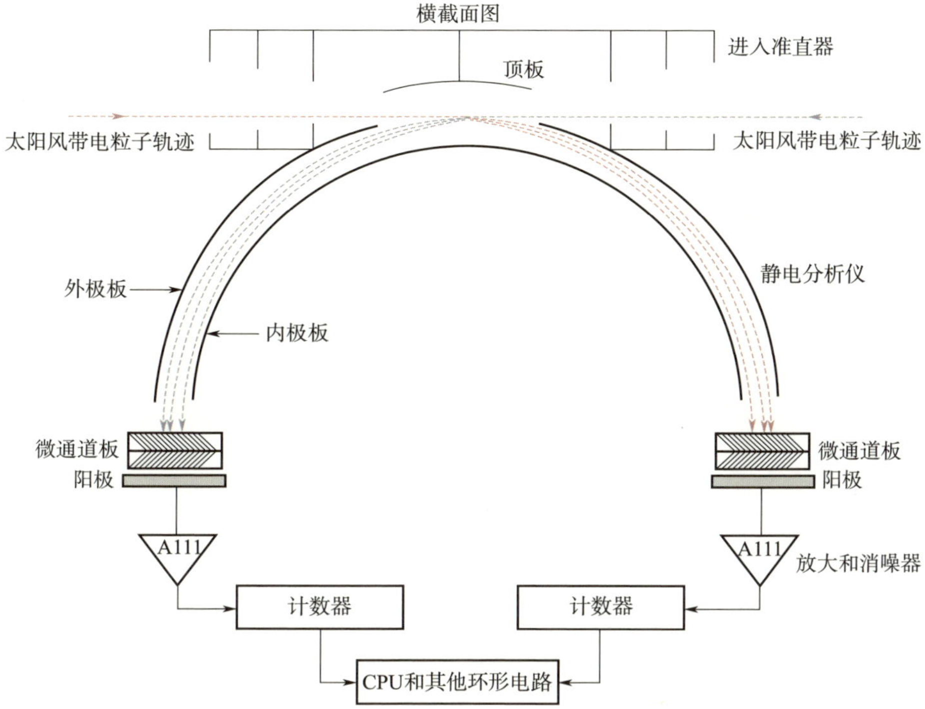

图 3　太阳风离子探测器原理

第二种空间环境探测器叫太阳高能粒子探测器，它的任务是监测近月空间能量范围在 0.1~590 兆电子伏特的高能粒子，研究太阳耀斑及宇宙射线。绕月探测卫星的太阳高能粒子探测器是一种半导体探测器，当一个能量足够高的入射带电粒子进入探测器轰击 P-N 结型半导体时，半导体中一个电子将挣脱原子核的束缚成为带负电荷的自由电子，同时形成一个带正电荷的空穴，在外加电场的作用下，半导体中的电子载流子就会定向运动，从而会输出电流。检测这个电流信号就得到了一个高能粒子的信息。近月空间的高能粒子包括质子和电子，以及氦原子核、锂原子核、铍原子核、碳原子核等重离子，它们的能量差别很大，比如电子的能量为 0.1~2.0 兆电子伏特，而氦核的能量为 12.5~106 兆电子伏特，碳核则达 114~590 兆电子伏特，所以探测器设计了 11 个不同的能量通道，6 个用来探测高能质子，2 个用来探测高能电子，3 个用来探测重离子。对于质子和电子，主要探测这些带电粒子的能量，做出能量变化的能谱图；对于重离子，不仅要测量它们的能量，还要对不同重离子进行区分，进行“身份”鉴别（见图4）。

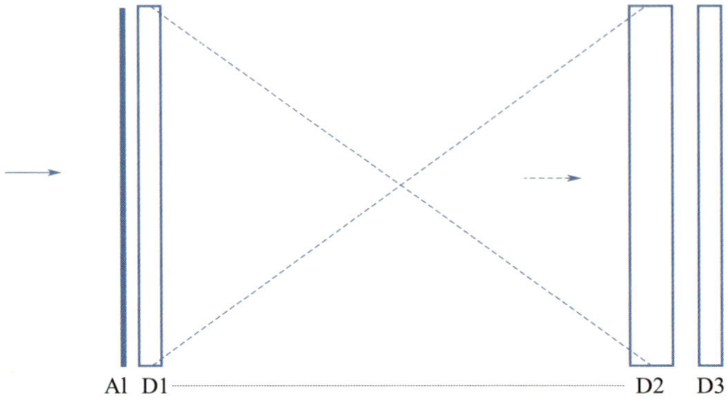

图4　绕月探测卫星高能粒子探测器的3块半导体板D1、D2、D3和挡光片A1

在进行重离子鉴别时，当一个总能量为E的粒子穿过D1时，D1将输出一个电信号，同时这个粒子会损失一定能量ΔE，如果它的能量足够高则还会穿过D2，同样会输出一个电信号。根据物理学已经证明的定律（Bathe-Blcok公式），在D1、D2厚度确定的情况下，粒子的总能量和能量损失的乘积（$\Delta E \cdot E$）与粒子的原子序数和质量有对应关系，因而获得了$\Delta E \cdot E$就可以确定粒子对应的元素。如果粒子穿透D1、D2进入D3，那么我们视其为应筛除的粒子，并依据D3输出的信号将这些粒子排除。由此，当不同的重离子进入探测器，通过对D1、D2输出的电信号的强弱进行辐射强度分析，就可获得不同的$\Delta E \cdot E$值，从而确定相应粒子的“身份”。

嫦娥一号和嫦娥二号在轨运行期间，两种环境探测器获得了大量的近月空间环境科学数据，其中太阳风离子探测器是最早开机的科学载荷，在奔月途中就对地月空间的太阳风进行了探测，这些科学成果发表在国际和国内有影响的学术刊物上，帮助人们更深刻地认识了空间物理现象，以及地–月–日这个大系统。

参考文献

[1]　王馨悦，张爱兵，荆涛，孔令高，张珅毅．近月空间带电粒子环境——“嫦娥1号”“嫦娥2号”观测结果［J］．深空探测学报，2019，6（2）．

21 恶劣的空间辐射环境会损害绕月探测卫星吗?

2007年和2010年，中国先后发射了两颗绕月探测卫星——嫦娥一号和嫦娥二号，两颗卫星在轨运行时间远远超过了设计寿命，恶劣的空间辐射环境对它们没有产生恶劣影响，它们成功地经受了空间环境的考验，这要归功于空间科学对地月空间环境的科学认知和卫星工程设计专家采取的正确措施。那么，在绕月探测卫星设计时，重点关注了空间环境的哪些因素呢?

绕月探测卫星从地球发射后，长时间运行在近月空间，虽然影响卫星安全的空间环境因素有多项，如空间辐射环境、超高真空环境、热环境、流星体环境等，但最受关注的是空间辐射环境，这种环境对探月卫星安全会形成多重潜在威胁，在卫星的工程设计中，空间辐射环境和防护措施备受重视。这些威胁主要来自以下因素。

地球辐射带。地球辐射带（见图1）指地球周围空间大量高能带电粒子的聚集区，由内辐射带和外辐射带两层构成，内外层之间带缝中的辐射很少。一般来说，内辐射带里高能质子多，外辐射带里高能电子多，它们主要是被地球磁场俘获的太阳风粒子。由于地球磁场屏蔽，太阳风粒子难以进入距离地面350千米及以下高度范围，因而在这一区域不会遭遇太阳风粒子。在地球的外围，距离地面大约6000千米至20000千米的区域，聚集了大量的高能带电粒子——能量达几兆电子伏特的电子和几百兆电子伏特的质子，这些来自太阳风和太阳宇宙线的带电粒子在地球磁场的作用下，被捕获并约束在围绕地球的这一特定区域。当绕月探测卫星通过这一区域时，高能带电粒子有可能对卫星造成损害。

银河宇宙射线。这是来自太阳系以外银河系的高能粒子，主要由能量极高的原子核粒子组成，单个粒子的能量达0.1~10吉电子伏特，如果到达月球表面，穿透深度可超过1米。它们对卫星的电子元器件和材料都会造成损害。

不过，到达近月空间的高能粒子数量稀少（即银河宇宙射线通量低），造成损害的概率低。

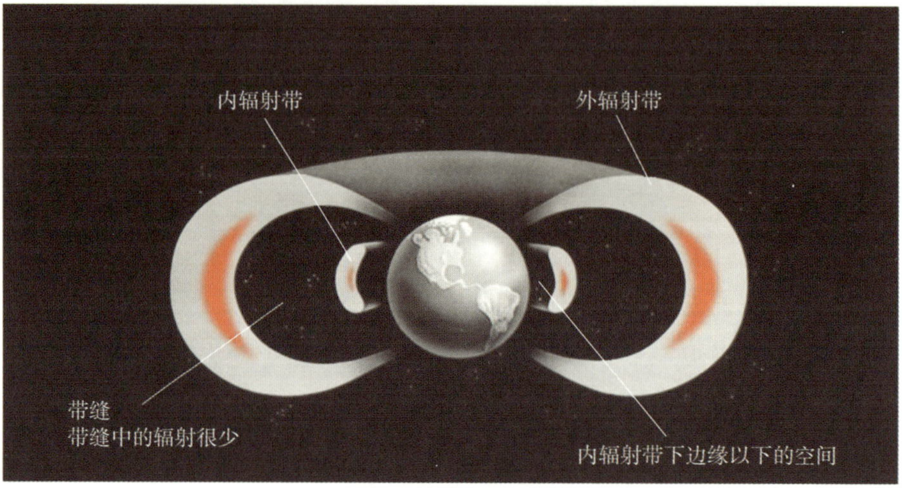

图 1　地球辐射带示意图

太阳宇宙射线。这是太阳耀斑爆发期间（见图 2），从太阳表面活动区喷射出来的高能粒子流，主要成分是电子，氢、氦的原子核和少量重离子（即质量大于氦 4 原子核的带电粒子）。这些粒子具有很高的能量，最高的单个粒子可达 100 兆电子伏特，它们会对卫星电子元器件和材料造成损害，重离子的危害性尤其值得关注。不过，太阳宇宙射线只有耀斑爆发才会出现，因而是随机和间歇的。

图 2　2018 年 9 月 16 日爆发的太阳耀斑

太阳风。太阳风是从太阳上层大气抛射出的等离子体，主要是由氢和氦的原子核组成的粒子流，到达近月空间的速度约为400千米/秒。这些粒子的能量低，但是要考虑它们会增加卫星受到的辐射总剂量，从而对卫星产生影响。

上述粒子辐射环境对探月卫星可能产生不同的效应和伤害，主要包括以下几种。

充放电效应。绕月探测卫星在经过地球辐射带时，卫星表面材料与带电粒子相互作用，会在卫星表面产生充放电效应，这种效应可使卫星表面负电位高至千伏以上，当卫星与周围带电粒子处于不同电位时，又会迅速放电。在绕月飞行时，卫星也会出现充放电效应，但比穿越地球辐射带时的效应温和。卫星表面的充放电效应会对卫星造成伤害，在卫星设计时需考虑充放电效应及其防护措施。

单粒子效应。月球无磁场屏蔽作用，银河宇宙射线、太阳耀斑爆发产生的太阳宇宙射线会直接作用到绕月探测卫星上。其中，银河宇宙射线的重离子、太阳宇宙射线的高能质子和重离子会导致单粒子效应。比如单个高能粒子射入半导体器件灵敏区，使器件逻辑状态翻转：原来存储的“0”变为“1”，或者“1”变为“0”，从而导致系统功能紊乱。对于单粒子效应，在卫星设计时尤其需要进行重点防护。

位移损伤效应。当高能带电粒子遇到固体材料时，通过碰撞将一部分能量传输给被撞击材料的晶格原子，导致原子核离开原来正常的晶格位置成为间隙原子，在原来晶格位置留下一个空位，形成稳定的缺陷。这种效应可能损害星上的光电器件和太阳能电池。不过，与一些高轨地球卫星相比，绕月探测卫星的位移损伤较小。

空间辐射的总剂量辐射效应。这种效应与辐射的种类或能量无关，只与遭受到的各种辐射沉积的总能量有关。引发总剂量效应的包括各种带电粒子和光子。当星上的电子元器件工作在总剂量辐射环境中时，遭遇高能粒子及光子的轰击，其工作参数及使用寿命不可避免地会受到影响和危害，严重时可引起系统失效。

绕月探测卫星从地球出发，一路奔月，随后绕月开展科学探测，经过了发射段、地月转移段、环月段，每个阶段面临的空间辐射环境及效应不同，根据不同阶段的辐射环境和效应确定了重点防护措施（见表1），以确保嫦娥一号和嫦娥二号卫星能够抵御恶劣的空间辐射环境，为完成科学探测任务提供保障。

表1　绕月探测卫星不同轨道阶段重点关注空间辐射环境影响因素

轨道类型	地球辐射带的电子和质子	太阳耀斑质子	太阳宇宙射线重离子	银河宇宙射线重离子
地月转移轨道	予以重视	时间短，不考虑	时间短，不考虑	忽略
环月轨道	无	予以重视	予以重视	予以重视

22 嫦娥二号为什么探测小行星?

茫茫太空，繁星闪烁，吸引着人们的目光。在广袤的太阳系中，除了人们熟知的八大行星，还有无可尽数的小行星在太空中游弋。迄今，人类发射的深空探测器已对各类小行星开展了约20次探测活动，而嫦娥二号也对小行星开展了探测，成为人类小行星探测的一颗“新星”。那么，人们为什么关注小行星呢?

大约46亿年前，宇宙中的原始太阳星云形成了太阳，残余星云的气体和尘埃云在巨大引力的作用下不断聚集，形成了围绕太阳运行的八颗行星，而那些没有形成行星的残留物质，构成了千千万万颗围绕太阳运行的小行星（见图1）。人类之所以关注小行星，一个原因是小行星保留了早期太阳系形成时的信息，从它们那里有可能获得太阳系起源的重要线索，让小行星告诉我们太阳系的形成过程。另一个原因是小行星有可能帮助人类了解生命的起源，迄今的研究结果表明，有些小行星含有可形成有机物的碳元素，有些可能有含水的黏土状物质；近年还发现有的小行星中含不同种类的氨基酸，而氨基酸是蛋白质的组成部分。再一个重要原因是，有一类小行星的运行轨道靠近地球，甚至存在与地球碰撞的危险，对地球安全形成潜在威胁。

太阳系中的小行星众多，截至2021年，已确认的小行星超过108万颗，其中超过48万颗小行星已编号，而这只是小行星的一小部分，更多的小行星还没有被发现，科学家估计小行星的数量可能有数百万颗。

小行星的体积和质量比行星小得多，尺寸从直径大约10米到数百千米，但直径大于100千米的小行星凤毛麟角；与行星相比，小行星的质量都很轻，太阳系中全部小行星的质量加在一起还超不过月球的质量。图2为几种不同尺寸的小行星。

图 1　太阳系内的八大行星与小行星

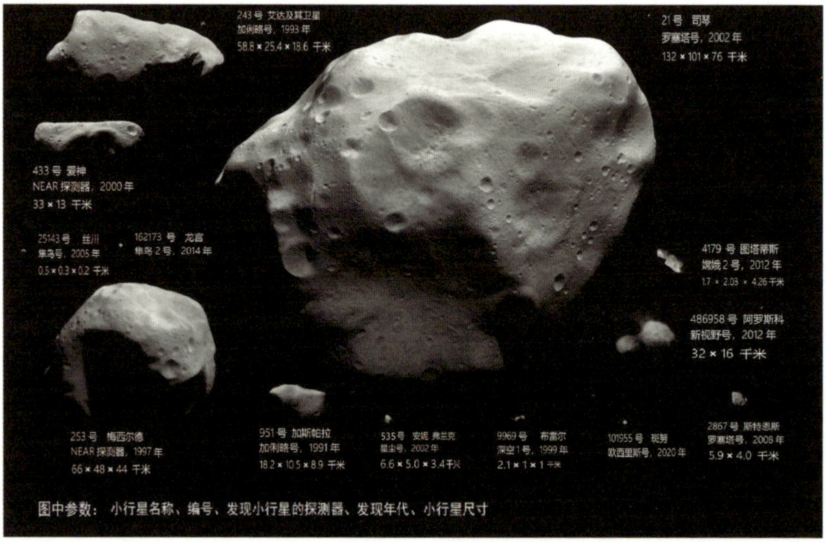

图 2　不同尺寸的小行星

图 2 中最大的小行星长度超过 130 千米，最小的长度仅几百米。位于左下角呈球形的 253 号小行星含有大量碳元素，主要由黏土和硅酸盐岩石组成，被称为 C 型小行星。位于左上角的 243 号小行星，富含硅酸盐，由硅酸盐材

料和镍铁组成，像太空中的岩石，被称为S型小行星。图中体积最大的21号小行星，富含金属，主要由铁—镍和一些硅酸盐化合物组成，被称为M型小行星。按照物质成分，小行星主要划分为C型、S型和M型，其中C型小行星数量最多，是太阳系中最古老的天体之一。

小行星像大行星那样围绕太阳运行，自己也会旋转甚至在太空中翻跟头。大约90%已知的小行星运行在火星轨道和木星轨道之间宽广的空间，那里直径大于1千米的小行星估计有110万~190万颗，还有数百万颗更小的小行星，形成了小行星带，在这里运行的小行星也被称作主带小行星。还有一些小行星运行在木星轨道或火星轨道等行星轨道上，它们与巨大的行星共用一条轨道，但不会与行星相撞，这些小行星被称为特洛伊小行星（见图3）。离太阳和地球更远的轨道上还有一些小行星，例如运行在土星轨道和天王星轨道之间的半人马小行星，以及更远的柯伊伯带小行星。

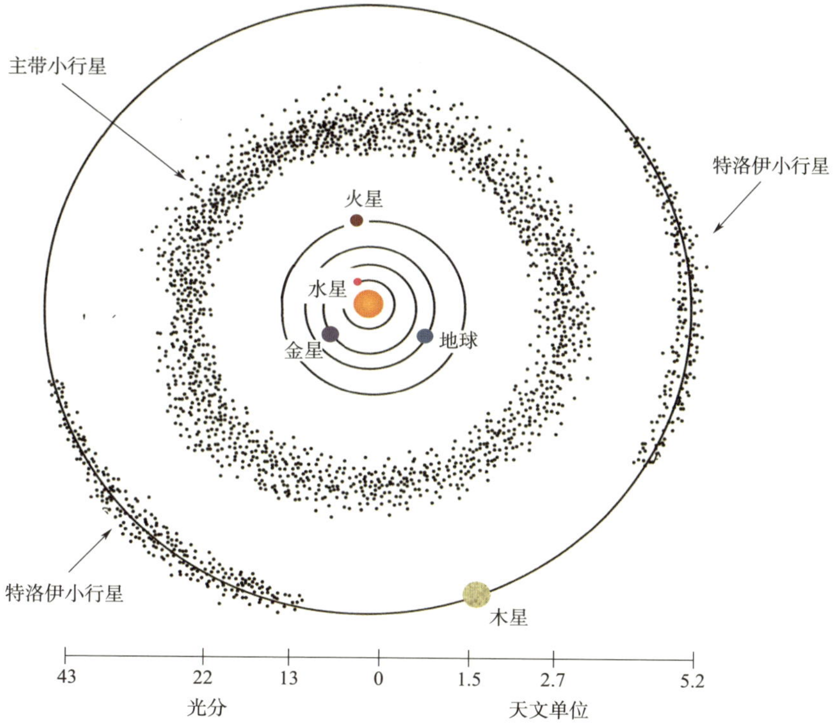

图3　主带小行星与特洛伊小行星

小行星与木星或偶尔与火星等天体近距离接触时，巨大的引力可改变小行星的轨道，把小行星从主带中“拽”出，这些小行星按不同方向飞行，一些小行星穿越其他行星轨道，甚至与行星相撞，还有一些闯入地球轨道运行的空间，成为对地球构成威胁的近地小行星，它们是小行星家族中名副其实的“冒失鬼”。

在小行星家族中，有一类小行星备受人类关注，这就是近地小行星。这类小行星的飞行轨道有可能靠近地球，其中有些小行星会穿越地球轨道，当它们的飞行路径与地球围绕太阳运行的轨道相交时，就会有撞击地球的危险。已发现有1万多颗小行星的运行轨道接近我们生活的地球。如图4所示，近地小行星按照其运行的轨道可分成4种主要类型，图中第1种和第4种小行星，它们的飞行轨道分别在地球绕太阳飞行轨道的外侧和内则，因而永远不会与地球相撞。第2种和第3种小行星，它们运行的轨道与地球轨道相交，当小行星和地球同时运行到两个轨道的交叉点时，就存在发生灾难性碰撞的机会。

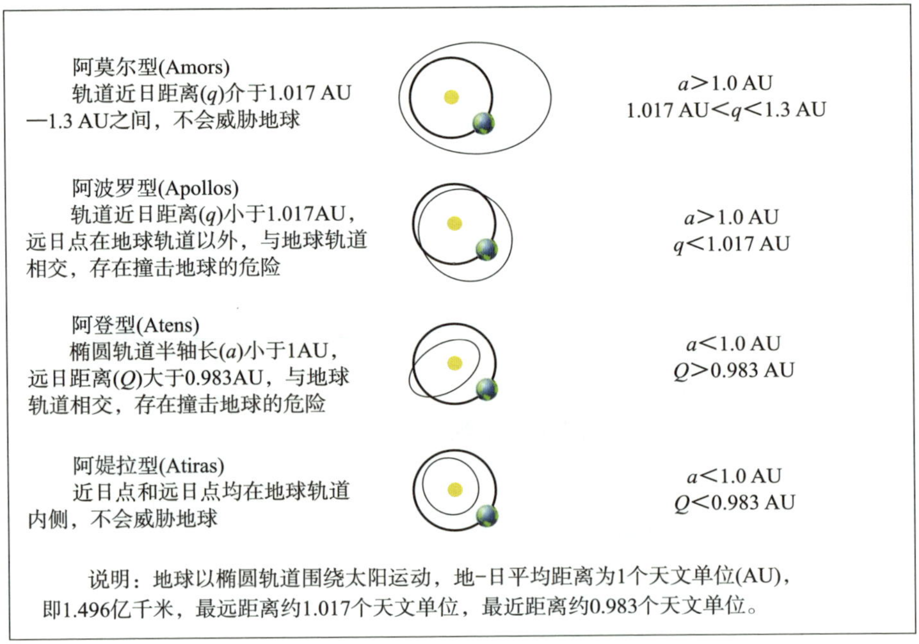

图4　四种轨道类型的近地小行星

2014 年，联合国批准成立多国政府空间机构、研究机构和天文台参加的“国际小行星预警网”（IAWN），以监测、跟踪、表征近地小天体，协助各国政府分析小行星影响，规划缓解对策。至 2017 年 12 月，人类已经发现有 17389 颗小行星有可能靠近地球，其中超过 1500 颗小行星对地球构成潜在威胁。各国利用雷达和望远镜等设备持续监测这些小行星，获取它们运行轨道、质量、尺寸和形状等数据，发射小行星探测器近距离了解它们的物理特性、内部结构与物质组成等知识，以便研究防止撞击的方法和技术，采取合理措施去应对和减缓未来的威胁。

小行星碰撞地球说认为，大约在 6500 万年前，一颗直径 10 千米的小行星与地球猛烈相撞（见图 5），卷起的尘埃云笼罩了整个地球上空，挡住了阳光，地球变得“暗无天日”，这种情况持续了几十年。植物没有光合作用而枯萎死亡，身躯庞大的食草恐龙没有了赖以生存的植物，在饥饿的折磨下倒地死去，以食草恐龙为食源的食肉恐龙也相继死亡——恐龙由此而灭绝。

图 5　小行星碰撞地球

2013 年 2 月 15 日，一个大型火球以 18.6 千米 / 秒的速度进入大气层，随后在俄罗斯车里雅宾斯克地区上空解体（见图 6）。根据美国航空航天局的数据，这是一颗闯入地球大气层的小行星，估计直径约 18 米，质量 11000 吨，总冲击能量约 44 万吨 TNT 当量。这是 1908 年俄罗斯西伯利亚“通古斯爆炸”事件以来，最剧烈的撞击事件。

图 6　2013 年 2 月 15 日，闯入地球大气层的小行星

2012 年 12 月 13 日，嫦娥二号卫星对 4179 号小行星图塔蒂斯进行了成功探测。这是一颗阿波罗型近地小行星，从 1992 年到 2012 年，它每四年近距离飞越地球一次，2004 年 9 月 29 日，它与地球的最近距离仅 155 万千米，相当于 4.03 倍地月平均距离，因而长期被看作对地球构成潜在威胁的一个小行星。尽管预计未来 500 年它不会再以这样近的距离靠近地球，但它仍备受国际社会的关注。

23 嫦娥二号飞越图塔蒂斯小行星面临哪些挑战？

2012年4月，嫦娥二号完成月球探测和三项拓展任务后，工作状态一切正常，为了发挥“余热”，再次承担新的使命——小行星探测。此时，它已在太空运行18个月，远超半年的设计寿命。这项新任务又给它带来了一系列挑战，而当时面临的主要问题包括以下几点。

一是受到“推进剂约束”，就是卫星的推进剂剩余不多，所以变轨能力有限；二是受到“测控与通信约束”，就是用于嫦娥二号跟踪、轨道测量、遥测遥控和通信的地面测控设备，原来只用来满足月球探测任务需求，跟踪范围和数据传输等能力有限，使其执行更深远空间的探测任务受限；三是受到“时间节点约束”，由于嫦娥二号在轨运行时间早已超过设计寿命，为了保证任务的可靠性，要求探测任务最早在2012年10月中旬两座地面大口径测控天线建成后，最晚在2013年6月前完成。那么，在探测任务实施过程中，嫦娥二号是如何应对挑战的呢？

1. 精心选择目标小行星

要成功实施小行星探测任务，第一件紧要的事情就是确定可行的探测目标。首先，按照“测控与通信约束”条件，依据深空测控网的测控距离，考虑数据传输速率要求，确定目标小行星与地球的最近距离要小于1500万千米，据此从60多万颗已知的小行星中寻找2012年10月至2013年6月间符合这个距离条件的目标小行星，最后通过小行星的轨道计算和筛选，初选了51颗潜在目标小行星。其次，为了拍摄高质量的小行星图像，确定目标小行星的直径要大于1千米，且具有很好的反射阳光的能力，由此筛选出3颗有国际编号的备选目标小行星。最后，根据“推进剂约束”条件进行目标筛选。嫦娥二号与目标小行星交会并实现飞越探测，要靠发动机提供速度增量，而其发动机推进剂只剩115千克，仅够提供120米/秒的速度增量，依据这个速度增量筛选，最终确定国际编号4179号的图塔蒂斯小行星作为探测目标，它在2012年12月13日与地球相距700万千米，长4.75千米、宽1.95千米，反照率0.13，满足各项约束条件。

2. 对图塔蒂斯小行星精确定轨

确定4179号图塔蒂斯小行星为探测目标后，接下来要做的是对这颗小行星进行定轨，即精确测量其运行轨道，确定嫦娥二号飞越时刻（北京时间2012年12月13日16时30分）图塔蒂斯小行星的轨道参数。小行星的体积小，亮度暗，地面站有效观测目标小行星的轨道弧段短，对小行星定轨一直是一个难点。为此，首先要有丰富的观测资料，并考虑太阳、行星和较大的小行星等天体的引力摄动因素，构建科学合理的预测小行星轨道的动力学模型，据此对小行星进行定轨。2012年7月至11月，国家天文台、南京紫金山天文台和国内各观测站对图塔蒂斯小行星开展了大量的光学观测，还利用国外的光学和雷达观测活动，获得了丰富的轨道数据，同时构建了精确的模型。最终，顺利完成了定轨，定轨精度优于5千米（见图1）。

3. 突破700万千米远的轨道设计与控制技术

嫦娥二号探测图塔蒂斯小行星之前，正在一条围绕日地拉格朗日L2点的轨道上运行，此时它距离地球约150万千米。在推进剂有限的情况下，如何让它沿一条合理的轨道奔赴700万千米外与图塔蒂斯交会，并且在不相撞的前提下尽量靠近图塔蒂斯小行星以拍摄清晰图像，这是一个极大的挑战。嫦娥二号与图塔蒂斯小行星以接近11千米/秒的速度擦肩而过，在两者之间的距离迅速变化的情况下，如何调整嫦娥二号飞行姿态，使相机镜头对准正确方向，又是一个极大的挑战。应对这些挑战的关键是突破700万千米的轨道设计和控制技术。通过精心建模、精确计算，设计了符合“推进剂约束”和“测控通信约束”的飞行轨道，在这条轨道上，嫦娥二号实施了2次变轨机动和4次轨道修正，并在交会前一天进行了姿态调整，最终成功飞越了图塔蒂斯小行星并拍摄了高质量图像。图2展示了嫦娥二号奔赴图塔蒂斯小行星的轨道。

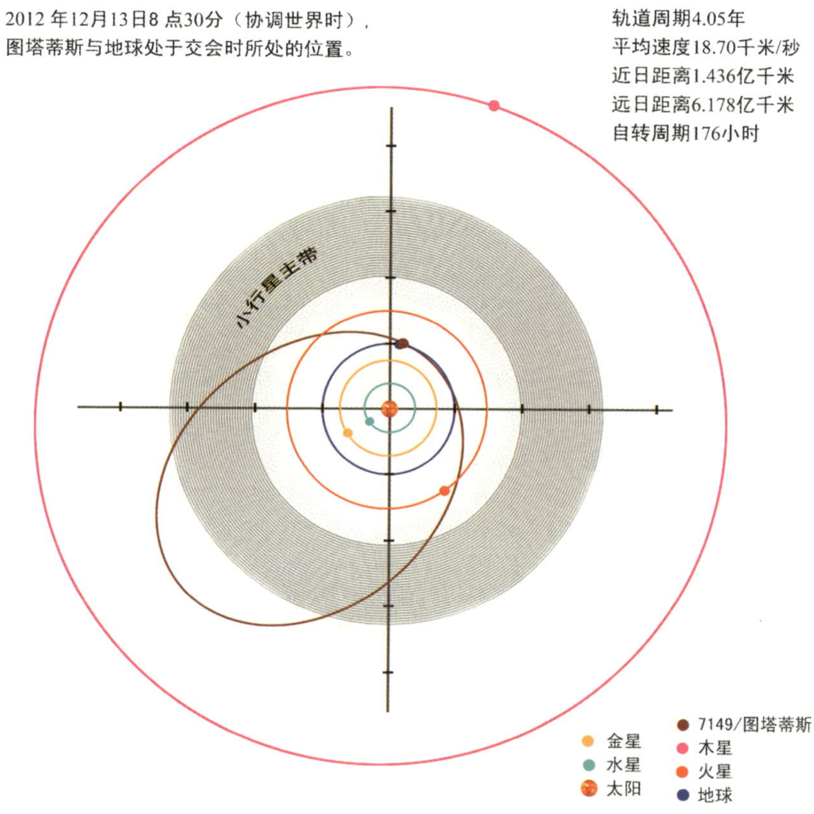

图 1　图塔蒂斯围绕太阳沿一个大椭圆轨道飞行

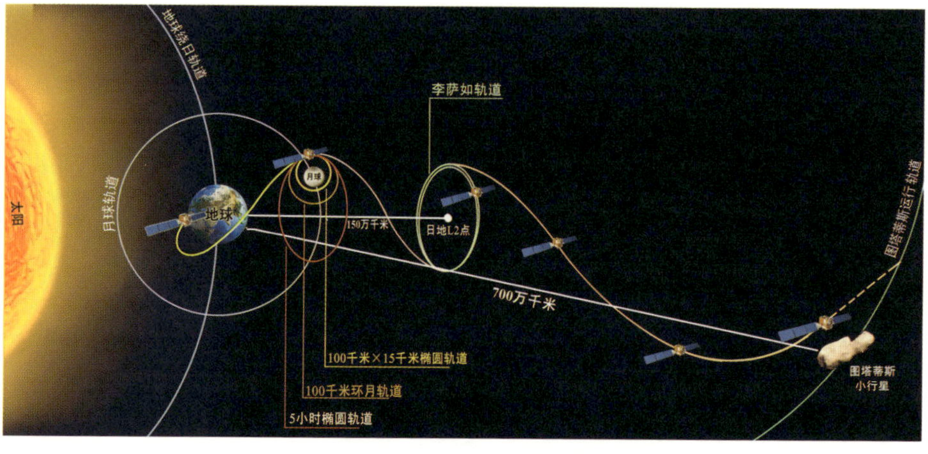

图 2　嫦娥二号奔赴图塔蒂斯小行星轨道

4. 提升深空测控范围和能力

嫦娥二号飞越图塔蒂斯小行星的机会仅有一次且稍纵即逝，精确确定嫦娥二号的飞行轨道和飞行姿态，是成功飞越的前提，这对负责嫦娥二号跟踪、测轨、遥测遥控和通信的地面测控系统提出了苛刻的要求。此前，嫦娥二号一直使用新疆喀什和山东青岛 2 个口径 18 米的测控天线进行跟踪，测控范围限制在 350 万千米，无法满足小行星探测需要。为了提高测控能力，中国开始建设喀什 35 米和佳木斯 66 米口径两个大型深空测控站，以及上海 65 米甚长线射电干涉测量站，经过不懈努力，终于在 2012 年 10 月完成建设并投入使用，标志着中国深空测控网初步建成，也为成功探测图塔蒂斯小行星提供了必要条件。

5. 成像方案的挑战

嫦娥二号以 10.73 千米 / 秒的速度飞越图塔蒂斯小行星，两者的空间位置高速变化，如何在交会的这段时间让图塔蒂斯小行星始终位于嫦娥二号相机视场之内，并且在难以获得拍摄相机与目标之间精确距离的情况下，拍摄出高质量的图像，这是探测图塔蒂斯小行星的一个难题。为了应对这些问题，专家们首先选择了最适合拍摄的一台小型 COMS 监视相机（见图 3），而没有使用为月球拍照的 CCD 大相机，它可以在 500 千米内拍摄小行星，它原来的使命是监视嫦娥二号太阳能电池帆板展开和工作状态的，重量仅 200 克，可以拍摄分辨率 100 万像素的彩色照片，分辨率不高，但拍摄图塔蒂斯小行星足够用了；其次，采用向后拍摄的策略，即嫦娥二号飞越图塔蒂斯小行星之后，相机从后面进行拍摄，此时图塔蒂斯小行星离嫦娥二号越来越远，但它始终在相机的视场之内，使得相机可以连续拍摄，并且可靠成像的成功率高。此外，采用这种成像策略，两者之间的距离远近仅影响图像大小，不影响影像的质量，而且成像的光照条件变化小，还可以在稳定的光照条件下获取图像。

图 3 小型 COMS 监视相机

如图 4 所示，图塔蒂斯小行星相对嫦娥二号向后高速远离，在 A 点之后始终在相机的视场之内，相机在 100 秒内进行了连续拍照。嫦娥二号飞越图塔蒂斯小行星两者距离最近的时刻，图塔蒂斯小行星在相机视场外，不能拍摄。随着相对距离逐渐增大，目标会从视场的边缘进入相机视场，随着相对距离的增大，拍摄的图像逐渐变小。

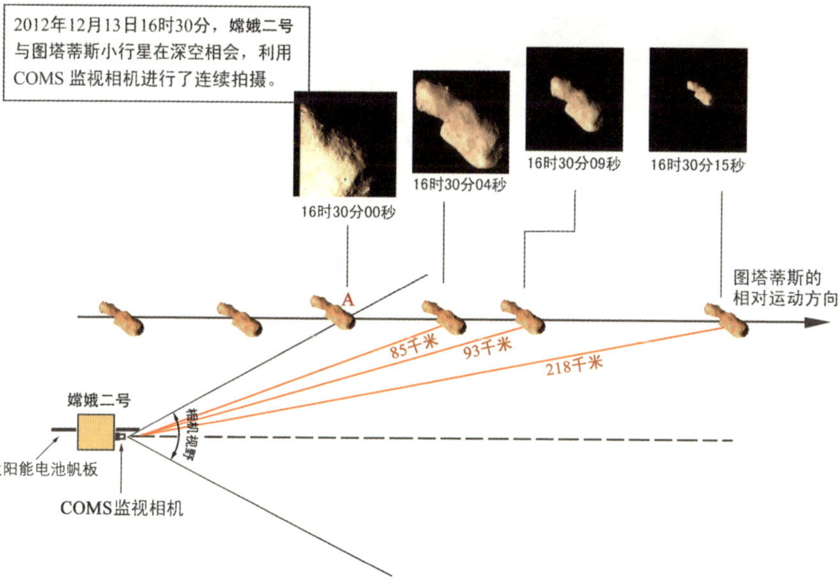

图 4 嫦娥二号从后面拍摄图塔蒂斯小行星示意图

24 嫦娥二号探测小行星取得了哪些科学成果?

北京时间2012年12月13日，嫦娥二号在远离地球约700万千米的深空，以10.73千米／秒的相对速度，快速掠过正在绕太阳高速运行的4179号图塔蒂斯小行星。它们相距最近时，嫦娥二号距离图塔蒂斯小行星的表面3000米。在与图塔蒂斯小行星由远及近擦身而过的100秒瞬间，嫦娥二号利用星载太阳翼监视相机对这颗翻滚的小行星进行了连续的光学成像（见图1），在相机摄下的一连串图塔蒂斯小行星的身影中，最高分辨率光学图像优于3米。这些图像承载了这颗小行星的丰富信息，为人们深刻地揭示它的物理特性、表面特征、内部结构和形成机理提供了依据。下面我们举例介绍中国科学家利用嫦娥二号获得的数据，在图塔蒂斯小行星研究方面取得的几项重要的科学成果。

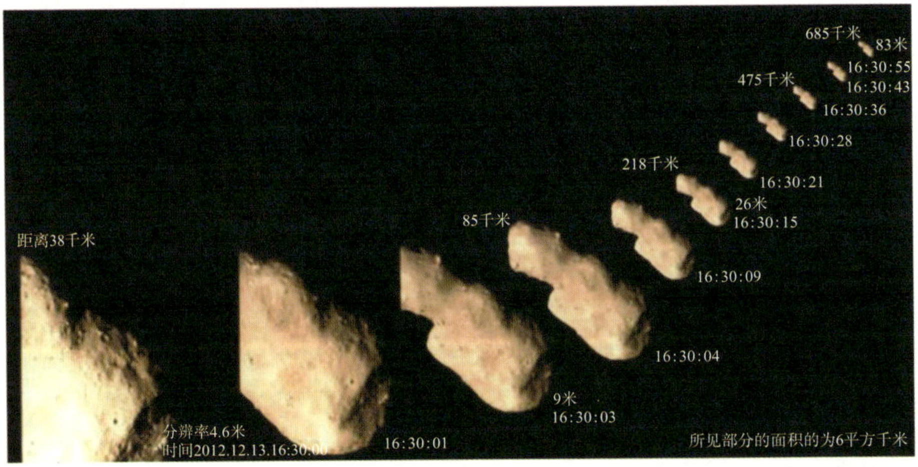

图1　嫦娥二号从图塔蒂斯小行星身旁高速飞离时55秒内拍摄的图像

1. 图塔蒂斯小行星形成机制研究

从嫦娥二号获得的图像发现，图塔蒂斯小行星是一个形状不规则的奇特小行星，一端像是粗壮的身体，另一端像是伸出的头部，两个部分连接在一起，构成一颗外形古怪的小天体（见图 2）。天文学家们将这类明显由两部分结构相接而成的单小行星称为“接触双小行星”，在飞近地球的近地小行星中，这类小行星不乏其例。那么，这种小行星是如何形成的呢？这一直是科学家们关注的问题，而研究图塔蒂斯小行星的形成机制，对深入了解接触双小行星的成型和演化具有重要意义。

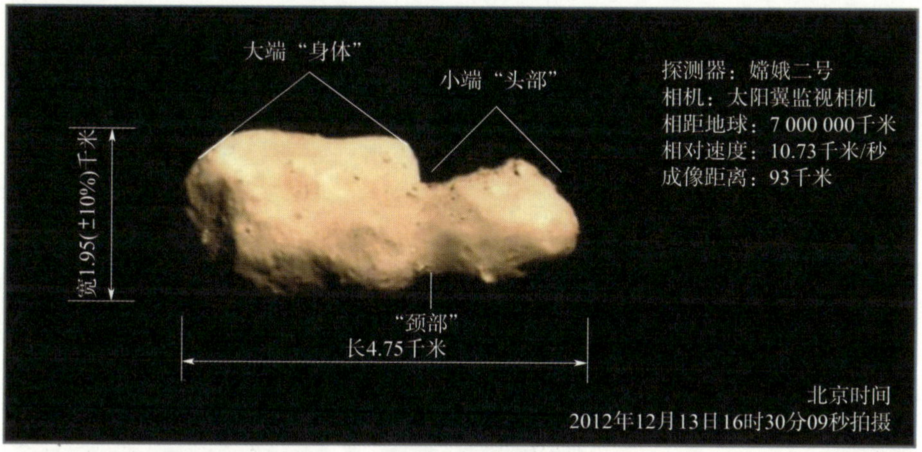

图 2　图塔蒂斯小行星由一端大一端小的两部分结合而成

通过详细分析嫦娥二号拍摄的图像以及模拟计算，科学家团队提出了图塔蒂斯小行星形成机制的新假说：图塔蒂斯小行星的“前身”是由一颗体积较大的主星和一颗较小的卫星组成的双小行星，它们在太阳系内围绕太阳运行的过程中，有可能近距离飞越地球，这时地球的巨大引力影响了主星和卫星的轨道，引起它们的形状发生改变，导致卫星轨道失稳而与主星相撞，最终两星合并，形成了图塔蒂斯小行星。

2. 图塔蒂斯小行星形貌研究

利用嫦娥二号拍摄的图像，中国科学家在图塔蒂斯小行星表面找到了 50 多个大大小小的陨石撞击坑，还发现不同的陨石坑相互遮盖的情况，在其“身体”端部还存在一个直径大约 800 米的大型盆地。研究表明，这些撞击坑保留年龄约16亿年。嫦娥二号还发现这颗小行星的表面存在30多个有巨石特征的区域，并识别出200多个碎石，最大的直径达61米，最小的10米。科学家对碎石的累积大小频率分布进行了统计，研究结果表明，图塔蒂斯小行星形成之后，或因遭受外来陨石撞击形成溅射物质，或因昼夜温差变化引起热疲劳，导致表面物质经历长期的破碎过程，由此形成大量的碎石；研究还表明，大部分直径大于20米的碎石并非来自陨石撞击或热疲劳，而是图塔蒂斯小行星的前身——一对双小行星形成时的残留碎片。这些研究成果为研究小行星的形成演化和撞击历史提供了重要线索。图3展示了图塔蒂斯小行星表面的各种地貌特征，左图中蓝色轮廓标注了撞击坑，红色方框标注了巨石。右图是对左图中方框中部分图像的放大，给出一个形态完整的坑，其周围随机分布了十余个碎石。

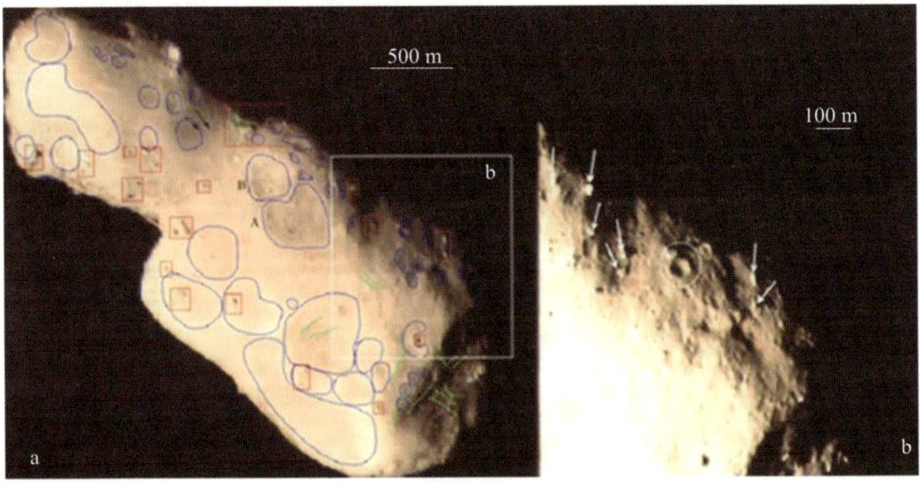

图3　图塔蒂斯小行星表面的各种地貌特征

3. 图塔蒂斯小行星自转动力学的研究

图塔蒂斯小行星不仅和太阳系中所有小行星那样围绕着太阳运行，而且还自身旋转，在太空中翻着“斤斗”。是什么原因导致这颗小行星能这样奇特地运行？这让天文学领域的科学家们产生了极大的兴趣。利用嫦娥二号拍摄的图像，结合地面雷达获得的数据，中国科学家对图塔蒂斯小行星自转动力学演化开展了深入研究，获得了它的自转状态。图塔蒂斯小行星绕着自己的长轴自转，自转周期大约 5.4 天，同时它的长轴按照 7.4 天的周期角动量轴进动，显示它是一个非主轴旋转体，使图塔蒂斯小行星处于缓慢的不稳定自转状态，由于自转轴与角动量轴之间有较大夹角，造成图塔蒂斯小行星不停地翻着“斤斗”。

利用嫦娥二号获得的科学数据对图塔蒂斯小行星开展了大量的研究，这些研究成果对认识太阳系中小行星的形成与演化机制，以及近地小行星的空间防护都有重要的科学价值，也为我国未来开展小行星探测提供了重要依据。

25 绕月探测卫星还在太空飞行吗?

2007 年和 2010 年，中国先后成功发射嫦娥一号、嫦娥二号两颗绕月探测卫星，分别完成了预定的探测任务，但它们落幕的结局却大为不同。

嫦娥一号于 2007 年 10 月 24 日发射升空，环绕月球飞行了 5514 圈，获取了全月球影像图、月表部分化学元素分布、月壤厚度等大量数据，取得了一系列科学成果。为了保护月球空间，履行国际义务，不在月球空间留下碎片，在嫦娥一号生命的最后阶段，工程管理部门决定让它以撞击月球的方式完成最后使命。2009 年 3 月 1 日，在北京航天飞行控制中心的精确控制下，嫦娥一号经历 494 天的飞行、圆满完成预定任务之后，在受控状态下成功地撞击在月球丰富海地区的预定撞击点，静谧的月宫成为嫦娥一号的最终归宿（见图 1）。

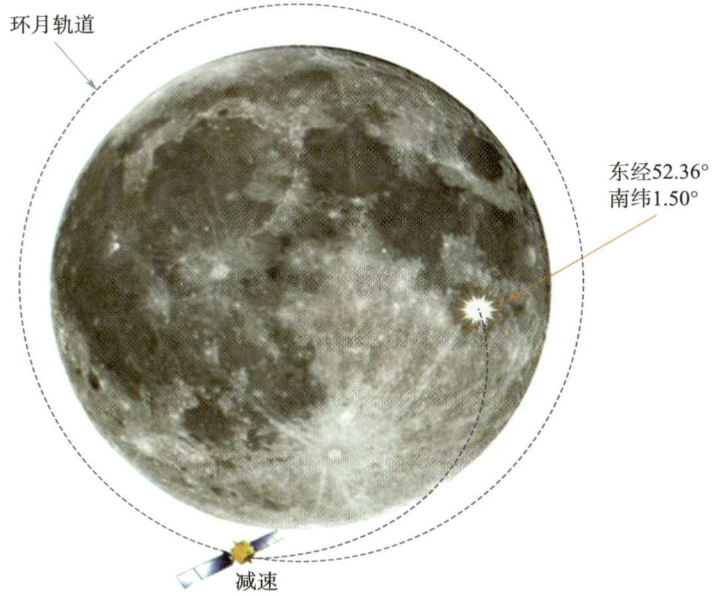

图 1　嫦娥一号准确撞击在月球丰富海地区的预定撞击点

嫦娥二号于2010年10月1日发射升空，它首先围绕月球运行了180天，顺利完成了预定的绕月探测任务，包括对嫦娥三号预定着陆的月球虹湾地区进行第1次高精度成像，随后又绕月飞行了60多天，执行了月球两极拍摄和第2次虹湾地区高精度成像等两项拓展任务；然后飞离月球进入日地拉格朗日L2点的环绕轨道，开展了10个月的探测活动，获得了地球远磁尾离子能谱、太阳耀斑爆发和宇宙伽马射线暴等的科学数据。2012年6月1日，嫦娥二号离开日地拉格朗日L2点（简称日地L2点），启程前往更远的深空，经过195天的飞行，2012年12月13日成功飞越图塔蒂斯小行星，在全球首次获得了这颗小行星的高分辨率照片。此后，嫦娥二号向更深远的太空进发，成为一颗围绕太阳运行的人造小行星。嫦娥二号的飞行历程见表1。

表1　嫦娥二号飞行历程

任务	重要事件
奔月（2010.10.1—10.9）	2010年10月1日发射，奔向距离地球38万千米的月球，10月9日进入围绕月球的100千米×100千米任务轨道
绕月探测（2010.10.9—2011.6.9）	围绕月球运行248天，实现高分辨率月图的完整覆盖。其间，2次从100千米×100千米的圆轨道进入100千米×15千米的椭圆轨道，对嫦娥三号着陆区进行了高精度成像
奔向日地拉格朗日L2点（2011.6.9—2011.8.25）	经77天飞行，2011年8月25日进入距地球150万千米的日地L2点环绕轨道，成为围绕太阳运行的人造小行星
环绕日地L2点执行拓展任务（2011.8.25—2012.6.1）	开展为期10个月的环绕日地L2点稳定运行的探测活动，验证150万千米距离的深空测控能力，获得了大量的科学数据
飞越图塔蒂斯小行星（2012.6.1—2012.12.13）	2012年6月1日脱离日地L2点环绕轨道，12月13日在距地球约700万千米远的深空，飞越图塔蒂斯小行星，获取了小行星影像资料
在更远深空绕太阳运行（2012.12.13—）	围绕太阳运行。2013年1月5日，飞行里程突破1000万千米；2013年7月14日，突破5000万千米；2014年7月，突破1亿千米。2020年11月，距离地球约3.1亿千米

嫦娥二号离开图塔蒂斯小行星后，按照与地球围绕太阳公转相同方向围绕太阳运行（见图2）。它距太阳的平均距离约1.558亿千米，比地球距太阳的平均距离（1.497亿千米）更远，因而它运行在地球围绕太阳公转轨道的外圈。嫦娥二号绕太阳运行一圈需要388.211天，比地球的365.242天慢了近23天，所以地球比嫦娥二号转得快，会“跑”在嫦娥二号的前面，并使得两者之间

的距离呈现周期性变化。2020 年 11 月，嫦娥二号与地球的距离达到 3.1 亿千米的最远距离，随后与地球的距离逐步缩小，到 2029 年 6 月达到 770 万千米的最小距离，然后再次拉开与地球的距离。平均每隔 17.31 年嫦娥二号会接近地球一次（见图 3）。这如同一位跑得快的选手和一位跑得慢的选手沿 400 米环形赛道奔跑，起先两人肩并肩起跑，接着快跑者与慢跑者的距离越大，当领先半圈时两人距离相差最大，而跑过多圈后，快跑者比慢跑领先一整圈时，又从后面追上了慢跑者，两人再次肩并肩。

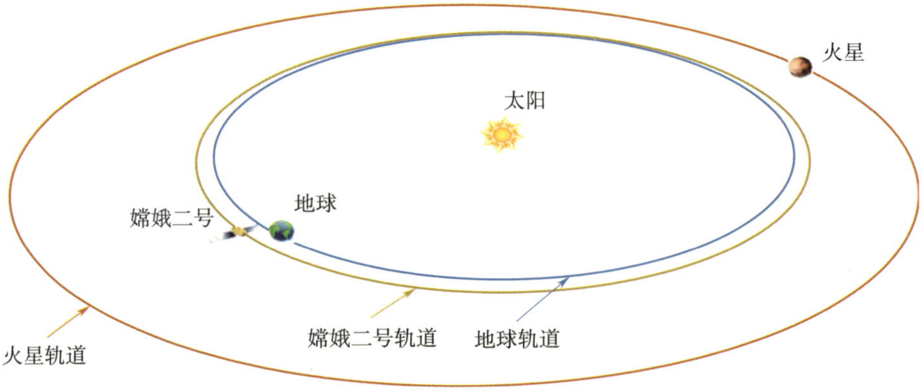

图 2　嫦娥二号沿一个椭圆轨道绕太阳运动

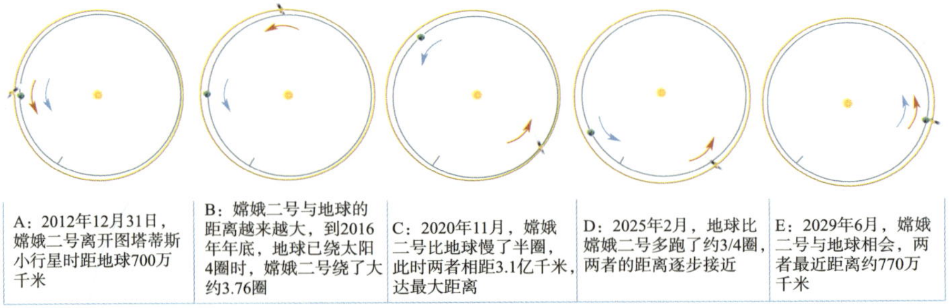

图 3　嫦娥二号与地球之间的距离变化

嫦娥二号的设计师们最初设想过，能否在嫦娥二号再次接近地球时，利用它剩余的推进剂实施变轨，使它进入地球的引力影响球，让它返回地球；或者在未来飞行过程中，当它与某颗小行星接近时，再次对小行星进行探测，但由于目前地面与嫦娥二号已失去了联系，实现这些设想的希望并不大。

第三章
落月勘察

26 嫦娥三号的科学目标是什么?

在苍茫太空，一弯明月亮镶嵌其中，在那银色的月球表面，有我们首次派出的着陆使者——嫦娥三号月球着陆器和玉兔号月面巡视器(也叫月球车)，它们于2013年12月14日降落在月球表面，此后辛劳工作，为人类了解神秘的月球贡献力量。那么，它们的目标和使命又是什么呢?

简单来说，嫦娥三号重点要干三件大事——看地、观天、测月，还要开展地形地貌探测、物质成分探测等其他重要的科学活动，通过这些活动实现三大科学探测目标，即：实现地球等离子体层探测和月基光学观测，月表地形地貌与地质构造调查，以及月表物质成分和可利用资源调查。乍听起来有点复杂，让我们逐一说个明白。

首先，我们讲讲“看地”。“看地”是指利用嫦娥三号着陆器上的极紫外相机，对地球周围的等离子体层进行成像探测。通过“看地”，嫦娥三号将实现地球等离子体层探测目标。地球外围包裹着一个厚厚的等离子体层，它是一个环状的冷等离子体聚集区域，可以延伸到地球表面以上 40000 千米左右。嫦娥三号在世界范围内首次在月球上实现了对地球等离子体层大视野、定点的极紫外观测和研究。通过这项“看地”探测，研究了太阳剧烈爆发活动对地球等离子体层的影响，验证了地球等离子体层的尺度与地磁活动强度的关系，揭示了地球等离子体的奥秘，为人类深入认识地球以及地–日大系统的关系提供了数据。由于地球等离子体层变化与太阳风暴活动相关，因而这项“看地”活动为人们监视太阳活动，开展空间天气预报提供了依据。

其次，我们说说“观天”。“观天”是指利用嫦娥三号着陆器上的月基光学望远镜开展光学天文观测。通过“观天”，嫦娥三号将实现月基光学观测目标。数百年来，利用天文望远镜观测宇宙空间奇妙的天体，是所有天文学家的美好愿望，但地球大气层会遮挡天文学家的视线，干扰天文学家对宇宙空间和天文现象的观测。而月球为天文观测提供了绝佳的条件，一方面，月球没有大气层，在月球上进行天文观测，没有大气干扰、没有云层遮挡，能够观测到更多的天体，发现新的天文现象。比如，地球大气层会“过滤”掉大部分紫外光，以致在地球上无法进行整个紫外谱段的天文观测，而嫦娥三号着陆器利用它的月基天文望远镜，在国际上首次进行了月基紫外光谱段的“巡天”观测。另一方面，月球自转较慢，有利于长时间观测同一个天体的变化情况。嫦娥三号着陆月球后，对月球北极上方区域的星星做了一次大范围的科学普查，这如同对这一区域的大量天体进行了一次“人口普查”，人们也将这种普查称为“巡天”观测。截至 2016 年 6 月，嫦娥三号共进行了约 4940 小时的巡天观测，获得 23.3 万张图像数据，发现了一系列新的天文现象。

再次，我们谈谈“测月”。“测月”是指利用玉兔号巡视器携带的测月雷达，探测它行走路线上的月壤厚度和结构，以及月壳岩石结构。通过“测月”，嫦娥三号将实现对月球的地质构造调查目标。玉兔号的测月雷达发射可穿入月表以下的电磁脉冲，这些电磁脉冲遇到电磁属性不同的地层，便会在界面上反射，测月雷达利用天线接收反射的回波，便能够反推月壤和浅表月岩的分层结构。采用低频通道时，测月雷达的探测深度最大可达400米。玉兔号在月面大约行走了114.8米（见图1），当在月面行走时，测月雷达随着玉兔号的移动，可以测月球地下30米深土壤层的结构和超过330米深的次表层岩石结构。利用探测数据，科学家们绘制了着陆地区一条近百米的地质剖面图，展现了月球表面以下的地质结构特征和演化过程。通过“测月”探测，还确定了着陆区月壤的平均厚度约为5米，月壤中几乎不含岩块，并呈分层结构特征。由于月壤是由小行星撞击月表岩石溅射的碎屑堆积而成的，因而月壤厚度越大，地质年龄越大，通过月壤厚度数据，可研究月球地质的演化历程；此外，由于氦3等重要资源蕴藏于月壤之中，月壤厚度数据也为这些重要资源储量的估算提供了某种依据。

接下来，我们再看看地形地貌探测。这项任务就是利用嫦娥三号着陆器上的地形地貌相机和降落相机以及玉兔号的全景相机，对着陆区的地形地貌进行光学成像，以实现月表地形地貌调查的科学目标（见图2）。尤其是地形地貌相机和全景相机，它们不仅可以拍摄大面积的彩色图像，还可以对特定目标拍摄高分辨率的“特写”，这些照片不仅显示了着陆区的地形地貌，还包含了着陆区的光照条件以及与月岩和月壤相关的大量科学信息。例如，利用地形地貌相机拍摄的玉兔号巡视器留在月面上的车辙深浅，可以推断月壤的密度、孔隙率等性质。放大高分辨率的特写照片，还可以对覆盖在月岩和着陆器表面的月尘进行分析。

最后，我们介绍月表物质成分和可利用资源调查。月表物质成分和可利用资源调查是嫦娥三号三大科学探测目标之一。这项任务主要利用玉兔号月球车携带的粒子激发X射线谱仪、红外成像光谱仪等设备对月表物质的化学成分和矿物组成进行探测。其中，位于玉兔号机械臂上的粒子激发X射线谱仪可利用自身携带的放射源产生X射线激发源，轰击月球表面物质元素以产生特征X射线荧光，粒子激发X射线谱仪的探头接收特征X射线荧光，并根据特征X射线荧光的能量和强度，可以计算月表物质的化学成分。位于

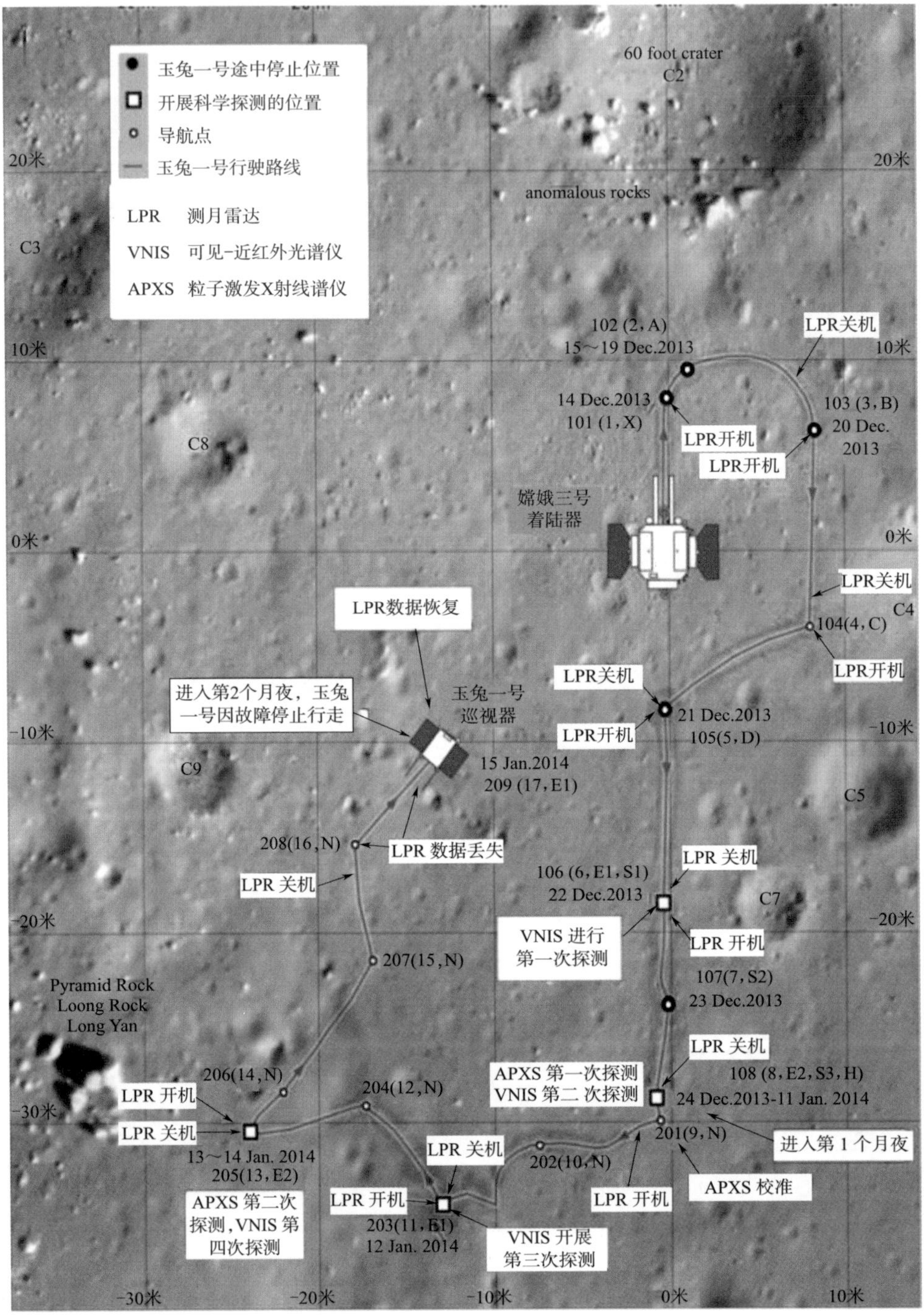

图 1　玉兔号在月面上的行驶轨迹

玉兔号前端的红外成像光谱仪能够获取月表样品的红外光谱图，从而计算其主要矿物组成。玉兔号在两个月昼内对月壤进行了 2 次粒子激发 X 射线谱仪探测，4 次红外成像光谱仪探测。通过这些探测，科学家们在着陆区发现了一种全新的月球玄武岩，获得了月壤 12 种元素的准确含量，发现嫦娥三号着陆区的月壤中铁和钛含量较高，并富含钾、锆、钇、铌等元素。利用矿物组成和化学成分的分析数据，科学家们对这一地区的火山喷发和地质演化进行了研究，研究成果引起了学术界的广泛关注。

图 2　嫦娥三号着陆器地形地貌相机拍摄的玉兔号和着陆区景象

27 嫦娥三号为什么选择虹湾着陆?

2013 年 12 月 14 日，中国首个月球着陆器 / 巡视器——嫦娥三号平稳地降落在月球虹湾以东地区，这是 1976 年苏联“月球 24 号”月球探测器登月后，时隔 37 年人类航天器首次登临月球表面开展探测活动。嫦娥三号降落在一个有着美丽名称“彩虹之湾”的地方。那么，这个区域在月球的哪个位置，嫦娥三号又为什么选择在这里着陆呢?

让我们先来看看图 1，这幅图清楚地告诉我们嫦娥三号的着陆位置。左图左上方白色圆圈中暗色区域是月球上的一个巨大盆地，称为雨海，它在月球的正面——永远面向地球的一面，是月球表面最大的撞击盆地之一。在雨海西北角，有一个像字母“C”包围着的区域（右图左上方），好像是雨海伸出的“海湾”，这就是虹湾，也就是我们所说的“彩虹之湾”。在虹湾开口外侧，即虹湾以东地区，就是嫦娥三号的着陆区，嫦娥三号就着陆在图中用红十字标注的地方，具体的着陆位置为月球的西经 19.51°，北纬 44.12°。

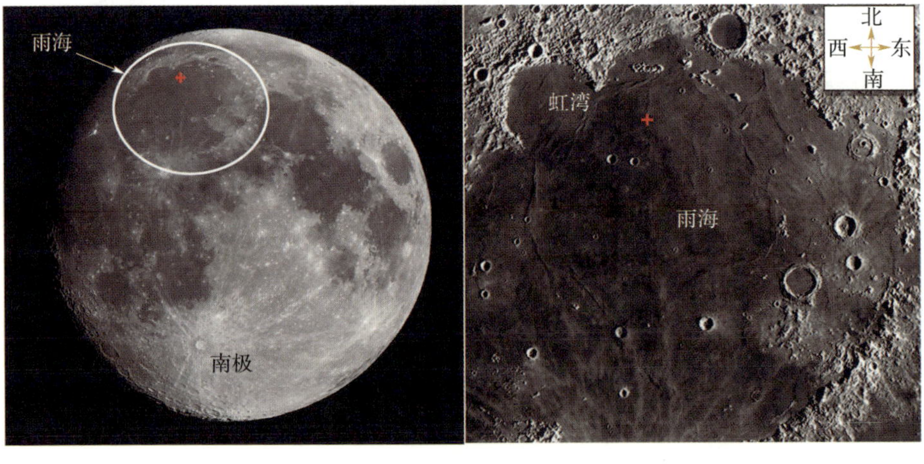

图 1　嫦娥三号的着陆位置

雨海位于月球正面北半球中央偏西，直径约 1145 千米，由大约 39 亿年前的一次小行星撞击事件而形成，而位于雨海西北角的虹湾则缘于另一次撞击事件。在地质学上，虹湾和雨海都属于月海地区。月海是月面上宽广的平原，我们平常在地球上用肉眼看到的月球正面的暗黑色斑块区域就属于月海。这是由于月海表面被玄武岩所掩盖，其对阳光的反射率比月陆等地区的反射率低所致。

嫦娥三号为什么选择在虹湾地区着陆呢？其实，科学家们最初为嫦娥三号准备了5个预选区，分别是虹湾、酒海、湿海、开普勒和阿里斯基撞击坑，但着陆位置受很多客观因素的限制，不是想去哪里就能去哪里。在选择过程中，科学家们要从着陆区满足工程、科学探测和创新等需要来进行选择。

首先，从满足工程需要的角度考虑，着陆区的选择至少要满足如下几个条件。

一是满足安全性条件。着陆点要处在相对开阔平坦的区域，便于嫦娥三号软着陆时躲开月岩或月坑，实现平稳、安全着陆，同时可以满足玉兔号月球车在月面行走和采样的需要，如果着陆在撞击坑或落在凹凸的岩石上，有可能因着陆器翻倒而导致任务失败。虹湾地区虽有许多小型陨石坑，但可以满足安全要求。

二是方便测控通信。嫦娥三号落在位于月球正面的虹湾地区，使它始终位于地球测控通信系统的“视线”之内，便于保持连续测控和通信。嫦娥四号降落在月球背面，地球上的测控系统要与它保持通信联络，必须依靠鹊桥中继卫星来中转通信信号。嫦娥三号与嫦娥四号不同，它与地球的通信不需要中转，可以保持与地球的直接联系。

三是有比较充足的光照条件。嫦娥三号要依靠太阳能电池提供电能并为蓄电池充电。着陆区的光照条件与太阳高度角相关，纬度越低，太阳的高度角越大，光照条件越好。

四是满足热控要求。着陆区的环境温度要有利于嫦娥三号的“生存”和活动，并且温度变化越小越好。月球与地球一样，纬度越高的地区温度越低，越靠近赤道温度越高。着陆区要选择适合热控的地区。

其次，从满足科学探测需要的角度考虑，着陆区要选择在有更高科学探测价值的地区，譬如地质构造复杂以及月岩、月壤物质元素丰富的地区。虹湾地区地质构造复杂，虽然为月海玄武岩覆盖，但存在着很多物质成分上的差异，这一地区经历了前雨海纪、雨海纪、爱拉托逊纪和哥白尼纪等月球地质年代事件，反映了月球丰富的地质演化历史，由于这一地区的典型性，因而成为首选区域。从图2中可以看到，嫦娥三号降落在深色和浅色的交界线附近，位于交界线南侧10千米左右的地方，深浅两种颜色表明这里是两类玄武岩交界处，如果玉兔号不发生故障而穿越交界线，可对两类玄武岩进行探测，想必能获得更重要的科学成果。

图2　嫦娥三号着陆点地质背景图

图中白框围成的区域表示嫦娥三号的着陆地点和玉兔号的巡视区。图片显示，玉兔号行驶区紧挨着紫微撞击坑，位于紫微撞击坑形成时因陨石撞击导致岩石碎屑溅射堆积而成的沉积物上。2015年，国际天文联合会将嫦娥三号的着陆区命名为"广寒宫"，将"广寒宫"附近的三个小型撞击坑分别命名为"紫微""太微"和"天市"，它们的直径分别为420米、480米和470米。

最后，从创新的角度来考虑，应该选择以往人类没有去过的地区。在嫦娥三号到达月球之前，已经有6艘阿波罗载人飞船登月舱和12个无人月球探测器成功降落在月球表面并开展科学探测活动（见图3），嫦娥三号显然要选择前人没有到达过的新着陆区，以取得更富有创新性、科学价值更高的成果。从图 3 可见，美国、苏联的登月飞船和月球探测器大多降落在月球赤道附近，高纬度地区不多，相比之下嫦娥三号降落在更高的纬度地区。

图 3　嫦娥三号和国外载人飞船、无人月球探测器在月球上的着陆位置

★—嫦娥三号，▲—美国阿波罗 11–12 号、14–17 号登月飞船，▼—美国月球勘测者 1 号、3 号、5–7 号着陆器，▲—苏联月球 9 号、13 号着陆器，月球 16 号、20 号和 24 号采样返回探测器，月球 17 号 / 月球车 1 号、月球 21 号 / 月球车 2 号巡视探测器

综合上述各种因素，权衡利弊，最终确定虹湾地区为嫦娥三号的着陆地点。

28 在月球着陆与在地球着陆有什么不同?

2013年12月，嫦娥三号成功着陆月球，这是苏联1976年“月球24号”在月球表面软着陆之后，37年来人类探测器首次在月球上实现软着陆。在月球上实施软着陆，着陆器面临的大气环境、天体引力、地形地貌、热环境、测控通信条件等与在地球上实施软着陆有很大区别。

在月球上软着陆与在地球上软着陆有两个根本区别。其一，在地球上软着陆，意味着飞行任务结束，所有仪器设备停止工作；而在月球上软着陆，意味着科学考察的开始，要保证所有仪器设备经受着陆冲击后仍能正常运行，适应着陆区温度、月尘和辐射等环境，符合光照条件等。其二，返回地球是“回家”，着陆场是熟悉的“港湾”，那里有“家人”呵护；登陆月球是“独自一人”到陌生之地探险，虽然对着陆区事先做了勘察分析，但这里依旧充满了不可预见的危险。在月球上软着陆与在地球上软着陆存在着很大差别，以下举几个例子来说明。

1. 在低重力环境下着陆月球

月球质量仅为地球1/81，月球重力加速度是地球重力加速度的1/6，两者分别为1.62米/秒^{2}和9.81米/秒^2，这导致着陆月球和着陆地球的初始速度、离地面的高度、飞行弹道等都有很大差别。嫦娥着陆器从距离月面15千米的轨道开始下降，此时飞行速度约1.7千米/秒，从下降到着陆约720秒。返回地球的情况有很大不同，以返回式卫星为例，从低地球轨道返回时，进入地球大气层的速度约7.8千米/秒，采用弹道式返回，降落伞减速，返回器从与仪器舱分离到着陆约10分钟。从月球返回地球的速度更高，嫦娥五号返回器返回地球时，在离地面120千米高度以接近第二宇宙速度（11.2千米/秒）的高速进入大气层，采用半弹道跳跃方式再入返回，从进入大气层到着陆大约26分钟。除此之外，在月球上软着陆还要考虑月球“质量瘤”的影响，如

图 1 所示，而实施地球软着陆则无须考虑这一因素。

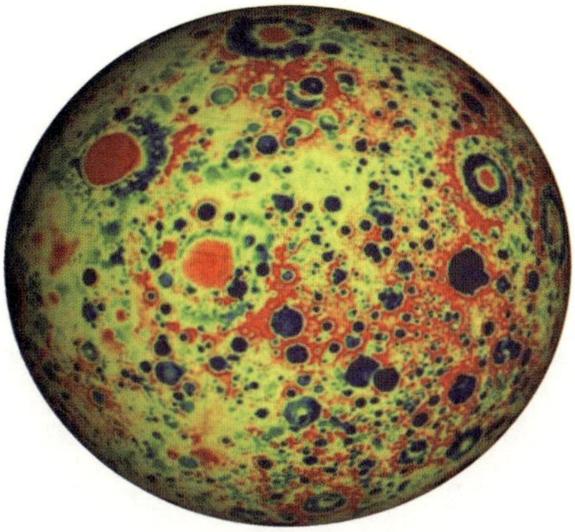

图 1　月球重力图（来源：NASA/JPL–Caltech/MIT/GSFC）

月球上分布着大大小小的质量瘤，这些质量瘤是月球上的质量密集区。图中红色表示比周边重力更强的地域，蓝色表示比周边重力更弱的地域。这种重力变化会影响月球探测器的运行轨道，为保证准确降落在预定区域，嫦娥着陆器自下降前的环月飞行到动力下降的过程中，需要考虑月球质量瘤分布对轨道的影响。

2. 采用动力下降方式着陆月球

在月球上实施软着陆，不能像着陆地球那样利用大气减速，也不能使用降落伞减速，只能采用动力下降的方式——即使用火箭发动机提供的反推力来控制下降速度。嫦娥三号和嫦娥四号采用了可实现无级调速的 7500 牛变推力主发动机，以精确控制下降速度和弹道；同时采用一组 10 牛推力器来控制飞行姿态，并携带了足够的推进剂（下降消耗 1 吨多）。相比月球着陆，返回地球的航天器在穿越大气层时，先利用大气阻力进行气动减速，然后利用降落伞减速，以达到安全着陆所需的速度。在气动减速过程中，航天器的动能转换成热能，这种气动加热使航天器表面发生燃烧，温度升至几千摄氏度，因而需要防热系统进行保护；而月球着陆器下降时没有气动加热过程，无需防热系统保护。此外，返回地球的航天器在一定高度区域还会出现“黑障”，在“黑障”区，航天器与地面的通信联络会中断，给通信、再入测量造成困难，而月球着陆不存在这种现象。

3. 自主下降与着陆

地球上的航天器着陆场，地势平坦开阔，有测控通信、气象保障、搜寻救援等系统，可为安全着陆与回收提供保障。例如，嫦娥五号返回器的着陆场——四子王旗着陆场，是方圆2000多平方千米的沙质草原。与地球不同，月球上密布着撞击坑、陡坡沟壑、嶙峋岩石、山谷峭壁，充满了未知风险。对于嫦娥着陆器来说，要以极快的速度避开这些危险，着陆后不能翻倒，不能过度倾斜，保证玉兔号巡视器能够顺利分离并平稳到达月面。这不仅要在嫦娥探测器发射前精挑细选合适的着陆区（嫦娥三号主着陆区坡度<8°的面积占比约97%，平均坡度2.22°），更大的挑战还在于嫦娥着陆器无法得到地面人员的帮助，在整个下降过程中，要自主识别障碍和危险，自主进行障碍规避，自主选择地势平坦、着陆安全的最终着陆位置。换句话说，月球着陆过程本身，就是利用着陆器的制导、导航与控制系统，自主进行地形地势及月面障碍信息获取、危险识别、障碍规避、着陆点选择以及实施下降和着陆的过程。相比月球着陆器，返回式卫星返回地面时，地面测控网将不间断地对卫星进行全程跟踪和精确测量，并根据实测轨道参数对卫星的程序控制数据进行必要的控制和管理。

4. 采用缓冲系统实施软着陆

在月球上着陆意味科学考察的开始，要求探测器上的所有仪器设备，在经受着陆冲击后仍可保持正常运行。以嫦娥三号为例，从地球发射时，总质量近4吨，在飞往月球和向月面下降过程中，基本耗尽了携带的推进剂，但干重仍超过1.3吨，这么大的质量在着陆时会产生很大的冲击能量；同时，为了防止着陆发动机吹起月尘而污染探测器，在到达月球表面之前主发动机提前在空中关机，嫦娥三号以自由落体的方式“砸”在月球表面，这也会造成一定的冲击（见图2）。为减小着陆冲击，一方面，嫦娥三号安装了专门的着陆缓冲系统，以吸收着陆时的冲击能量；另一方面，整个探测器在设计之初就考虑了着陆冲击带来的问题，采取了相应措施。此外，月壤的物理力学特性对着陆缓冲与着陆稳定性也有影响，科学家们还对月壤特性进行了分析。对于返回地球的卫星、地外天体采样返回器或一次性使用飞船，它们不需要配置着陆缓冲系统；未来，新型可重复使用载人飞船或货运飞船，则可能采用着陆缓冲系统完成地球软着陆。

图 2　嫦娥三号着陆器及玉兔号巡视器的车辙

从图中可见，嫦娥三号着陆器缓冲着陆机构的着陆腿陷在月壤中，玉兔号在月壤上留下清晰的痕迹。月壤是由月面岩石碎屑、粉末、角砾、撞击熔融玻璃物质组成的结构松散的混合物，绝大部分颗粒的直径在 30~100 微米之间。月壤的物理力学特性，如颗粒组成、孔隙度、抗剪性和承载力等，对于着陆缓冲机构的能量吸收、着陆器在月面着陆时的滑移和沉陷特性都将产生影响。

5. 应对月尘的不利影响

月尘是月壤中极其细小的微粒，在外力作用下会产生扬尘，如果落在相机镜头、太阳敏感器等设备上，会造成透光率下降；落在太阳能电池帆板、热控涂层的表面，会造成污染，使供电能力和热控性能降低；微小的月尘颗粒还可能侵蚀没有完全密闭的轴承、齿轮等装置，造成机械零件的磨损或卡滞。为了应对月尘的影响，着陆器在下降的最后阶段，要在距离月面数米高度关闭发动机，使着陆器以自由下落方式着陆，以免发动机喷焰激起大量扬尘；太阳能电池帆板要提早收拢，以防止着陆段吹起的月尘、着陆缓冲机构撞击月面激起的月尘造成损害。

29 嫦娥三号怎样实现安全下降与着陆?

2012年12月14日20时59分,嫦娥三号探测器飞临月球虹湾着陆区上空,接着它在离月面15千米的高度启动7500牛变推力发动机,开始了激动人心的动力下降过程,在经历了惊心动魄的720秒后,平安降落在月球表面。当嫦娥三号来到虹湾地区上空时,它的身下是神秘莫测的月球地面,可能遍布着大大小小的岩石、危险重重的撞击坑。怎样寻找一块地势平坦的着陆区域,怎样避开危险的障碍,怎样控制下降过程,最终平安着陆,事关嫦娥三号的生死存亡,是其任务成功与否的几个关键环节。

确保嫦娥三号成功着陆,主要依靠着陆器上的两个分系统,一个是制导、导航与控制(GNC)系统,它负责控制下降和着陆全过程,引导嫦娥三号着陆;另一个是着陆器的推进系统,它负责执行GNC系统发出的指令,通过主发动机和姿态控制发动机提供的推力,实现下降速度控制、障碍规避和平稳着陆等操作。在短短的720秒内,嫦娥三号采用自主着陆方式,全凭一己之力完成下降着陆过程。

在战争中,若要赢得作战胜利,首先要获取和掌握战场信息——包括掌握己方情况和敌方情况,其次要有作战指挥部的正确决策和指挥,还要有对敌作战的前线部队。如同作战一样,成功实施月面软着陆,也需要信息获取、指挥控制、实施操作三个部分,这三项任务分别由GNC系统的敏感器和控制器以及推进系统负责完成。

信息获取。GNC系统要控制着陆器安全着陆,首先要掌握与下降着陆相关的信息,这些信息是GNC系统引导着陆器着陆的依据。获取信息的任务由GNC系统的一组敏感器完成。其中,惯性测量单元(IMU)可以实时测量着陆器运动的角速度和加速度,微波测距测速敏感器、激光测距敏感器用来测量着陆器到月面的距离和运动速度,这三种导航敏感器用于控制器确定着陆器的状态参数，包括在空间的位置、飞行姿态和速度；光学成像敏感器和激光三维成像敏感器负责获取月表着陆区图像，为控制器识别月面障碍与选取安全着陆区域提供依据。γ关机敏感器在最后进行缓速下降的过程中，测量着陆器到月表的距离并提供发动机关机信号。这些敏感器获取的所有信息都将交给 GNC 系统的控制器，控制器将依据这些信息进行决策，对嫦娥三号探测器的下降与着陆实施控制。

指挥控制。GNC 系统的控制器是着陆器下降和着陆全过程的控制中枢，如同负责战场指挥的司令部和指挥官。控制器由 GNC 控制软件、计算机、图像处理设备和二次电源等软硬件组成。它基于各敏感器提供的信息，通过计算机运行 GNC 系统软件，确定探测器飞行状态参数、识别月面障碍、形成控制指令，从而控制探测器姿态、导引探测器进行轨道机动（包括避障机动），使探测器安全到达月面。主要任务包括：一是根据导航敏感器提供的信息，运用导航算法和姿态确定算法，计算探测器任意时刻的位置、姿态和速度，确定运动状态参数。二是按照设定的制导律，规划到达月面的“飞行轨迹”以及沿这条轨迹飞行所需的速度、加速度和姿态变化，并生成相应的制导指令；通过制导指令对发动机进行控制以实施轨道机动（包括避障机动），从而引导探测器从所处位置安全到达月面。三是按制导指令控制姿态发动机，以实现对探测器飞行姿态的控制，保证飞行稳定。嫦娥三号从开始下降到着陆月面，全过程分为主减速段、快速调整段、接近段、悬停段、避障段和缓速下降段等六个阶段，根据各阶段飞行的不同要求，GNC 系统将采用不同的制导律或制导算法，生成不同的制导指令，按需要对发动机进行开关机和推力控制。

实施操作。GNC 系统发出的指令由着陆器的推进系统负责执行，推进系统如同战场上接受命令并冲锋陷阵的前线部队，是将 GNC 系统发出的指令转变成行动的执行机构。推进系统由 1 台最大推力 7500 牛的变推力火箭发动机、16 台 150 牛的推力器和 12 台 10 牛的推力器，以及推进剂输送、增压氦气输送和驱动控制电路等装置组成。其中，7500 牛的变推力主发动机位于着陆器底部中心，在动力下降过程中，按照GNC的制导指令为着陆器提供减速、悬停和轨道控制所需的推力，满足减速、悬停和轨控需要。150牛推力器和10牛推力器安装在着陆器四周，为着陆器提供姿态控制所需推力，保证飞行姿态在任何时刻都达到制导要求的状态；GNC系统对它们进行联合控制，按需要启动150牛推力器或10牛推力器。当GNC制导指令要求进行避障机动时，150牛推力器将为着陆器水平飞行提供推力，以躲避月面障碍。驱动控制电路负责接收GNC系统发出的指令，对设备供电、阀门和电机驱动等进行控制，实现发动机的开关机、推力大小调节。推进系统通过准确执行GNC指令，最终使着陆器以预期的下降速度在安全区域着陆，不会翻倒或过度倾斜，并使受到的着陆冲击力在允许范围内。

嫦娥三号探测器从开始动力下降到月面着陆仅耗时720秒，这是一个时间短、速度变化快的过程，无法依靠地面实时控制，既富有挑战，又充满风险。通过GNC系统和推进系统，嫦娥三号成功实现了自主导航、自主控制，采用“自动驾驶”方式安全降落在月球表面，成为中国首个在地外天体表面软着陆的航天器，也使中国成为第三个在月球表面成功实现航天器软着陆的国家。

相关链接

激光测距敏感器

激光测距敏感器可以精确测量着陆器到月面的距离，其工作原理是，着陆器上的激光测距敏感器向月面发射激光脉冲，照射到月面的激光束一部分反射回来，由光电元件接收，计时器测定激光束从发射到接收的时间差，可计算激光脉冲从着陆器到月面的往返距离，这一距离的1/2就是着陆器相对月面的距离。嫦娥三号的激光测距敏感器每秒向月面发射两次激光脉冲，并可以发射两个方向的激光束，以保证着陆器姿态发生调整的情况下，总有一个方向的激光束能够指向月球表面。

微波测距测速敏感器

微波测距测速敏感器类似着陆器的“倒车雷达”，在着陆器着陆下降期间，用于测量着陆器相对月面的距离和速度。微波测距测速敏感器在加电工作时，由发射机通过发射天线向月面发射经过频率调制的微波信号，照射在月面的部分波束反射形成回波并由接收天线接收，根据回波信号相对于发射信号的时延信息，就可以获得着陆器相对于月面的距离。同时，根据多普勒效应，由于微波发射源持续接近月面，会导致发射频率和接收频率出现变化——即多普勒频移，测量频率变化就可以推算出着陆器的运动速度。微波测距测速敏感器可以发射 5 个波束，其中 3 个确保下降过程中，即使着陆器的姿态发生变化也能指向月面；另外 2 个波束与激光测距敏感器发射的激光束方向相同，互为备份。

30 嫦娥探测器月面着陆分为几步?

在月球表面着陆面临着巨大的风险，以致人类早期的月球软着陆任务成功率很低。月球没有大气层，无法使用降落伞，只能利用着陆器的发动机来精确控制下降速度、方向和姿态；预选着陆区的地势可能有很大坡度，有大大小小的撞击坑和岩石，这都给软着陆带来巨大危险。

2013 年 12 月 14 日，嫦娥三号探测器成功降落在月球表面，引起世界各国的极大关注。嫦娥探测器在月面着陆，要满足三个要求：一是到达预选着陆区；二是寻找到安全着陆点；三是实现安全着陆。我们以嫦娥三号为例，说说嫦娥探测器在月球表面的着陆过程。

在开始实施月面着陆前，嫦娥三号先从其运行的 100 千米环月圆轨道调整为 100 千米 ×15 千米的椭圆轨道，接通了着陆使用的各种敏感器，收拢了太阳能电池帆板，GNC 系统转入着陆准备状态，然后从这条轨道上开始实施下降和着陆任务。整个下降过程分为主减速段、快速调整段、接近段、悬停段、避障段和缓速下降段等六个步骤，时间约 720 秒，最终在月球虹湾地区安全着陆（见图 1）。

第一步，主减速段。主要任务是减小飞行速度。利用着陆器 7500 千牛变推力主发动机产生反向推力，使着陆器相对月球的速度从 1.7 千米 / 秒左右减小到 70 米 / 秒左右，飞行时间大约 450 秒，航程约 430 千米，从距离月面 15 千米下降到 3 千米，同时，飞行轨迹从环绕月球的轨道转变为平缓的下降轨道。在下降过程中，着陆器利用惯性测量单元提供飞行方向、加速度和飞行姿态数据，着陆器的激光测距敏感器和微波测距测速敏感器也开始工作，用于精确测量着陆器距离月面的高度和飞行速度。在主减速段，着陆器启动了降落相机，开始动态拍摄月面图像，同时展开中增益天线，把拍摄的首批月面照片传回地球。

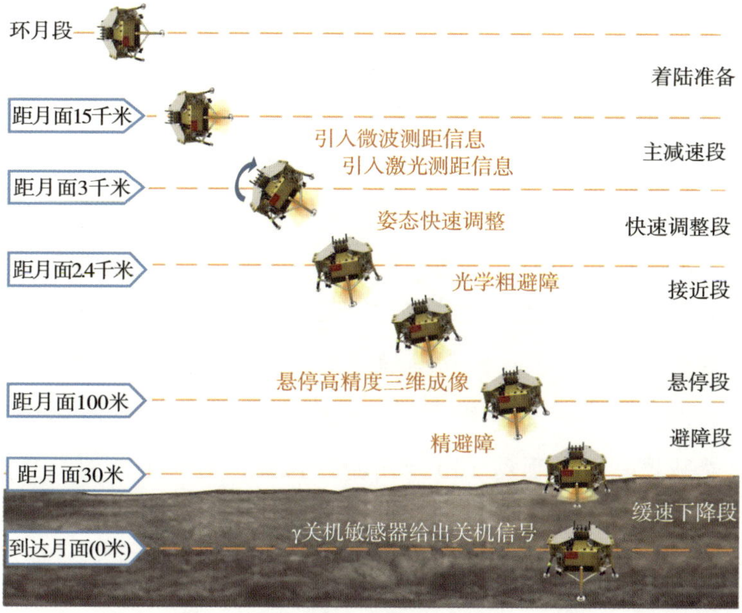

图 1 嫦娥三号月球着陆过程示意图

第二步，快速调整段。快速调整段起承前启后的作用，主要任务是衔接主减速段和后续的接近段。在主减速段结束时，着陆器的飞行姿态仍接近水平状态，主发动机处于大推力工作状态；而后续的接近段，飞行姿态接近垂直，主发动机调节到低推力水平，所以要安排一个快速调整段，以便从主减速段过渡到接近段。在快速调整段，着陆器在很短时间内将飞行姿态调整为接近垂直状态，将主发动机调节为低推力水平，以满足进入接近段的要求。着陆器在这个阶段大约飞行 20 秒，航程约 1 千米，从距离月面 3 千米下降到 2.4 千米。

第三步，接近段。主要任务是为着陆器找到一个较大的安全着陆范围，同时完成大范围的粗避障。在接近段，主发动机推力逐渐减小，着陆器按照与水平面成 45° 夹角的直线下降方式，逐步接近着陆区。同时，着陆器上的光学成像敏感器对月面进行大范围扫描成像，并利用计算机进行图像处理和模式识别，以检测大障碍——直径大于 1 米的石块或撞击坑，确定一个较大的安全着陆范围，并在下降过程中完成粗避障。在接近段，飞行时间大约

180 秒，从距离月面约 2.4 千米的高度下降到大约 100 米，相对月面速度减小至接近 0 米 / 秒。

第四步，悬停段。主要任务是对月面进行高精度三维成像，精确检测着陆区的障碍，确定安全着陆点。在悬停段，着陆器悬停在距月面 90~110 米的空中，垂直方向和水平方向的速度均为 0 米 / 秒，加速度为 0 米 / 秒 ^{2}，飞行姿态保持垂直状态，并在 30 秒左右的悬停时间内保持姿态和位置不变。在悬停状态下，着陆器利用激光三维成像敏感器精确观测下方着陆区，处理三维图像数据，识别粗糙度和坡度，精确确定安全着陆点。

第五步，避障段。主要任务是下降和精确避障。根据悬停段确定安全着陆点位置，着陆器从距月面约 100 米的悬停位置，斜向下降到着陆点上方 30 米的位置，在下降过程中完成精确避障。避障段的飞行时间大约 25 秒，避障段结束时，着陆器相对月面的下降速度为 15 米 / 秒，水平速度接近 0 米 / 秒。

第六步，缓速下降段。着陆器以 2 米 / 秒的下降速度，从约 30 米高处垂直、匀速下降，下降过程中消除水平速度和加速度，保持水平位置不变，直至下降到着陆点上方约 2 米时，收到 γ 关机敏感器提供的关机信号，随即关闭主发动机。这段飞行时间约 15 秒。按设计，如果 γ 关机敏感器不能提供关机信号，则着陆器的着陆腿触地瞬间，触地敏感器将发出关机信号以关闭主发动机。

在关闭主发动机之后，着陆器进入无控模式，以自由落体方式下降，直到接触月面，最终依靠着陆缓冲分系统在月面完成软着陆。着陆缓冲分系统是有 4 条腿的支架，可以吸收着陆时的冲击能量，确保平稳着陆。

在整个动力下降过程中，1 台 7500 牛的变推力液体火箭发动机用来减小速度和进行轨道控制；多台推力为 10 牛的小推力器用于飞行姿态控制；还用若干台推力 150 牛的推力器进行水平机动控制和姿态控制。

31 嫦娥探测器落月时怎样精确控制发动机关机？

嫦娥探测器踏上月球开展现场探测，必须突破月面“软着陆”控制技术，由于月球上没有大气层，不能用降落伞减速，因而只能依靠着陆器上的发动机提供反推力实现减速。当探测器距离月面几米距离时，必须及时关闭发动机，让探测器依靠月球引力以自由落体的方式降落在月球表面。发动机关闭早了，反推力过早撤离，探测器会以过高的速度撞击月面，将损坏探测器；发动机关闭晚了，发动机将激起大量月尘，污染探测器上的敏感器等组件，使其无法工作。因此，精准地下达发动机关闭指令，就成为“嫦娥落月”过程中，决定任务成败的一个关键动作。

为了准确下达关机指令，设计师们在嫦娥探测器的底板上安装了一种称为γ关机敏感器的设备（见图1），在嫦娥探测器接近月球表面时，它开始发射γ射线实时测距，精确测量距离月表的距离，当距离表面2米左右时（嫦娥三号情况），γ关机敏感器发出关机指令，轨控和姿控发动机瞬间关闭，随后探测器自由下落，在月面着陆。

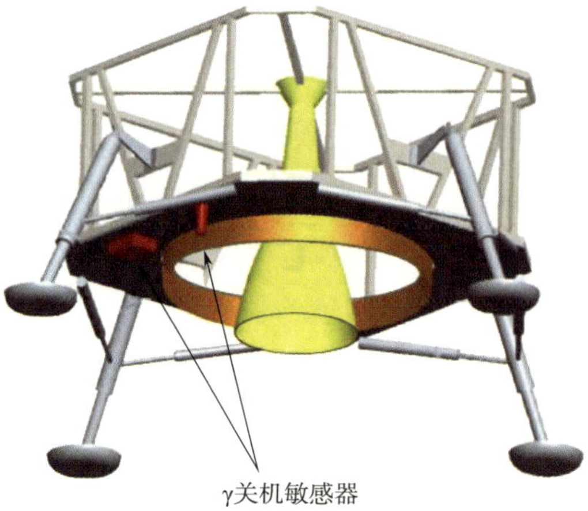

图1　γ关机敏感器安装位置示意图

γ关机敏感器是一种通过γ光子计数实现高度判别的低高度敏感器，由发射器和接收处理器等装置组成，发射器只有指甲盖大小，内部装有γ源，它通过准直孔以一定的辐射角向月面辐射γ光子，对应着一个圆锥形照射面（见图2），到达月面的γ光子会发生反射和散射现象，其中，一部分经过能量衰减的γ光子又返回到空间，被γ关机敏感器的接收处理器接收。

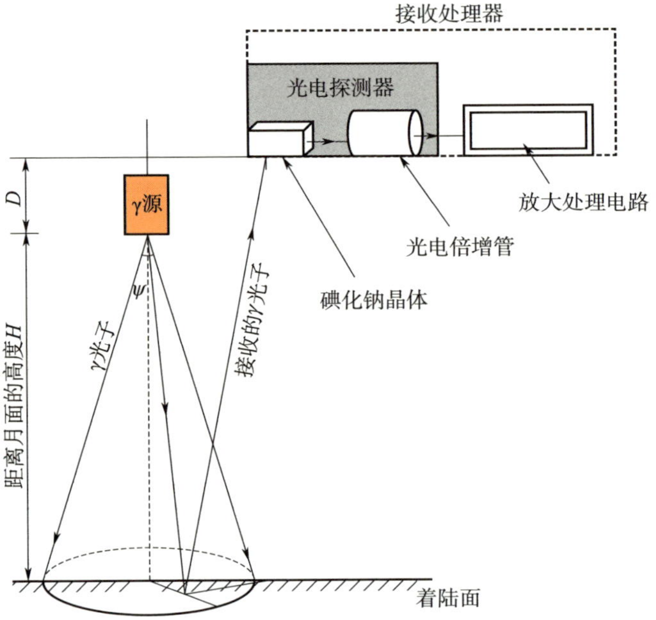

图2　γ关机敏感器测距原理

根据γ射线的康普顿散射效应，在接收处理器接收γ光子的有效面积和γ辐射源的强度已确定情况下，接收到的γ光子数目与接收器距离月面的高度存在着对应关系（与距离的平方成反比关系），离月球表面越高，接收的γ光子数越少，反之则越多。γ关机敏感器的接收处理器可以对接收到的γ光子个数进行计数，依据这个原理，γ关机敏感器通过对接收到的γ光子个数进行计数来测量距离月面的距离。

接收处理器由接收γ光子的碘化钠晶体、光电倍增管和放大处理电路等组成。位于处理器前端的碘化钠晶体是一种“闪烁晶体”，它在受到γ光子撞击时，能将粒子的动能转变为光能而闪光。光电倍增管将光信号转换成微弱的频率脉冲电信号，放大处理电路可以将微弱的脉冲电信号放大，依据脉冲电信号可以对接收的 γ 光子进行计数。一定的计数频率与一定的高度相对应，由此实现相对月面距离的判定。当测量的距离达到预设的 2 米左右时，自动发出关机指令，关闭所有发动机。

嫦娥探测器的设计师们采用 γ 关机敏感器的一个原因是，γ 关机敏感器可以在极端和复杂月面环境下，尤其在离月面仅几米距离的极低空条件下精确测高，而着陆器上的其他敏感器，如激光测距敏感器、微波测距测速敏感器等都不适用。

32 如何减轻嫦娥探测器的落月冲击?

在月球上实施软着陆的嫦娥探测器，无论嫦娥三号、嫦娥四号和嫦娥五号，在与月球表面接触的一刹那，都面临着来自月面的冲击力，尽管它们在下降过程中已经进行了大范围减速，但撞击月面时形成的巨大冲击载荷仍会带来的巨大风险。同时，由于月面地形地貌环境复杂，着陆区月面不平坦且软硬不一，着陆器着陆时，4 条主着陆腿着陆时间不一、冲击力分布不均，也会造成巨大风险。要使着陆器着陆时不翻倒、不陷落，需要配置专门的着陆缓冲与稳定系统，利用着陆缓冲与稳定技术，为嫦娥探测器安全平稳着陆保驾护航。

嫦娥工程的设计师们为着陆器设计了“四腿式”着陆缓冲与稳定机构，它由 4 套俗称“着陆腿”的缓冲器组成，每套缓冲器都由主支柱（主缓冲器，俗称“主腿”）、两个辅助支柱（辅助缓冲器）、足垫以及压紧释放装置组成（见图 1），它们以平面对称方式安装在着陆器下部，从外形上看，好像是着陆器下面安装的四腿支架。在发射阶段，4 套缓冲器都处于收拢压紧状态，以便能安放在运载火箭的整流罩内，到达预定轨道后，将释放展开。在着陆过程中，4 条着陆腿协调工作，共同起到缓冲作用，并保证探测器在复杂的月面地形着陆时姿态稳定。

着陆缓冲与稳定机构具有吸收冲击能量与缓冲作用，以阻止外界冲击传递给探测器，这种能力是通过缓冲器的金属结构变形而吸收冲击能量实现的。在着陆的瞬间，4 条主腿将通过足垫的滑动向外张开，利用主腿的压缩形变、辅助支柱伸长变形及其他吸能部件的变形吸收冲击能。因而，每一条主腿和辅助支柱都具备变形和吸收能量的特性。

图 1 中 4 条脚踩足垫、直径最粗、起支撑探测器作用的支柱就是缓冲器的主腿，它的上端与着陆器主结构相连，中间与 2 个辅助支柱相连，下端与足垫相连。主腿是探测器的主要吸能和支撑部件，一方面，它承受着陆器的重量，起支撑着陆器的作用；另一方面，用于缓冲着陆时的纵向冲击载荷。

主腿由铝合金内筒和外筒构成，形成一个活塞筒式结构，筒中填充铝蜂窝缓冲材料，在着陆受到强烈冲击的瞬间，内筒可以向后收缩，依靠挤压铝蜂窝变形吸收冲击力，让着陆器平稳着陆（见图2）。主腿的最大压缩行程接近0.35米，可以大幅降低冲击影响。

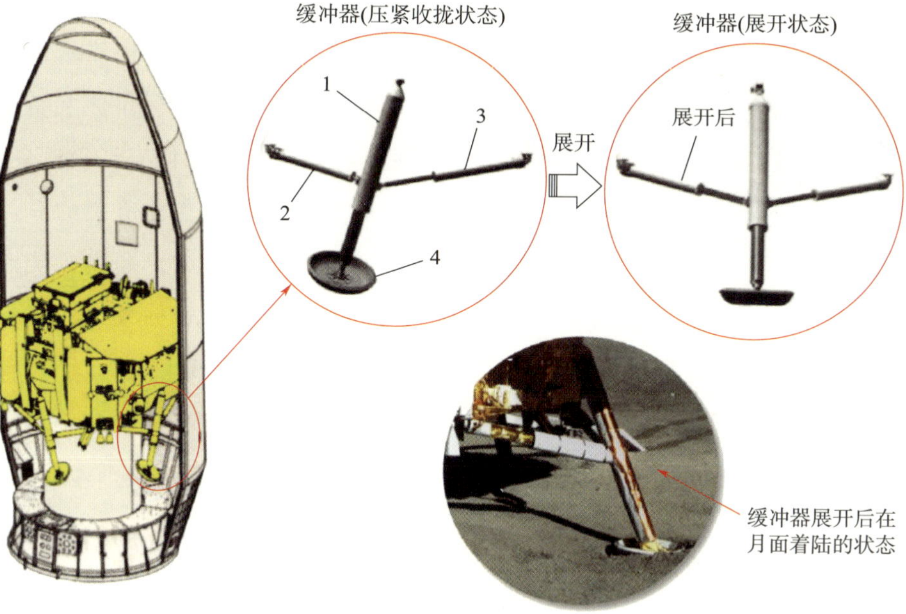

图1　着陆缓冲与稳定机构示意图

1. 主缓冲器（主腿）；2. 多功能辅助缓冲器（压紧收拢状态）；3. 单功能辅助缓冲器；4. 足垫

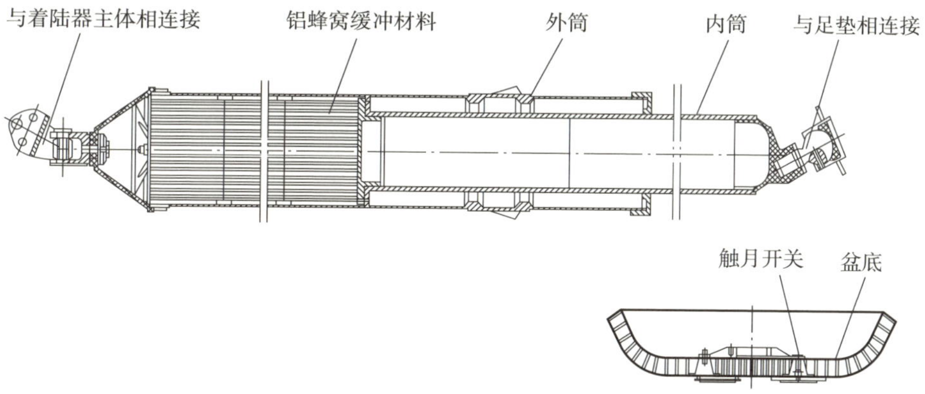

图2　主缓冲器和足垫示意图

着陆器上共有8个辅助支柱，包括4个多功能辅助支柱和4个单功能辅助支柱，它们的一端与主腿相连，另一端与着陆器主结构相连。与主腿一样，辅助支柱也由铝合金材料制成，由内筒、中筒和外筒构成，同样依靠金属结构变形来吸收冲击能量，在承受拉伸载荷时，它可以通过安装在内部的两根金属缓冲拉杆的拉伸变形来缓冲吸能；受到压缩载荷时，可以通过铝蜂窝的塌陷变形来缓冲吸能，因而具有拉伸、压缩双向缓冲功能。当探测器着陆瞬间受到冲击时，主腿通过足垫滑动向外张开时，辅助支柱受到拉伸载荷，安装在辅助支柱内的两根缓冲拉杆会像橡皮泥一样发生塑性拉伸变形吸收能量，辅助支柱会变长（见图3）。这种缓冲拉杆是中国工程师自主研制的一种关键缓冲元件，它由高效吸能合金（高锰高强韧合金钢）制成，高效吸能合金是一种超塑性材料，其塑性可达到80%~110%，一根1米长的缓冲拉杆，最大可拉伸至2.1米，能够吸收巨大的冲击力。当着陆器降落在凹凸不平的月面时，不排除辅助支柱也可能受到压缩载荷，辅助支柱内也填充了铝蜂窝缓冲材料，可以通过铝蜂窝的塌陷变形来缓冲吸能，而辅助支柱将缩短。

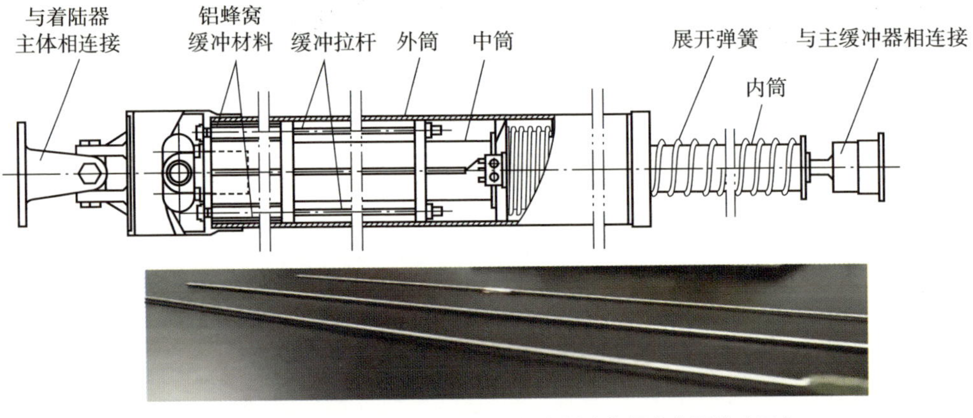

图3　多功能辅助缓冲器示意图（上）和缓冲拉杆实物照片（下）

主腿的末端与足垫相连，足垫像是主着陆腿的“脚掌”，也称为着陆垫（见图2），一共有四个。足垫是最先接触着陆面的组件，一方面，大“脚掌”能防止着陆过程中由于冲击载荷过大而导致在月面的过度下陷；另一方面，在着陆瞬间可以使主腿向外滑移以减小冲击，当滑移过程中遇到障碍阻挡时，可以通过足垫周边的变形吸收部分能量。足垫被设计成大直径的圆形盆状，以增加着陆腿跟月面的接触面积，盆体周边可局部变形吸能，这种设计有利于实现载荷传递、平稳滑移和局部缓冲等功能。每个足垫的底部设置了3个开关，足垫触月的瞬间，任何一个开关被触发，都可以发出触月指示信号，这个信号由探测器传输给地面测控站，测控人员据此判断着陆器已经落月。

着陆缓冲与稳定机构还设置了压紧释放装置，具有使着陆缓冲与稳定机构收拢压紧、展开和锁定功能。4个压紧释放装置分别安装在4个多功能辅助支柱上，它通过压紧释放装置把多功能辅助支柱内筒与外筒锁紧在一起，实现收拢压紧；当着陆缓冲机构需要在轨展开时，将解除外筒与内筒之间的连接，内筒在展开弹簧的作用下，相对外筒向外伸长，到达预定位置后，内筒与中筒相对锁定，从而完成展开操作。4个安装了压紧释放装置的辅助支柱，除了缓冲功能外，还有压紧释放、展开锁定功能，因而被称为多功能辅助支柱。另外4个是仅仅具有缓冲功能的辅助支柱，被称为单功能辅助支柱。

利用着陆缓冲与稳定机构，嫦娥三号、四号和五号均成功实现了月面软着陆，根据着陆条件和技术发展，着陆缓冲与稳定机构将不断改进。

参考文献

[1] 杨建中，满剑锋，曾福明，等．“嫦娥三号”着陆缓冲机构的研究成果及其应用［J］．航天返回与遥感，2014，35（6）：20-27.

[2] 杨建中，曾福明，满剑锋，等．嫦娥三号着陆器着陆缓冲系统设计与验证［J］．中国科学：技术科学，2014，44（5）：440-449.

33 嫦娥四号经历了怎样的奔月旅程?

2018 年 12 月 8 日，嫦娥四号探测器由长征三号乙运载火箭托举着呼啸升空，第五天到达近月空间，进行“太空刹车”，随后被月球捕获，进入环绕月球的轨道。2019 年 1 月 3 日，嫦娥四号成功降落在月球背面的南极–艾特肯盆地冯·卡门撞击坑，成为人类月球探测史上首个在月球背面开展着陆探测和巡视探测的航天器。那么，从发射升空到着陆月球，嫦娥四号经历了怎样的奔月旅程呢?

嫦娥四号在从地球发射到月球着陆的飞行过程中，经历了发射段、地月转移段、环月段和动力下降段等飞行阶段，完成了一系列操作，这几个阶段前后相接，构成了嫦娥四号奔月的全部过程（见图 1）。

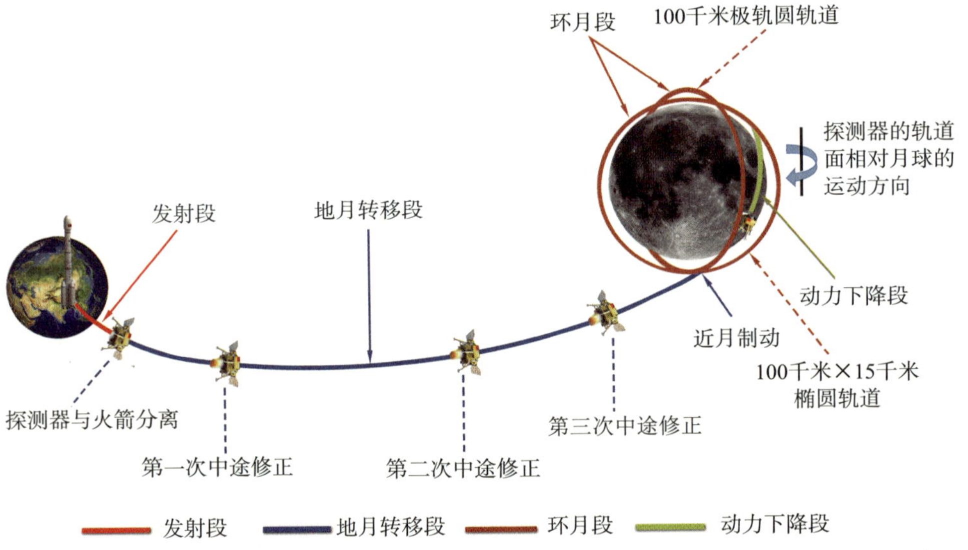

图 1　嫦娥四号探测器飞行过程示意图

发射准备段：火箭发射点火前 2 小时进入发射准备阶段，在这段时间，要为运载火箭装订飞行程序，检查火箭测量系统、控制系统功能，切断整流罩空调，将低温推进剂补加到目标液位，还要完成嫦娥四号初始状态设置及状态检查、接通电源等一系列操作，为发射升空做好准备。

发射段：从运载火箭点火发射至嫦娥四号与火箭分离，这个飞行阶段称为发射段，整个过程约1140秒。这个阶段主要依靠运载火箭提供的动力，使嫦娥四号达到进入地月转移轨道的飞行速度，所以也称运载火箭主动段。在这段时间，运载火箭的捆绑助推器、火箭一级和二级先后完成推进工作并分离，三级进行了两次点火工作，最后嫦娥四号与运载火箭分离，直接进入奔向月球的地月转移轨道，这条轨道是一个近地点约200千米、远地点约38万千米的大椭圆轨道。

地月转移段：从与运载火箭分离后到嫦娥四号执行近月制动前的飞行过程，飞行时间为112小时。在这个飞行阶段，嫦娥四号沿着大椭圆地月转移轨道飞离地球、奔向月球，一直飞到月球上空。为了确保按照正确的轨道飞行，嫦娥四号在飞行途中进行了3次中途轨道修正。地面的测控系统对嫦娥四号进行了跟踪、测量和轨道参数确定，并根据评估情况注入飞行姿态调整和轨道控制数据，利用嫦娥四号的发动机实施轨道修正。在这段时间，嫦娥四号还进行了展开太阳能电池帆板充电、调整热控模式等一系列操作。

环月段：从近月制动开始到动力下降开始前的飞行过程，在这个飞行阶段，嫦娥四号围绕着月球飞行，整个过程将近22天。嫦娥四号沿地月转移轨道到达近月空间后，先要实施近月制动，以阻止因速度过快而飞过月球。2018年12月12日，嫦娥四号的8台150牛发动机一起点火，使其成功切入月球轨道，随后7500牛变推力主发动机按计划点火323秒，完成“太空刹车”，嫦娥四号进入200千米 ×400千米的椭圆环月轨道；接下来150牛发动机再次启动，完成降轨机动，使嫦娥四号进入一条轨道高度约100千米、飞经月球南北两极上空的极轨圆轨道；嫦娥四号在这条轨道飞行期间，进行了星上设备测试、轨道精确测定、与鹊桥中继星建立通信链路等一系列操作。随后，嫦娥四号调整轨道，进入100千米 ×15千米的环月椭圆轨道并运行了4天多时间，开展设备测试、轨道精确测定、收拢太阳能电池帆板、接通激光测距敏感器和微波测距测速敏感器等一系列操作，接着转入着陆准备模式，等待着陆时机。

动力下降段：从高度15千米下降开始到安全着陆月面，整个过程约720秒。动力下降段分成6个阶段，包括主减速段、快速调整段、接近段、悬停段、避障段、缓速下降段，直至抵达月面（见图2）。嫦娥四号动力下降经历的6个阶段与嫦娥三号基本相同，只是针对月球背面着陆区的特殊情况，对动力下降的轨迹和策略做了调整。对嫦娥三号的下降与着陆情况，我们在本书第30个问题“嫦娥探测器月面着陆分为几步？”中，做了专门介绍。

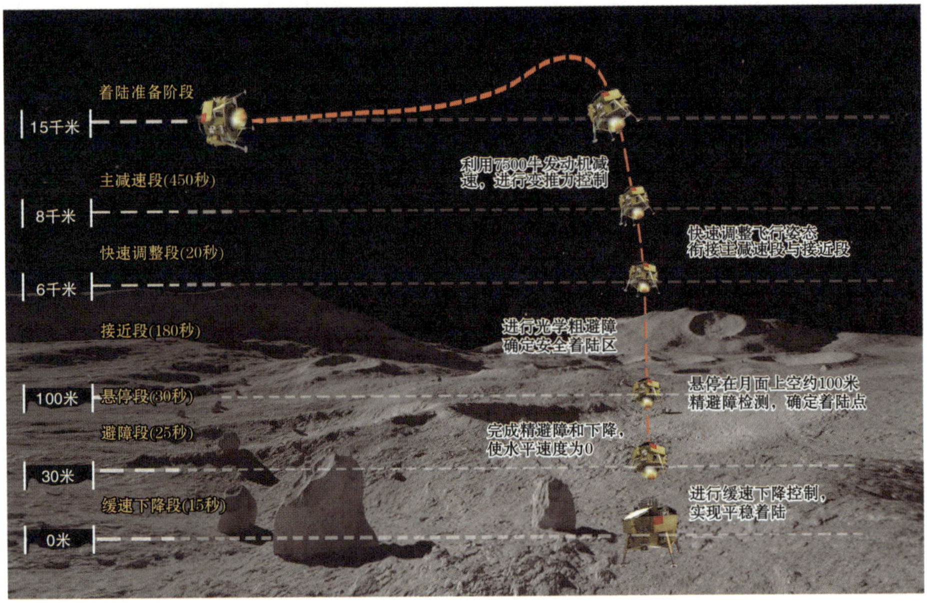

图2　嫦娥四号动力下降过程示意图

为使嫦娥四号安全地降落在预选着陆区——冯·卡门撞击坑，科学家们精心设计了飞行轨道，进行轨道设计的思路如图3所示。

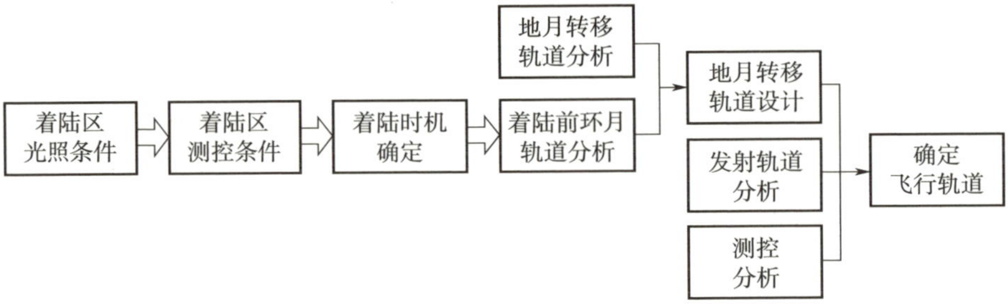

图3　嫦娥四号飞行轨道设计思路

在安排旅程时，首先要考虑嫦娥四号着陆后要有充分的太阳光照条件——不能让嫦娥四号刚一着陆就进入寒冷黑暗的月夜，即着陆时着陆区应处在月昼的早晨，以满足月面工作的需要。同时，在光照条件下，还要考虑地面对月背着陆区的测控通信条件，由此限定了着陆时机。根据着陆时机，可以确定嫦娥四号着陆前环绕月球飞行的轨道参数，进行环月轨道设计，嫦娥四号在环月轨道上飞行时间超过了21天，一方面进行设备测试，建立与鹊桥中继星的通信链路，一方面等待着陆时机。然后，再依据环月轨道设计和从地球奔向月球的地月转移轨道的特性分析，进行地月转移轨道设计。最后，依据地月转移轨道设计、长征三号乙运载火箭能力及发射轨道分析，以及地面测控能力，确定火箭的发射窗口，最终确定飞行轨道。为了最大限度地发挥运载火箭的运载能力，需要选择一条可以最大程度节省火箭推进剂或使火箭增大承载能力的最经济的轨道，根据月球与地球之间的运动关系，这种轨道的发射窗口每年只有一次，嫦娥四号选择了北京时间2018年12月8日2时23分。

34 嫦娥四号为何在环月轨道上等待 20 多天？

嫦娥四号 2018 年 12 月 8 日从地球出发，2019 年 1 月 3 日成功着陆月球，它的奔月之旅将近 27 天。相比之下，嫦娥三号探测器 2013 年 12 月 2 日发射，当月 14 日即成功着陆，仅仅用了不到 13 天。一对嫦娥姐妹同赴月球表面，为什么前者比后者多用了 10 多天呢？

嫦娥三号与嫦娥四号飞抵月球表面所用时间不同，是因为它们在月球表面着陆条件不同、与地球之间的通信方式不同，轨道专家为它们设计了不同的飞行轨道和运行时间。它们从地球发射升空到达月球上空进行近月刹车，嫦娥三号用了大约 112 小时 17 分钟，嫦娥四号用了大约 110 小时 22 分钟，两者所用时间相差不多。但进入环月轨道后，嫦娥三号仅围绕月球飞行了 4 天又 2 个多小时就着陆于月球表面，而嫦娥四号围绕月球飞行了近 22 天后才实施月面着陆，两者环月飞行时间相差很多。导致嫦娥四号需要更多时间的原因有以下几个。

第一个原因是“等待阳光”。嫦娥四号要等月球背面的着陆区天亮后才能着陆。嫦娥四号着陆时如果没有阳光，无法利用太阳能为蓄电池充电，在黑暗中无法进行“两器互拍”，着陆器和巡视器在黑暗极寒环境下也无法工作，只能进入休眠状态，所以白天的阳光是嫦娥四号着陆的必备前提。不幸的是，嫦娥四号进入环月轨道时，它的预定着陆区南极–艾特肯盆地一带已进入夜晚，它只能在环月轨道上等待着陆区天亮。由于月球自转周期大约等于地球上的 27.3 天，即月球上的“一天”接近于地球上的一个月，一个月昼或月夜则分别接近于地球上的半个月，所以这一等就将近半个月，等到着陆区太阳出来时已经过去了 10 多天，直等到白天时才实施着陆（见图 1）。嫦娥三号则幸运得多，它到达月球上空时，预定着陆区虹湾一带处于月球的白天，因而无须“等待阳光”。

图 1　嫦娥四号着陆器（摄于 2019 年 1 月 4 日）

这是嫦娥四号着陆后的第二天，玉兔二号巡视器从近距离拍摄的着陆器照片。从着陆器的影子可以判断，着陆区处在白天，有强烈的阳光照射。

第二个原因是通信测试。由于嫦娥四号在月球背面着陆，无法直接与地球通信，所以在嫦娥四号发射之前，科学家们首先向位于月球背后空间的地月拉格朗日 L2 点 Halo 轨道上发射了一颗鹊桥中继通信卫星，它距离月球约 6.5 万千米，距离地球约 45 万千米，嫦娥四号与地球联系时，先将信号发送给鹊桥中继星，再由鹊桥中继星转发给地球；而地球给嫦娥四号发送指令时，同样需要通过鹊桥中继星中转。由于嫦娥四号与鹊桥中继星之前尚未建立通信链路，所以嫦娥四号在环月飞行期间必须与鹊桥中继星建立中继链路并对中继链路进行测试。在这个过程中，鹊桥中继星上直径 4.2 米的伞状抛物面天线要精确地指向嫦娥四号的飞行航迹，两者各自开启通信设备，建立 X 频段的通信链路，并先后进行了 4 次中继链路测试。此外，嫦娥四号还对激光测距测速仪、微波测距测速仪等导航敏感器进行了测试，为表面软着陆做准备。嫦娥三号在月球正面的虹湾地区着陆，它与地球之间的通信不需要中继卫星中转，因而也不需要额外时间进行通信链路的建立与测试。

第三个原因是调整轨道。嫦娥四号进入环月轨道时，它运行的轨道面几乎与地月连线保持垂直，飞行轨道不经过预选着陆区南极–艾特肯盆地冯·卡门撞击坑的上空，这意味着嫦娥四号的轨道不经过预定着陆落点，所以这条轨道无法让其在预选着陆区着陆。要想让嫦娥四号顺利在冯·卡门撞击坑着陆，需要轨道面进行大约270度的调整（见图2），这需要利用月球自转，耗费大量时间调整轨道，直到运行轨道经过预定着陆区上空，满足月球背面下降的轨道要求。嫦娥三号在月球正面虹湾地区，不需要进行大范围轨道面调整，它进行的轨道调整，只是从离月面100千米的环月圆轨道调整到100千米×15千米的椭圆轨道，仅需要4天多时间；而嫦娥四号先要进行轨道面调整，还要从100千米圆轨道调整到100千米×15千米椭圆轨道，需要更长时间。

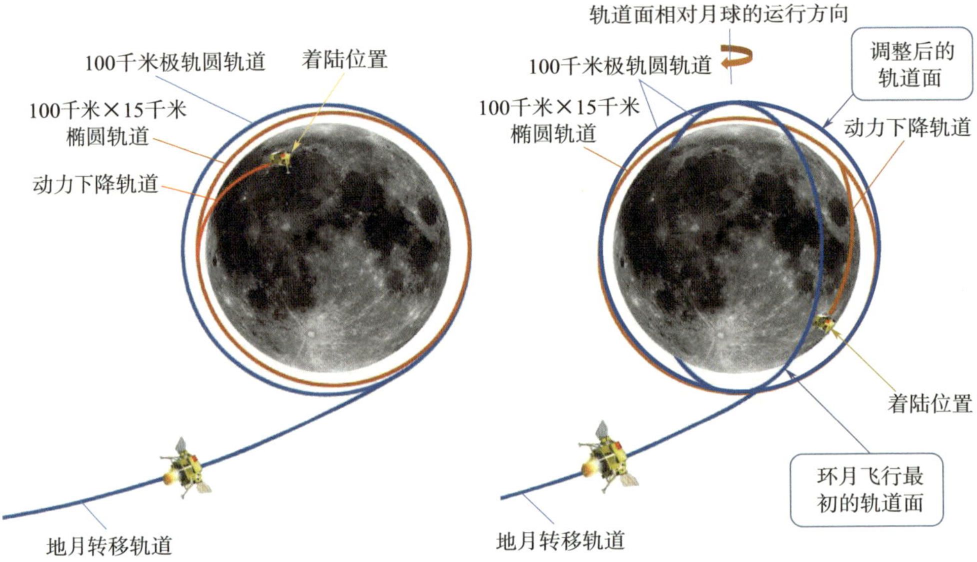

图2　嫦娥四号（右图）和嫦娥三号（左图）环绕月球运行的轨道示意图

也许读者要问，嫦娥四号既然要在环月轨道上等待这么长时间，何不推迟半个月发射？这就牵扯到发射窗口问题。向月球发射探测器时，允许运载火箭发射的时间范围称为发射窗口，而选择发射窗口受到许多条件的约束，比如使太阳、地球（包括发射位置）和月球（包括着陆区）的相对位置关系满足任务需求，地面测控系统对探测器能够连续测控，探测器在奔月过程中阳光能够在一定的入射角范围照射太阳能电池帆板，以及奔月轨道消耗的火箭推进剂最少，等等。这些约束条件限定了发射月份、日期和时刻，对于2018年发射的嫦娥四号来说，它的发射机会只在当年12月8日和9日，发射窗口只有几分钟，嫦娥四号选择了12月8日凌晨2时23分发射。

35 嫦娥四号为什么落在月球背面?

由于月球绕地球公转的周期与月球自转的周期相同，所以站在地球上看月亮，看到的永远只是月球对着地球的一面，即月球正面；而月球的背面，在地球上永远看不到（见图 1）。不仅在地球上看不到月球背面，而且从 1959 年人类发射第一颗月球探测器到 2019 年嫦娥四号登陆月球之前，人类发射的月球探测器从未在月球背面实施过软着陆，对月球背面更没有开展过近距离探测。月球背面有众多之谜等待破解，这里是名副其实的科学发现“处女地”。

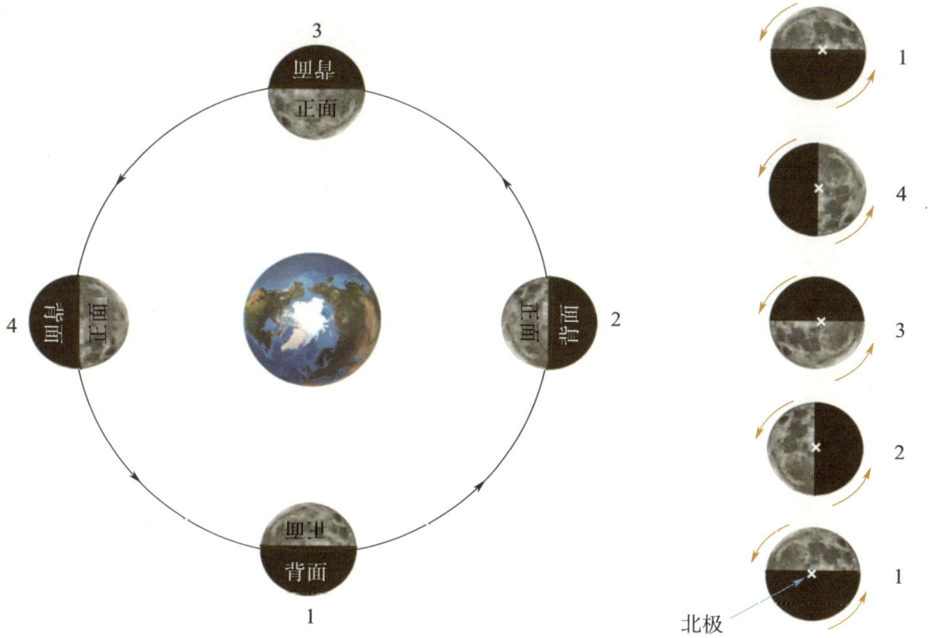

月球绕地球公转　　月球自转

图 1　月球公转与自转周期相同，在地球上只能看到月球正面

月球背面密密麻麻地分布着大大小小的撞击坑，布满了沟壑、峡谷和

悬崖。在众多撞击坑中，位于南极–艾特肯盆地的南极–艾特肯盆地备受关注，这里是国际月球探测的热点地区，也是人类建设月球基地的可选之地。2019年1月3日，嫦娥四号降落在这个盆地中部的冯·卡门撞击坑内（见图2），着陆器将在这里开展原位探测，玉兔二号巡视器将在这里巡游勘察。它们肩负着三项科学使命，一是月基低频射电天文观测与研究，二是月球背面巡视区形貌和矿物组分探测与研究，三是球背面巡视区浅层结构探测与研究。

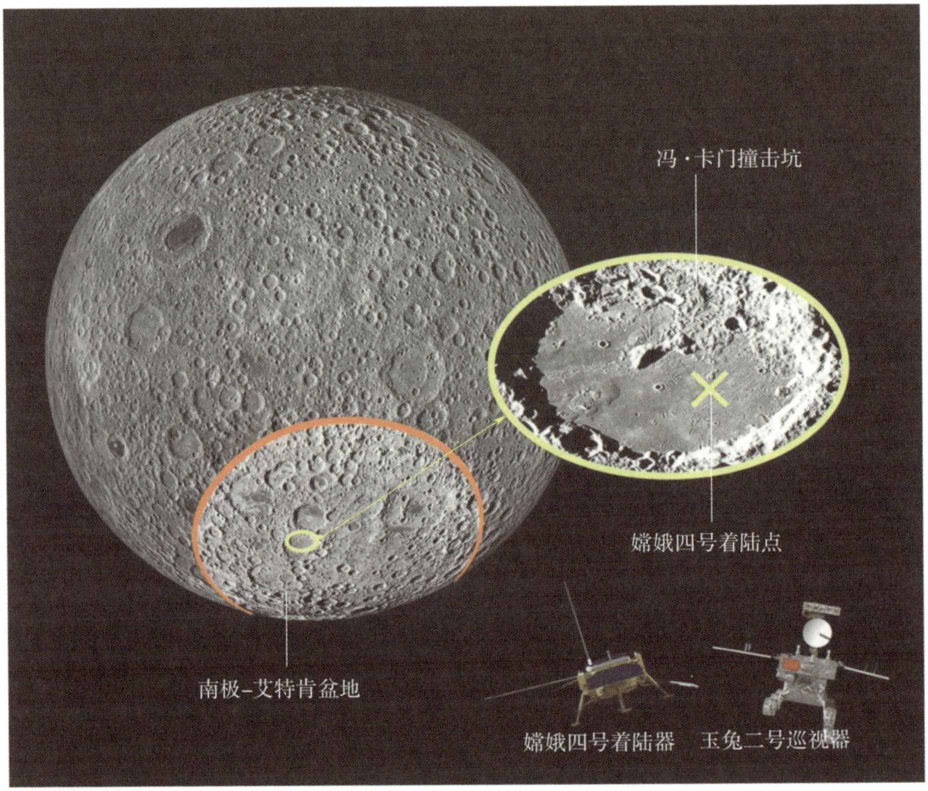

图2　月球背面与嫦娥四号着陆点位置

南极–艾特肯盆地呈椭圆形，长轴约2500千米，短轴约2050千米，深度超过12千米，其90%以上的面积位于月球背面，小部分在月球正面。冯·卡门撞击坑位于南极–艾特肯盆地中部，直径186千米。南极–艾特肯盆地被认为是太阳系内最大、最古老的撞击坑，保存了原始月壳的岩石，具有极高的科学研究价值。

2014 年以来，科学家们按照效益最优、承上启下、创新引领、体现开放的原则，选择冯·卡门撞击坑作为着陆区。这一选择是综合权衡科学价值、技术难度、工程要求等多种因素的结果，我们举一些例子对这个选择进行说明。

1. 探测前人未达区域，获得更多创新成果

在嫦娥四号之前，各国的探测器从未在月球背面着陆，月球背面是尚未进行近距离探测的“处女地”，嫦娥四号在这片区域开展科学探测，将填补月球探测的空白，取得创新性的科学成果。例如，按照月球地质学理论，月球分为三大地体，即克里普岩地体、斜长岩高地地体和艾特肯盆地地体，它们是构成月壳的重要组成部分。前两类地体，美国和苏联在月球正面已开展了着陆或巡视探测，唯有艾特肯盆地地体，人类尚未开展过近距离探测。嫦娥四号着陆的区域即属于艾特肯盆地地体，在这里有望获得更丰富的科学新发现。

2. 探测月背古老岩石，解析月球演化过程

月球背面保存了最古老的月壳岩石，分析古老岩石样本，有助于了解月球的演化过程。根据月球形成理论，月球形成后经历了一个全球性高温岩浆洋冷却结晶过程，岩浆洋结晶分别形成富斜长石质的月壳和富铁镁质的月幔。其中，古老的斜长石质月壳保留至今，主要分布在月球背面，而月球正面主要是更年轻的玄武岩。到月球背面开展探测，有望获得最古老月壳的物质组成数据，可以为月壳和月幔分异形成、月壳活动历史等科学研究提供重要线索。冯·卡门撞击坑属于南极–艾特肯盆地中典型的地貌类型，这里的物质成分和地质年代具有明显的代表性，在这里开展探测，有可能获得最古老的月壳岩石样本，得到对月球早期演化历史的新认识。

3. 破解深坑物质来源之谜，探明月球深部物质

南极–艾特肯盆地是太阳系中最古老、最大的撞击盆地。由于南极–艾

特肯盆地极深，当后续小行星撞击这个盆地，在“盆底”形成新的撞击坑时，猛烈撞击可能“翻出”盆底之下更深的月球深部物质——月壳下层甚至月幔物质，这为获得新的科学发现提供了机会。嫦娥四号利用红外成像光谱仪，可现场探查月壤和月岩等物质的矿物组成，进而判断月壤月岩来自何方，推断月球深部物质及其组成，揭示早期强烈撞击事件的特征（见图3），从而有助于对月球形成与演化的研究。

冯·卡门撞击坑中的红点为嫦娥四号的着陆点位置(东经177.599 1°，南纬45.444 6°)。

图3　冯·卡门撞击坑及嫦娥四号的着陆点

冯·卡门撞击坑形成于月球前酒海纪（月球形成初期，45.5亿年前至39.2亿年前），随后在雨海纪被月球内部流溢出的高温月海玄武岩淹没，冷却后形成玄武岩月壳；之后周边撞击坑的溅射物抛射到冯·卡门坑内，构成了表面物质。中国科学家根据玉兔二号获得的立体影像数据，确定着陆区东北高、西南低，东南至西北方向有波浪状起伏，判断这些地形起伏由芬森撞击坑、阿德来撞击坑的溅射物堆积在平坦玄武岩基底之上而形成。这两个撞击坑是南极－艾特肯盆地形成后遭受小行星撞击形成的，内部没有玄武岩填充，因而坑内物质及其溅射物来自南极－艾特肯盆地底部，包括月球深部物质。玉兔二号的红外成像光谱仪探测结果证明，南极－艾特肯盆地存在以橄榄石和低钙辉石为主的月球深部物质，这为解答长期困扰着国内外学者的问题——月壳下面月幔物质如何组成，提供了直接证据。

4. 避开磁场屏蔽和电磁干扰，开展低频射电天文观测

由于地球磁场的屏蔽作用，在地球上无法接收来自宇宙空间的低频电磁波信号，以至开展低频射电天文观测只是天文学家可望而不可及的“梦想”，而在月球上这种梦想会变成现实。月球背面被称为电磁环境最“干净”的地方，因为月球本身几乎没有磁场，而月球又像是天然屏障，屏蔽了地球磁环境的干扰、地球闪电和极光带来的无线电发射以及人类活动产生的无线电干扰，因而月球背面是开展低频射电天文观测的绝佳地点。嫦娥四号着陆器的低频射电频谱仪（工作在 0.1~40 兆赫兹频段），鹊桥中继星的低频射电探测仪（工作在 0.1~80 兆赫兹频段），分别在月球背面和环绕地月拉格朗日 L2 点的 Halo 轨道上，开展连续的低频射电天文观测，“聆听”来自宇宙深处的“声音”，探测太阳爆发产生的低频射电信号，研究太阳爆发活动以及月表低频辐射环境等物理现象和机理，以取得原创性科学成果。

5. 开展月球能源探测，推进能源开发研究

人类对月球的长期研究表明，几十亿年以来，来自太阳风的氦 3 不断注入月壤，使月球蕴藏了丰富的能源资源。氦 3 是一种清洁的核聚变材料，通过核聚变可释放巨大的能量，因而探测氦 3 备受关注。由于地球对侵袭月球正面的太阳风起了遮挡作用，因而科学家们估计，在不受遮挡的月球背面，月壤中的氦 3 浓度比月球正面高，在月球背面开展氦 3 探测，将为月球资源的开发利用提供更有价值的第一手资料。

6. 关注国际探水热点，寻找月球水资源

水是月球基地建设、火箭推进剂原位制造的必备资源，这使得在月球上找水具有特殊意义。20 世纪 90 年代美国国家航空航天局的“克莱门汀号”发现月球南北两极——特别是南极地区疑似有水之后，在南极区域找水就成为月球探测的热点。2018 年美国国家航空航天局宣布在月球两极撞击坑区域发现了水冰的证据，2020 年再次宣布在月球光照地区发现了水分子的证据。南极地区可能是月球上水资源最多的地方，嫦娥四号选择靠近南极的冯·卡

门撞击坑着陆，虽然不在永久阴影区，但仍有探测到水的可能性。它也带上了可以探测水的月球中子及辐射剂量探测仪，以探测着陆区存在水的可能性。

7. 满足探月技术需求，推动工程创新发展

几十年来，人类仅在月球正面实现了软着陆，还未实现全月到达，嫦娥四号在月球背面着陆，代表着人类可以到达月球的更多地区，获得更多科学数据，同时将带动一系列技术突破和创新。选择这一地区，还考虑了冯·卡门撞击坑的南部地势相对较为平坦，有利于安全着陆，适合玉兔二号月球车的行驶；同时还考虑了这一地区的光照、测控通信等有利条件，保证有较强的工程可实现性。

36 为什么在月背着陆面临更大风险？

由于月球自转的周期恰好等于它绕地球公转的周期，我们在地球上永远只能看到月球的一面，此面称为月球正面，另外半个月球总是背向地球，即月球背面；又由于月球的天平动，所以人们从地球上实际仅可以观测到月球整个表面的59%；正是由于月球背面总是背向地球，所以地球上的深空网无法与位于月球背面的航天器进行直接通信，这是人类发射的月球探测器长期未能软着陆在月球背面的重要原因。

2018年5月21日，中国向位于月球背后、距离月球背面约6.5万千米的地月拉格朗日L2点发射了鹊桥中继星，随后鹊桥中继星进入环绕L2点的Halo使命轨道并稳定运行，鹊桥中继星能够接收地球发射来的信号并转发给位于月球背面的嫦娥四号，也能将嫦娥四号发射的信息转发给地球，解决了地球与嫦娥四号的测控通信问题。2019年1月3日，嫦娥四号成功降落在月球背面的冯·卡门撞击坑，随后对着陆区开展了科学考察，这是人类自20世纪50年代开始月球探测以来，首个在月球背面实现软着陆的航天器，也是人类首次在月球背面开展就位探测。

1. 月背着陆有什么危险？

与月球正面着陆并开展就位探测相比，在月球背面着陆及开展探测，将面临更大风险。

月球背面崎岖不平，需要更高的着陆精度。与月球正面相比，月球背面的地形地貌更加崎岖不平，那里山峦起伏、沟壑纵横、撞击坑密布，几乎找不到面积大一些的平坦区域（见图1）。因此，与嫦娥三号着陆在相对平坦的月球正面虹湾地区相比，嫦娥四号着陆在月球背面冯·卡门撞击坑，面临更严峻的挑战。实现月球背面安全软着陆，必须提高着陆精度，以便在凹凸不平、面积狭小的地方找到一个相对安全的区域作为着陆点并平稳着陆。

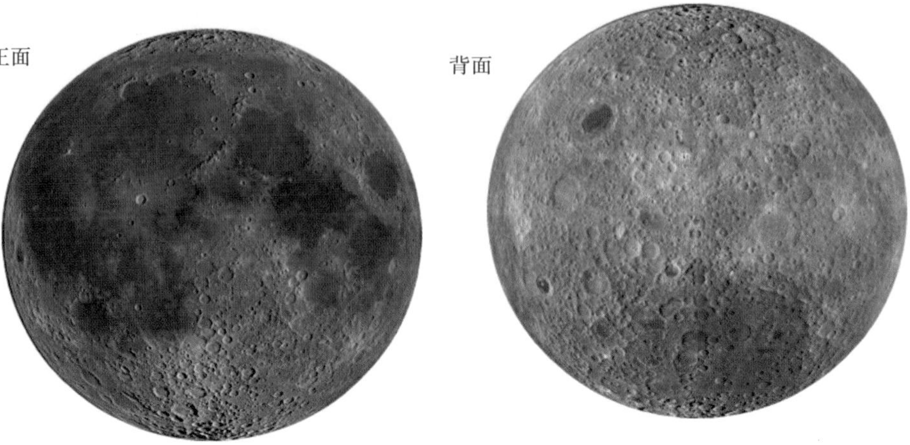

图1　月球的正面与背面：两个半球的特征显著不同

月球表面的暗黑色斑块，是月面上宽广的平原，称为月海。月海区的地形相对平坦，最大坡度约17°，一般在0°~10°，月球上有22个月海，其中19个位于月球正面，正面月海约占半球面积的一半。月球背面主要是月陆区，月海面积仅占2.5%。由于月陆覆盖着对阳光反照率较高的斜长岩，因而看上去洁白发亮。月陆地区起伏跌宕，最大坡度达34°，一般为0°~23°，这里峰峦起伏，山脉横贯，最大起伏可达16千米。月球背面还分布着密集的撞击坑，由于地球的保护作用，小行星撞击月球正面的事件比撞击月球背面要少得多。

从地球无法看到月球背面，需要通过“盲降”实现软着陆。月球背面永远背向着地球，在地球上无法看到月球背面，也无法与到达月球背面的嫦娥四号直接联系，所有信息传输都依靠鹊桥中继星的中转才能完成。嫦娥四号的落月过程由着陆器的制导、导航与控制系统自主操控，地球上的测控系统不能直接“观看”整个落月过程，嫦娥四号发送的遥测数据和月面影像由鹊桥中继星中转到达地面，而经过鹊桥中继星中转数据传输存在中继时延，所以，对地面人员来说，嫦娥四号的主减速过程几乎是一种“盲降”，这无疑增加了着陆的风险。只有在距离月球表面约100米时，为了不踩到石头、不落到坑里，嫦娥四号将在空中短暂悬停，以对下方区域进行高分辨率激光三维成像，实施精避障，并缓缓地降落到月面，对于这段相对静止的空中悬停和缓慢下降，地面可以通过鹊桥中继星进行近乎“直播”的观看。

没有地球遮挡，将面对更恶劣的辐射环境。月球背面完全暴露在太阳风和各种宇宙射线之下，嫦娥四号在这里着陆，将面对更加猛烈的太阳风和宇宙射线的冲击。

2. 采取了哪些措施应对风险?

为了实现月球背面安全着陆，科学家们在为嫦娥四号选择着陆区时，选择了冯·卡门撞击坑的南部地势相对较为平坦的地区作为主选着陆区，以利于嫦娥四号安全着陆，并适合玉兔二号巡视器行驶。同时，将冯·卡门撞击坑附近的克雷蒂安撞击坑作为备选着陆区（见图2），假如嫦娥四号在主选着陆区无法着陆时，可以着陆在备选着陆区，以确保月球背面着陆万无一失。

图2　嫦娥四号着陆的位置及周边区域

A为冯·卡门撞击坑，B为克雷蒂安撞击坑，C为莱布尼茨撞击坑，D为卡乔里撞击坑。冯·卡门撞击坑是嫦娥四号的主着陆区，克雷蒂安撞击坑是备选着陆区。

为了应对在月球背面着陆面临的风险，确保嫦娥四号着陆后顺利执行科学探测任务，科研人员在动力下降段的轨道设计、下降策略、飞行控制等方面采取了多项有效的措施，我们在这里举一些例子。

首先，确保动力下降初始点的位置精度。下降的起点位置精确才能保证着陆终点的位置精确，从而实现安全着陆，这需要嫦娥四号有更精确的轨道设计，以及地面测控系统精确的测定轨。

其次，确保从开始下降到月面着陆大约450千米航程的精确控制，这要求着陆器的制导、导航和控制系统提供更高的导航和制导精度。

第三，嫦娥四号下降过程中，其450千米航迹上地形剧烈起伏，为了确保安全，在动力下降策略上采取了新的措施，以消除地形起伏对着陆安全的影响。

第四，与嫦娥三号相比，嫦娥四号在下降轨迹的设计上做了调整，其边向前飞行边下降的同时，快速调整姿势和速度，在距离月面6千米时，已调整至垂直下降状态，避免了因水平方向持续移动造成着陆器测量自身与月面之间的距离不够精确的问题，更精确的测量数据才能保证更高的导航和制导精度。

第五，为了应对“盲降”带来的风险，科技人员对着陆器的制导、导航与控制系统设计了延时数据注入功能，就是在着陆下降之前，提前将要发送给着陆器计算机的数据发送到着陆器上暂存，然后在准确时间点让这些数据自动注入，而将地面通过鹊桥中继卫星近实时的数据注入作为备份手段，这就为嫦娥四号的成功“盲降”上了双保险。

第六，为使嫦娥四号经受辐射环境的考验，科研人员对嫦娥四号的相关电子元器件进行了强化，使它们能够抵御更强的太阳风和各种宇宙射线。

最后，为了万无一失，工程师们还为嫦娥四号设计了全程自主故障诊断与重构功能，万一发生故障，系统随时可以自我“诊断”，找到问题，再通过功能优化与重构，恢复整体功能。

37 什么是月球着陆器和月球巡视器?

从2007年中国发射首颗月球探测器嫦娥一号至今，中国已经发射了嫦娥一号到嫦娥五号共5个月球探测器和一个飞行试验器，其中，嫦娥三号作为中国首个在地外天体软着陆的航天器备受关注。嫦娥三号和嫦娥四号都是由两个月球探测装置组成，一个是着陆器，一个是巡视器，前者负责携带后者安全到达月球表面，然后在着陆点开展原位探测；后者在落月并与前者分离后，可在月面移动并执行巡视探测任务——即在月球表面一边行走一边探测。从地面发射到月面着陆过程中，着陆器和巡视器作为一个整体连接在一起，在月面着陆后两者相互分离，成为相对独立的月球探测器（见图1）。

图1 嫦娥四号着陆器（左）和玉兔二号巡视器（右）

这是嫦娥四号着陆器和玉兔二号于2019年1月11日互拍的照片。2022年1月6日，玉兔二号累计行驶里程突破1000米，达1003.9米，此时嫦娥四号着陆器和玉兔二号处于第38个月昼工作期，它们在月面上已生存了1099个地球日。

1. 月球着陆器

月球着陆器是一种能够携带科学载荷或月球巡视器到达月球表面，并可在下降过程中或/和到达月面后开展科学探测的航天器。在人类月球探测历史上，最先到达月球的着陆器均为硬着陆器，包括20世纪50年代末苏联发射的“月球2号”和60年代美国发射的4个“徘徊者号”，它们在落月过程中不像软着陆器那样对飞行速度进行控制，而是在月球引力作用下高速撞击月球，并在下降过程中获取月球数据。例如，“徘徊者号”携带了高速摄像机，在不断接近月球表面的过程中，进行连续高速拍摄并实时向地球传回数千幅月面图像，为阿波罗登月计划提供数据。最先成功登陆月球的软着陆器是20世纪60年代苏联的“月球9号”和美国的5个“勘察者号”（见图2）。但“月球9号”和“勘察者号”都是携带少数科学载荷开展原位探测的小型着陆器，不具备携带巡视器的功能。此后，苏联在20世纪70年代发射了月球17号、21号和23号探测器，这些探测器由着陆器和巡视器组成，着陆器只负责携带巡视器在月球表面着陆，而自身不具有科学探测的功能。

图2　月球勘察者号着陆探测器

美国1964—1966年发射了7个勘察者号，其中5个在月球上实现了软着陆。勘察者看起来像三脚蜘蛛，在三只缓冲脚垫上的管制框架中，配置了当时先进的自动化系统。勘察者号拍摄了清晰的黑白月面图像，其配备的电动挖铲可在月壤上挖出沟道，以获取月壤的力学特性数据，从而证明月球表面可以承受着陆器和人体重量，确保阿波罗计划航天员登月无忧。

2013年和2018年，中国成功发射了嫦娥三号和嫦娥四号探测器，这两个探测器的着陆器分别携玉兔号和玉兔二号巡视器先后成功着陆在月球正面的虹湾地区和月球背面的冯·卡门撞击坑。它们与苏联和美国的月球着陆器不同，不仅要在着陆过程中选择着陆地点，进行避障机动，负责将巡视器安全地携带到月球表面，还要在月球表面长期生存，利用携带的多种科学载荷开展原位月球探测和天文观测，并与巡视器互相拍照、监视巡视器的活动，因而嫦娥着陆器具有运送巡视器和进行科学探测的双重功能。嫦娥着陆器由结构与机构分系统，制导、导航与控制分系统，推进分系统，电源分系统，热控分系统，测控数传分系统，数管分系统，有效载荷分系统，着陆缓冲分系统，定向天线分系统，工程参数测量设备等组成。嫦娥三号和嫦娥四号的着陆器在月球上分别开展了丰富的科学探测活动，并且双双打破世界上人造航天器在月表工作时间的最长纪录，完美地履行了科学使命。

2. 月球巡视器

在人类月球探测历史上，最早在月面成功开展巡视探测的是苏联的月球车1号巡视器（见图3），它由月球17号的着陆器带到月球表面，随后在月球上工作了近一年，在当时对全球科学界产生了重要影响。由于月球巡视器是沿着行驶路线对经过的区域开展大范围的现场探测，就好像它在巡视考查沿途区域，所以称其为“巡视器”恰如其分。但是，人们往往喜欢将月球巡视器称为“月球车”，实际上，除了用轮子行驶外，它与我们在地面上看到的“车”没有多少关系，而是一种靠轮子移动的航天器。比如，从系统构成来看，巡视器和人造卫星都具有结构与机构分系统，制导、导航与控制分系统，热控分系统，测控数传分系统，有效载荷分系统等，因此，将这种能够在月面上移动的探测器称为巡视器更加科学，而将其称为“月球车”则是更形象、更通俗的叫法。

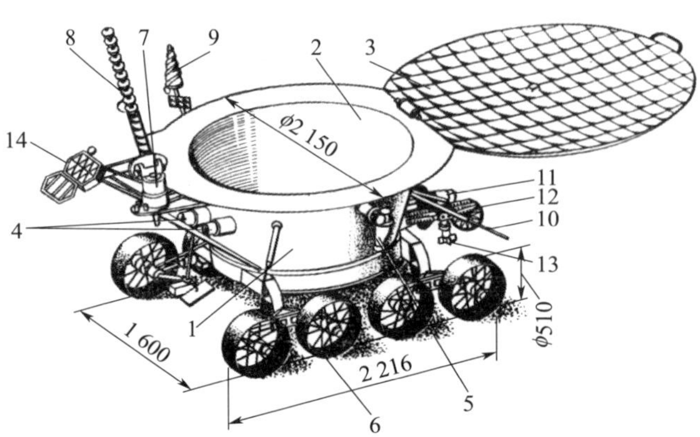

1. 仪器舱
2. 冷却散热器
3. 太阳能电池
4. 电视摄像机
5. 遥测光度计
6. 电驱动行走轮
7. 窄波束天线转动机构
8. 窄波束天线
9. 定向天线
10. 鞭状天线
11. 放射性同位素温差发电器
12. 测量轮
13. 通过性能评估仪
14. 激光反射器

图 3　月球车 1 号巡视器

苏联 1970 年发射的月球车 1 号，外形像是有 8 个轮子的澡盆，上部有一个布满太阳能电池的大盖子，它在白天敞开，使太阳能电池接收强烈的太阳辐射，为蓄电池充电；在夜晚盖子闭合，起到保持温度的作用。它在月球上生存了 301.3 个地球日，巡游了 10.54 千米，携带了测试月壤物理力学性质和化学参数的多台科学设备，拍摄了 2 万多张月面照片。

中国是世界上第二个开展月球巡视探测的国家。2013 年 12 月 14 日和 2019 年 1 月 3 日，嫦娥三号和四号月球探测器先后将玉兔号和玉兔二号两台巡视器送到月面，分别对月球虹湾地区和冯·卡门撞击坑开展了巡视探测。两台巡视器都由结构与机构分系统，制导、导航与控制分系统，移动分系统，热控分系统，测控数传分系统，电源分系统和有效载荷分系统等组成，具有更先进的技术，更高的智能化水平，并开展了更丰富的科学探测活动，为人类认识月球和太阳系做出了重要贡献。

38 嫦娥着陆器携带了哪些探测设备？

2013 年 12 月 14 日和 2019 年 1 月 3 日，两位奔月姐妹——嫦娥三号和嫦娥四号先后进入了月宫，安然降落在预定位置，在完成检测程序后，它们利用“手中”的科学设备，按计划开展了丰富的科学探测活动。

无论是嫦娥三号还是嫦娥四号，它们都分别由一台着陆器和一台玉兔号巡视器组成，着陆器和巡视器都携带了大量的仪器设备，其中承担科学任务的仪器设备被称作“有效载荷”，它们专门用来针对月球、太阳、地月空间或宇宙空间开展科学探测，以实现任务的科学目标。

嫦娥三号和嫦娥四号的着陆器分别携带了 4 种有效载荷（见图 1）。嫦娥三号着陆器的有效载荷包括 1 台降落相机、1 台地形地貌相机、1 台极紫外相机和 1 台月基光学望远镜；嫦娥四号着陆器的有效载荷是 1 台降落相机、1 台地形地貌相机、1 台低频射电频谱仪和 1 台月球中子及辐射剂量探测仪。其中，降落相机、地形地貌相机和月球中子及辐射剂量探测仪主要用于对月球开展科学研究，月基光学望远镜和低频射电频谱仪主要用于天文观测和研究，极紫外相机用于观测研究地球等离子体层和太阳爆发等现象。

降落相机——降落相机安装在着陆器的底部，镜头朝下。在嫦娥着陆器下降过程中，可在距离月面 4~6000 米高度对月貌特征、地形地貌进行连续拍摄，获取灰度图像，成像距离为 4 米至无穷远。降落相机突出的特点，一是在动态过程中拍摄，离月面越近，拍摄的分辨率越高，可在近距离拍摄月面“特写”；二是每次拍摄的曝光时间极短，每秒可获取 10 帧图像并连续拍摄；三是采用了高速静态灰度压缩技术，可快速将数据传回地面；四是相机设计得十分轻便小巧。

地形地貌相机——地形地貌相机安装在着陆器顶部的桅杆上，这是在可见光波段工作的一台相机，用于拍摄着陆区地形地貌高清彩色图像。该相机的成像距离为5米至无穷远，有效像元数≥2352×1728，利用桅杆机构的转动，可对着陆区地形地貌进行360°拍摄（见图2），既可以静态拍摄，也可以在转动过程中进行动态拍摄。地形地貌相机的主要任务，一是获取着陆区高分辨率光学图像，为着陆区地形地貌调查和地质构造研究提供数据；二是拍摄在月面活动的玉兔月球车，监视玉兔在月面上的活动。

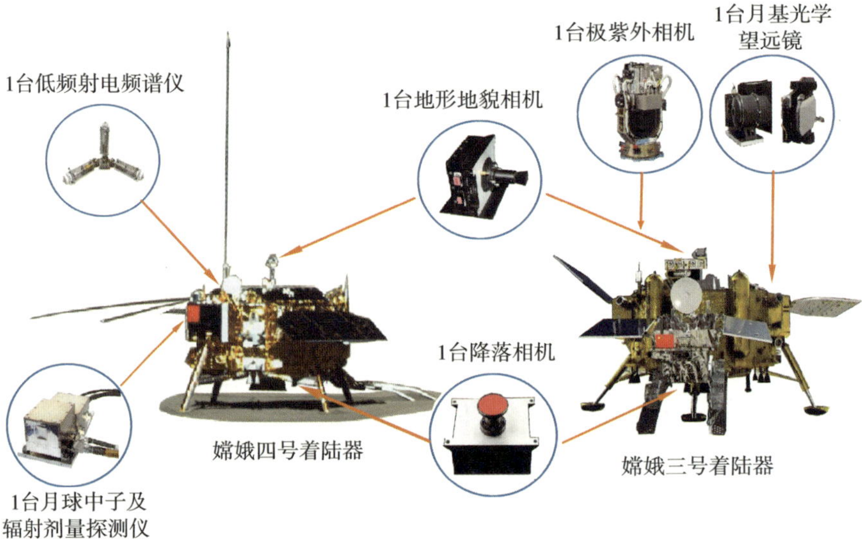

图1　嫦娥三号着陆器和嫦娥四号着陆器的有效载荷

极紫外相机——极紫外相机是嫦娥三号着陆器用于“看地球”的科学设备。它的工作谱线为波长30.4纳米的极紫外光，主要任务是在月昼期间对地球周围的等离子体层进行极紫外成像。在工作时，可通过支撑机构转向，对地球进行跟踪观测，并可获取大尺度或整个地球等离子体层图像。该相机由薄膜吸收滤光片、多层膜反射镜、光子计数成像探测器、支撑结构和电子学控制系统组成，可以滤掉真空紫外线、可见光和红外辐射等杂散光，并具有调节曝光、防尘措施等。利用这台极紫外相机，科学家们研究了太阳的剧烈爆发活动对地球等离子体层的影响，验证了地球等离子体层的尺度与地磁活动强度的关系等，取得了一系列科学成果。

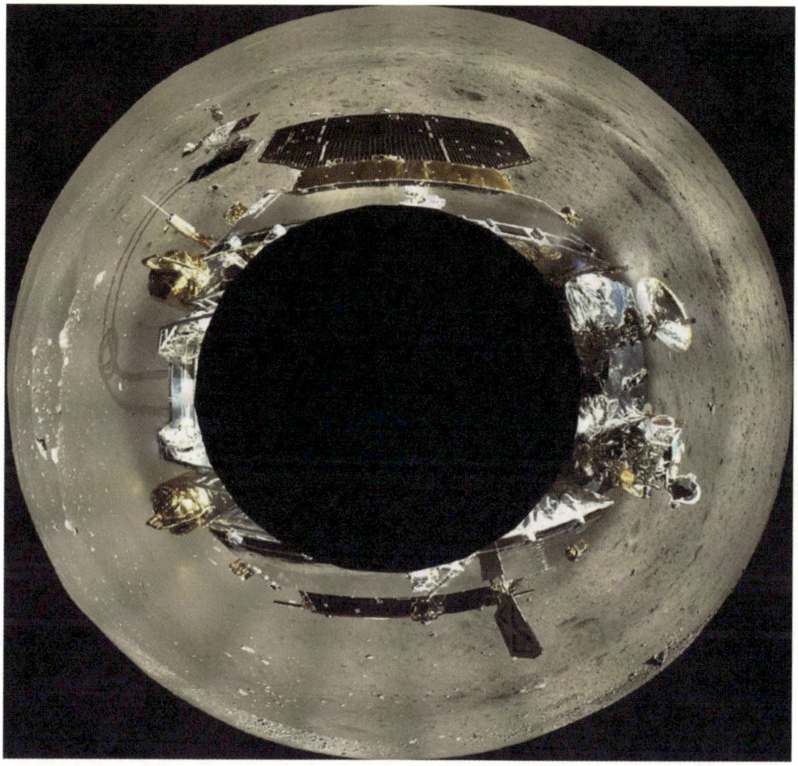

图 2　嫦娥三号着陆器地形地貌相机拍摄的 360° 全景镶嵌影像图

2013 年 12 月 15 日至 18 日，嫦娥三号地形地貌相机通过桅杆旋转，对虹湾着陆区进行了 360° 拍摄。拍摄时，在方位上每转 18° 拍摄一次，每个方位按上中下不同角度拍摄 5 次，20 个方位构成一圈 360° 环拍。由此，用 100 张图像拼接组成这幅 360° 范围的全景镶嵌影像图，展示了着陆区局部的地形地貌。

月基光学望远镜——这台望远镜安装在嫦娥三号着陆器上端，承担天文观测的“巡天”任务。它工作于波长 200~360 纳米的紫外光谱段，可在近紫外谱段对各种天文现象导致的天体亮度变化进行长时间连续监测。它由 R-C 望远镜主体、反射镜和转台、控制系统和附属设备等组成，孔径 150 毫米，焦距 200 毫米，总质量 13.5 千克，可适应月面反射光、月球尘埃、月昼温差等环境，如可在月球昼夜温差 300℃环境下保持光学系统的稳定性，可承受火箭发射和月面着陆冲击时的力学环境。这台望远镜实现了人类首次依托地外天体平台开展自主天文观测，并取得了丰硕的天文观测成果。

低频射电频谱仪——这台设备是一种通过接收地外天体发出的低频电磁波信号进行天文现象观测的科学仪器。由于地球磁场和大气层的屏蔽作用，来自宇宙的所有低频电磁波信号都被挡在大气层之外，该设备利用月球无大气层、对低频电磁波信号“透明”以及月球背面不受来自地球的电磁波干扰等特殊条件，开展低频射电天文观测。从外观上看，低频射电频谱仪明显的特征是从着陆器顶部伸出三根长 5 米的接收天线（还有长 0.2 米的第四根天线），着陆器内部则装有它的电子学单元、前置放大器、接收机、基准时钟和配电器等。它的主要任务是在 0.1~40 兆赫兹频段探测太阳爆发产生的低频射电信号，研究太阳爆发低频电场变化的特性，并借助对太阳爆发的观测，探测月球的电离层环境。

月球中子及辐射剂量探测仪——月球表面存在强烈的辐射，对登月航天员和航天器电子设备构成巨大威胁。这台设备主要用于探测月球中子及辐射剂量，获得热中子能谱和能量、质子能谱、α 粒子能谱等数据，帮助科学家对月表辐射环境进行评估，为未来载人登月的辐射防护提供依据。其主要任务有两项，一是测量中子和 α 粒子等中性粒子辐射，二是通过对中子的测量，探测着陆器附近的月壤中是否含水。此外，它还能够对太阳活动时发出的高能带电粒子和银河宇宙射线进行探测，有助于研究太阳风暴的起因、高能粒子传播规律等。这台探测仪由捕捉粒子的 4 个传感器探头、电子学箱等组成，探头安装在着陆器上层舱板的支架上，传感器可将探测信号放大并转变成数字信号，然后发送给电子学箱，经电子学箱处理后，探测数据最终由着陆器的有效载荷管理系统发送回地球。

39 嫦娥探测器的相机各有什么用途?

2013年12月和2019年1月，嫦娥三号和嫦娥四号先后入驻月宫。它们是如何飘然而降，安然降落在预定位置，又如何在未卜的险境中行驶去获取宝贵的科学数据的呢？这一切的一切，都离不开嫦娥探测器的各种相机。

嫦娥三号和嫦娥四号探测器的相机相当于它们的“眼睛”，帮助着陆器安全降落在月面，保障巡视器安全行驶，支持各种科学探测活动。粗略地数一数，它们携带的重要相机有十多台，这些相机按用途划分，大体上可分为三大类。我们以嫦娥三号为例，对这些相机的主要用途进行介绍。

第一类是直接用于科学探测的设备，属于嫦娥探测器的科学有效载荷，包括嫦娥着陆器携带的1台降落相机、1台地形地貌相机，以及玉兔号巡视器上的1对全景相机。

降落相机：安装在着陆器底部的降落相机用于在着陆器下降过程中，对着陆下方的月球表面进行连续拍摄，它每秒可获取10帧灰度图像，并可以连续拍摄，这些光学图像可用于分析着陆区月表的地形地貌和地质情况。

地形地貌相机：安装在着陆器顶部桅杆的地形地貌相机，可以拍摄着陆区高分辨率彩色图像，并可利用桅杆机构的转动进行360°环拍，从而为着陆区地形地貌调查和地质构造研究提供数据。

全景相机：安装在玉兔号巡视器顶部桅杆上的一对全景相机，可以沿着行驶路线边走边拍，可以拍摄沿途月表岩石等目标的高分辨率特写，也可以进行全景拍摄或360°环拍，获得黑白或彩色立体图像。

第二类主要是用于环境感知、运动控制、路径规划、紧急避障等的各类相机，它们被归为制导、导航与控制（GNC）分系统的光学敏感器，包括着陆器上的光学成像敏感器、激光三维成像敏感器，以及巡视器上的1对导航相机和1对避障相机。

光学成像敏感器：安装在着陆器上，用于帮助着陆器下降时避开危险障碍，它在距离月面400~600米高度时对月球表面成像，辅助着陆器的GNC分系统完成粗避障，并为着陆器选定一个较大的安全着陆范围。

激光三维成像敏感器：安装在着陆器上的激光三维成像敏感器，在距离月面约100米处对月球表面进行精确立体成像，辅助GNC分系统完成精避障，并为着陆器确定最终的着陆点位置。光学成像敏感器和激光三维成像敏感器都不是简单的相机，其功能也非简单地获取月面图像，它们不仅能够对月面成像，还能自动处理图像数据，识别危险障碍，并通过计算分析，分别选择适合的安全软着陆区域和精确的着陆点位置。

导航相机：玉兔号巡视器上的1对导航相机和1对避障相机是用来帮助巡视器行驶的。确定了巡视器下一步要到达的目的地后，双目导航相机就用来帮助规划路线，以选择安全、通畅、便捷的路线。它们可以获得约10米范围的地形信息，形成精准的立体地形环境图，GNC分系统根据这些图像数据对前方路况进行“风险评估”，判断是否有危险，从而规划一条最佳的行驶路线。

避障相机：安装在玉兔号巡视器前端的一对避障相机可以获得3米以内的立体图像（见图1），以识别前方路况的平整度、危险石块和坑凹地势。遇漆黑或阴影环境时，它与激光点阵器配合使用（见图2），以辅助GNC分系统自主完成障碍规避。

第三类是用于监测着陆器和巡视器操作关键过程的监视相机，它们是安装在着陆器上的三台小型光学相机，被归为工程参数测量设备。

安装在着陆器上部的A、B监视相机在着陆器安全着陆后，通过连续拍摄，监视玉兔号巡视器与着陆器解锁、缓缓移动、两器分离并到达月面的全过程，包括拍摄解锁、巡视器驶离连接支架、电缆脱离、行驶至转移机构、转移机构移动、释放分离等过程（见图3）。

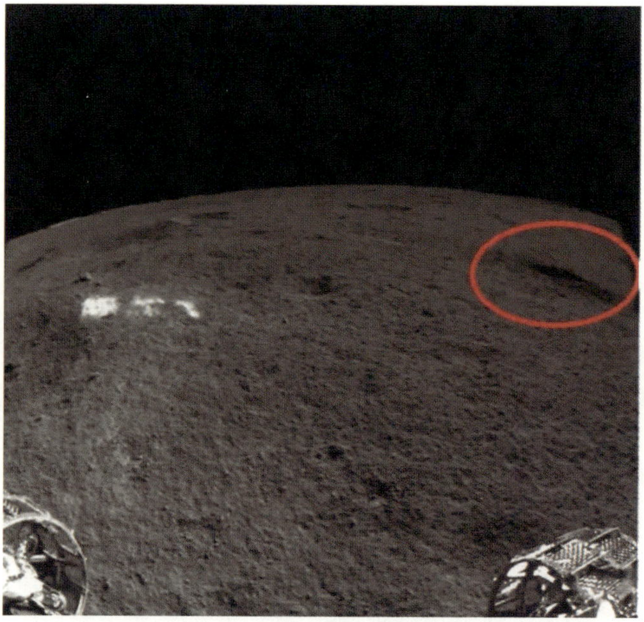

图 1　玉兔二号避障相机拍摄的照片（圆圈区域是规划到达的目标地点）

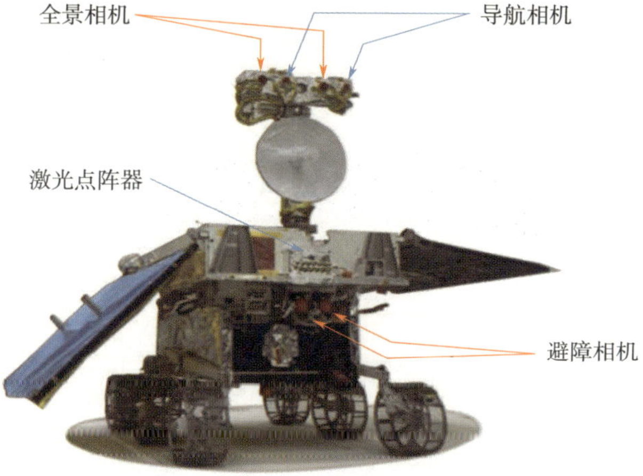

图 2　玉兔号巡视器上的相机和激光点阵器

巡视器前端上方有一个激光点阵器，它与避障相机配合使用。当巡视器前方区域受到遮挡产生阴影或因其他原因使避障相机无法拍出清晰图像时，激光点阵器可以在车前打出 16 束激光，在月表形成光斑方阵，避障相机对光斑质量、强度进行拍摄和计算，就可判断前方地面的平坦程度，实现对障碍的识别和路径选择。

图3　嫦娥四号着陆器的监视相机拍摄的巡视器车轮

嫦娥四号着陆器的A、B监视相机对两器分离过程进行了拍摄。照片显示两器分离过程中玉兔二号巡视器前轮的动态情况。

位于着陆器前端的C监视相机成像距离1~20米，负责监视巡视器转移机构抵达月面的关键过程，拍摄巡视器在月面的近距离活动，兼顾拍摄近距离月面地貌图像（见图4）。地面人员利用监视相机，能够直观了解嫦娥着陆器和玉兔号巡视器执行地面下达指令的情况，并为执行下一个指令进行风险评估。

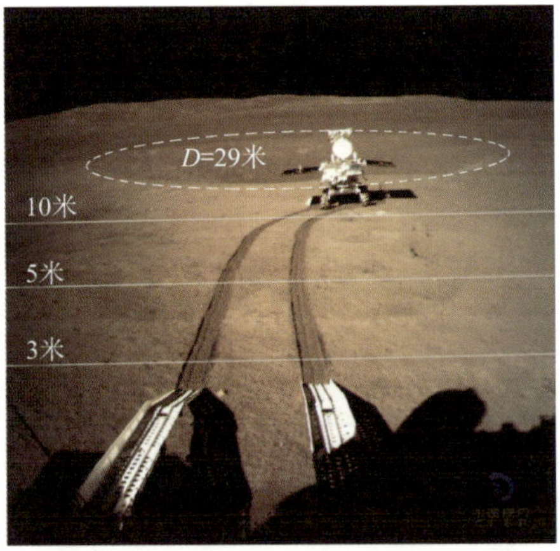

图4　嫦娥四号着陆器的C监视相机拍摄的玉兔二号

图中近景是着陆器用于玉兔二号下降到月面的转移机构的悬梯，远景是玉兔二号巡视器，白线表示到着陆器前板的距离，正前方是直径约29米的撞击坑，右下角是C监视相机。

40 着陆器和玉兔如何度过寒冷的月夜？

2019年1月14日，嫦娥四号着陆器和玉兔二号巡视器迎来了到达月面后第一个月球的夜晚，阳光离开了着陆区，没有光照、没有太阳辐射热，在月球极端寒冷的漫漫长夜，着陆区温度最低可以降到约 −190℃，着陆器和玉兔二号要在这种极端环境下度过漫长的14个地球日，这给它们带来了严峻挑战。

为了帮助着陆器和巡视器应对月夜无光照和长期极端低温环境，渡过月夜难关，科研团队采取了多项措施。其中，一项措施是将探测器月面模式分为月昼工作模式和月夜休眠模式。第二项措施是热控系统采用了同位素热源和两相流体回路，月夜休眠模式下为着陆器和巡视器提供热量，实现月夜保温；同时利用同位素温差发电器提供电力。第三项措施是热控系统工程师们在着陆器和巡视器外表面包覆了多层隔热组件，还将测控天线、移动机构等外露部件与着陆器本体和巡视器本体实现隔热连接，尽量减小环境温度变化对探测器内部设备的影响。

1. 月夜休眠模式

当着陆器和巡视器迎来月球夜晚，无法利用太阳能电池板供电，温度降到极寒时，为了保护各种仪器不被冻坏，着陆器和巡视器均进入月夜休眠模式，这时所有设备除定时控制电路以及月夜温度采集器外，全部断电，不开展科学探测任务，玉兔二号的桅杆连同定向天线和桅杆上的4台相机全部收拢到围栏内，一侧太阳能电池板从展开状态收拢覆盖在围栏上（见图1），以尽量减少内部热量流失。此时，只有月夜温度采集器继续采集月表温度信号。根据月夜温度采集器第一个月夜获得的数据，嫦娥四号着陆的月球背面冯·卡门撞击坑月表温度最低达到 −190℃。当度过漫长的月夜，阳光照在探测器身上时，着陆器和巡视器从休眠状态中被唤醒，转为月昼工作模式，各分系统的设备正常工作，开展月面科学探测任务。

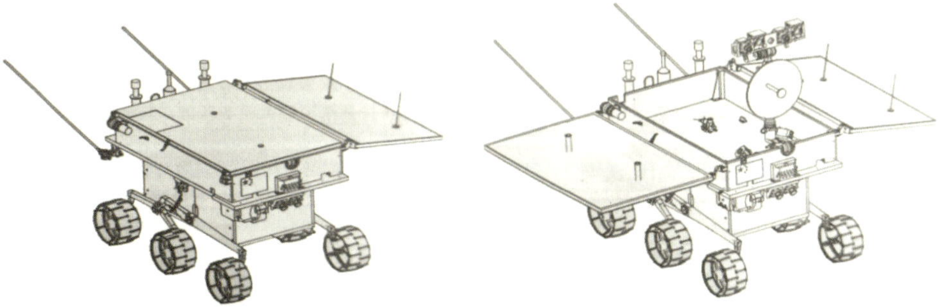

图 1　玉兔二号巡视器月夜休眠状态构型（左）与月昼科学探测状态构型（右）示意图

2. 同位素热源加热（RHU）

为了度过极寒的月夜，科研团队为着陆器和巡视器分别配置了放射性同位素热源（RHU）——一种以核材料为燃料的加热装置，用来解决月夜生存时热源供给或保温问题，它们是着陆器和巡视器热控分系统的重要组成部分，也被称为“核热源”。

放射性同位素热源的基本原理是，热源装置由放射性同位素燃料和多层包壳组成，包壳将放射性同位素燃料密封在内部，内部的放射性同位素原子核将自发并持续地发射粒子或射线，同时原子核也发生转变，这一过程将释放出一定的能量。释放出的高能粒子和射线通过与周围物质相互作用，最终被阻止和吸收，这时粒子的动能转变为热能，从而产生热量，使周围物质温度升高。多层包壳的作用是防止放射性物质逸出，同时提供核热源的机械接口和热接口。放射性同位素自发地释放出粒子和射线的过程称为放射性衰变，产生的热量也称衰变热。

嫦娥四号探测器共配备 4 台放射性同位素热源，它们像 4 台供热锅炉，在月夜休眠期间为着陆器和巡视器供暖，具有热功率密度大、运行温度高、寿命长、质量和体积小等特点。其中，巡视器配备了 1 台热功率 120 瓦级的热源；着陆器配备了 1 台热功率 120 瓦级、2 台热功率 4 瓦级的热源，用于满足月夜期间的供热需求，还利用 120 瓦级的热源配置了 1 台放射性同位素温差发电器（RTG），承担供热供电的双重职责。嫦娥四号选用钚 238（^{238}Pu）

作为同位素热源的燃料，^{238}Pu 可持续地发射 α 粒子，半衰期达 87.7 年，并以二氧化钚（PuO_2）陶瓷片的存在形式放置在同位素热源装置中。

3. 两相流体回路系统

如果只有放射性同位素热源，那将无法为探测器加热，这如同有了供热锅炉而没有暖气管道无法向房间供暖一样，因而还需要能够将同位素热源产生的热量输送至不同部位的传热回路，这个装置就是着陆器和巡视器的“两相流体回路系统”，它像暖气管道一样，负责向着陆器和巡视器舱内输送热量。

两相流体回路系统由蒸发器、汇流器、储液器、蒸气管路和液体管路、阀门、分流器等组成（见图 2），以氨作为工质。两相流体回路工作时，回路中的液态氨通过蒸发器时，吸收来自核热源的热能而蒸发，从液态转变为高温蒸气，蒸气经汇流器聚集，沿蒸气管路到达需要加热的设备或装置，如巡视器或着陆器本体结构的铝蜂窝结构板，并在这里释放潜热为铝蜂窝结构板加热，同时冷凝为液态氨，再沿液体管路经储液器、分流器进入蒸发器，开始第二轮循环。如此循环往复，可以不断地将核热源产生的热量输送到着陆器和巡视器需要加热的部位，以保证休眠期间舱内设备温度控制在 −50~70℃ 之间。巡视器和着陆器两相流体回路的组成基本一致，着陆器使用 2 套，巡视器使用 1 套。一旦月夜休眠模式结束，着陆器和巡视器被唤醒，两相流体回路的阀门关闭，停止工作，放射性同位素热源的热功率将不再传入舱内，避免由于引入热功率导致舱内设备温度过高。

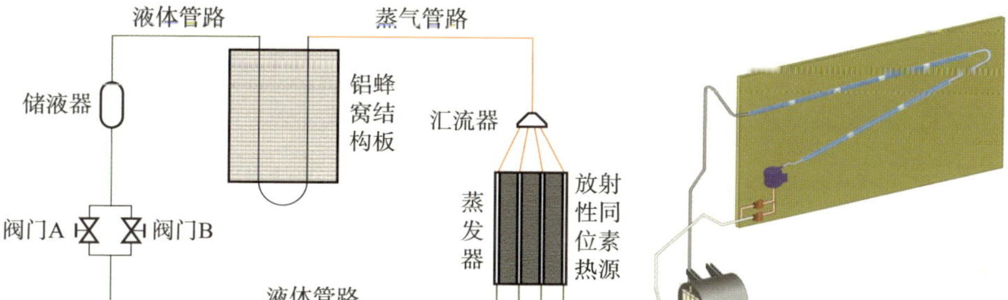

图 2　两相流体回路系统组成及工作原理示意图

4. 着陆器月夜热电联供系统

嫦娥四号着陆器不但利用放射性同位素热源供热，还配置了一台利用热源产生的热量发电的装置，具备“核热源＋核电池”的双重功能，而借助核热源发电的装置称为放射性同位素温差发电器（RTG），也常被称为核电池。嫦娥四号的这台装置可输出2.5~5.0瓦电功率和115~117.5瓦热功率，并与两相流体回路共同组成月夜热电联供系统，为着陆器供电供热（见图3）。

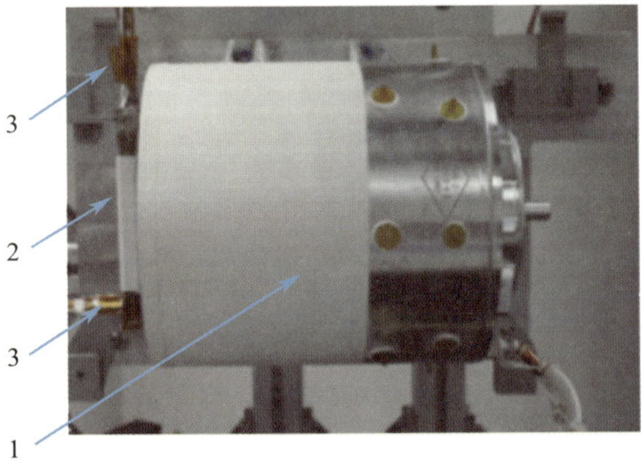

图3　放射性同位素温差发电器

1. 放射性同位素温差发电器；2. 两相流体回路的蒸发器；3. 两相流体回路的管路

RTG是一种利用塞贝克效应发电的装置。塞贝克效应是指，当两种不同的电导体或半导体之间存在温差时，将导致两种物质之间产生电压差的现象。如果对两个电导体或半导体中的一个加热，被加热的电导体或半导体的电子将流向冷端的电导体或半导体，如果将它们连接构成回路，则会在电路中产生直流电。这个过程实现了热能与电能的转换，产生的电流也被称为热电流。

嫦娥四号着陆器是我国首次安装使用RTG的航天器，不仅利用核热源供热，还用于发电。着陆器采用的RTG，主要由热功率120瓦的核热源、温差电换能器和外壳等部件组成。其中，温差电换能器利用塞贝克效应将热能转换成电能，其采用碲化铅（PbTe）基热电材料来实现热能与电能的能量转换；耐高温合金密封壳体不仅起封闭作用，壳体上安装了电功率输出装置、热接口等装置，以实现电功率和热功率输出（见图4）。在月夜休眠期间，RTG

利用核热源的热量发电，产生的电量输出到月夜温度采集器，以满足温度采集器持续测量月表温度的需要；而 RTG 与两相流体回路联用，可以把 RTG 发电余热收集并传输到舱内，用于月夜低温期间舱内设备控温。

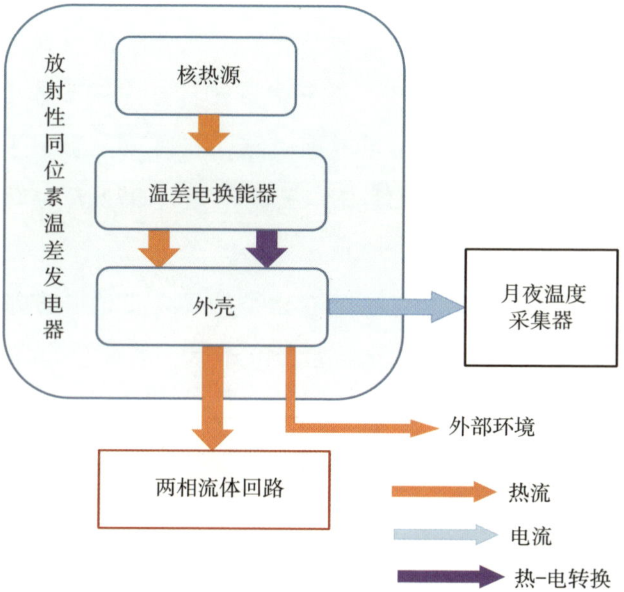

图 4　月夜热电联供系统工作原理示意图

截至 2022 年 1 月 2 日，嫦娥四号着陆器和玉兔二号巡视器已在月面工作了三年整（1095 天）。在应对月夜挑战方面，嫦娥三号采取的策略和措施与嫦娥四号大体相同，只是没有采用放射性同位素温差发电器和月夜热电联供系统。

41 玉兔号是一辆怎样的月球车?

玉兔号是中国研制的第一辆月面巡视器，它与着陆器共同组成嫦娥三号月球探测器。2013 年 12 月 15 日，玉兔号巡视器与嫦娥三号着陆器分离，成功到达月球表面，开始了月球科学考察之旅，在月球上留下了中国巡视器的第一个“足”迹。2016 年 7 月 31 日，玉兔号经过 972 天的勤奋工作之后，停止了工作。

从外观上看，玉兔号像是一个架在六个轮子之上的长方形盒子，收拢状态下长 1.5 米，宽 1.0 米，高 1.1 米，重 140 千克，展开后的样子如图 1 所示。它的六个轮子和悬架平分安装在“盒子”两侧，上层有一个向上伸出的桅杆，支撑着圆形定向天线，高举着 4 台相机，前面有一个机械臂，两侧有展开的太阳能电池板，尾端竖着多根天线，还有两根向后伸出的鞭状天线。玉兔号在复杂的月面地形环境下，能够灵活移动，可以跨越 20 厘米障碍，爬越 20° 斜坡，并可灵活转向；它可以感知地形地势，寻找探测目标，当遇到危险的斜坡、过高石块或直径大于 2 米的撞击坑时，可以自主判断，安全避让；它能够承受月球昼夜的极端温度环境，抵御极大的温差，一边行走一边开展科学探测，并及时将探测成果发送回地球。可以说，它是一个聪明能干的月面机器人。

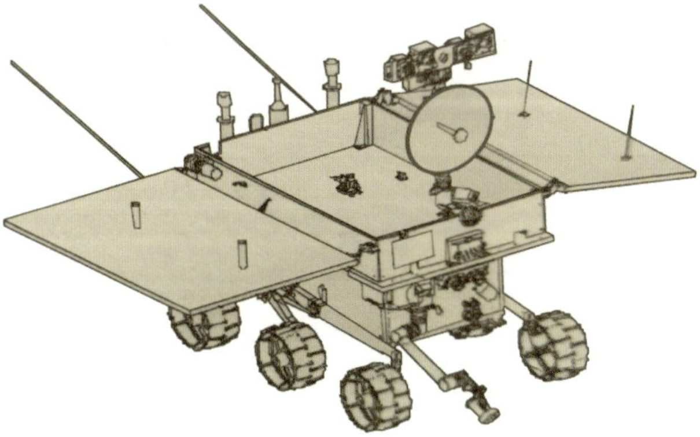

图 1 玉兔号巡视器工作状态示意图

玉兔号之所以具备这种“聪明能干”的能力，与构成它的八个分系统分不开，这八个分系统各司其职、协调运行，共同组成了玉兔号巡视器，并赋予它强大先进的能力。

1. 移动分系统

移动分系统类似机器人的腿脚，赋予玉兔号行驶的能力。它由6个车轮、行进驱动机构、转向机构、差动机构、悬架等组成。6个车轮采用电机独立驱动，其中4个车轮可以实现转向，使玉兔号有很强的越障及灵活的转向能力。悬架是将车轮与车体弹性连接的机构，位于巡视器两侧，并通过差动机构与车体相连接，使所有车轮可以均匀地与地面保持接触。移动分系统由导航与控制分系统发出的指令进行控制，同时其配置的敏感器会将测量的运动数据交给导航与控制分系统。移动分系统自身质量约20千克，可承载超过140千克的质量，移动距离大于10千米，平地行驶最大速度200米/小时，最小转弯半径1.5米，爬坡能力为20°，越障能达20厘米。

2. 结构与机构分系统

结构与机构分系统的功能是为各种设备、仪器、科学有效载荷提供工作平台，分为结构和机构两个部分，总质量34.5千克。结构部分主要是我们看到的“长方形盒子”，或称本体结构，主要承受任务过程中的各种载荷，像是承力的车体结构，主要由顶板、底板、前板、后板和侧板等组成。机构部分包括太阳能电池帆板的机械部分、桅杆、机械臂（见图2）。其中，太阳能电池帆板的机械部分可承载光伏电池，可由步进电机驱动展开，并对准太阳；桅杆可折叠和起竖，用来承载天线、导航相机和全景相机，可以使天线对地定向，帮助全景相机进行360°环拍。机械臂有多个关节，具备3个自由度，末端安装了粒子激发X射线谱仪，可使其靠近月面进行探测。结构与机构系统配置了敏感器，测量的数据也将交给导航与控制分系统。

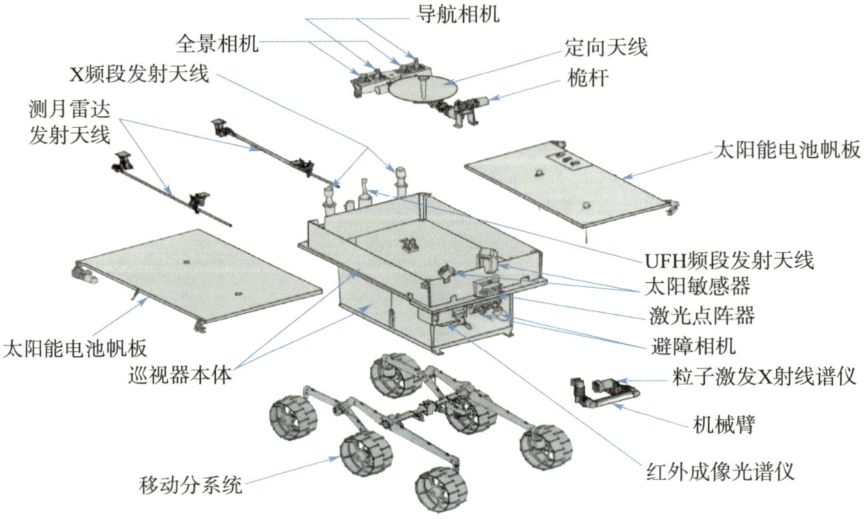

图 2　玉兔号巡视器的分解图

3. 导航与控制分系统

导航与控制分系统的功能是控制巡视器运动、规划行驶路径、实施紧急避障、进行安全监测等。它根据各种敏感器采集的数据，利用导航与控制分系统软件，进行数据处理、信息融合、导航控制律计算、生成控制指令，这些控制指令经由综合电子分系统转发，由移动分系统、结构与机构分系统等执行。导航与控制分系统配置了各类敏感器，包括太阳敏感器、惯性测量单元、导航相机、避障相机和激光点阵器等，用于采集地形地势等环境数据，以及玉兔号巡视器的位置、姿态以及速度等运动数据。同时，导航与控制分系统还接收移动分系统和结构与机构分系统敏感器测量的数据。导航与控制分系统的软件，在综合电子分系统的中心计算机上运行，导航与控制分系统提出计算任务需求，综合电子分系统的中心计算机完成计算。

4. 综合电子分系统

综合电子分系统类似机器人的大脑，由中心计算机等硬件，以及移动/机构驱动模块、遥测和遥控处理模块、供配电处理模块等软件组成，承担的任务覆盖了遥测遥控、程序控制、数据管理、导航与控制、移动与机构的驱动控制、各分系统的配电管理等方方面面，是巡视器电子系统的核心。

5. 电源分系统

电源分系统负责电力的产生、储存、输送和控制管理，承担为巡视器提供电力、光照唤醒等功能。电源分系统由两个太阳能电池帆板、一组锂离子蓄电池组、休眠唤醒模块、电源控制器组成。其中，太阳能电池帆板采用三结砷化镓光伏电池，阳光直射时输出功率≥280瓦，是为巡视器供电的主电源，同时也为蓄电池充电。蓄电池由7个锂电池串联组成，放电电压24伏。电源控制器由放电控制电路、充电分流控制电路、遥控遥测电路和电容阵等组成，主要功能是控制和管理电源分系统的能量，分配调节太阳能电池帆板的输出功率、控制蓄电池组充电和放电等。

6. 热控分系统

热控分系统用于巡视器的温度控制，保证巡视器工作时舱内设备的温度在−20~55℃之间；休眠期间舱内设备温度控制在−50~70℃之间，确保巡视器安全度过月夜极端寒冷环境以及月昼高温环境。热控分系统采用了多种装置来控制温度，包括放射性同位素热源和两相流体回路系统、多层隔热组件、光学太阳反射镜（OSR）、热控白漆、电加热器、测温热敏电阻以及加热控制器等。我们从玉兔号照片上看到它的外表银光闪闪、耀眼夺目，那是多层隔热组件反光造成的（见图3）。

7. 测控数传分系统

测控数传分系统的工作，一是与地面站建立无线电链路，接收地面的遥控指令，并向地面发送遥测数据和探测数据，确保与38.4万千米之外的地球的通信联系；二是与着陆器建立通信链路，向着陆器发送遥测和探测数据。测控数传分系统由X频段的接收天线、发射天线、定向天线、应答机和固态放大器，以及特高频（UHF）无线电频段的发射机、发射天线等组成。

图 3　玉兔号月球车

巡视器使用 X 频段与地球通信。地面向玉兔号发送遥控信号时，由 X 频段接收天线接收信号，接收到的信号经过 X 频段应答机调解，然后发送给综合电子分系统，由综合电子分系统的遥控模块进行处理，随后转给相关分系统执行遥控指令。玉兔号向地球发送遥测信号和探测数据时，需要发送的信号由综合电子分系统发给 X 频段应答机进行调制，再经固态放大器放大，然后由 X 频段发射天线或定向天线发给地面站，比如用定向天线将探测数据发回地球。玉兔号与停留在月面的着陆器通信时，使用 UFH 频段，需要发送的遥测数据或探测数据，由 UFH 频段发射机通过 UHF 发射天线发送给着陆器，着陆器再将这些数据转发给地面。

8. 有效载荷分系统

有效载荷分系统承担对月球的科学探测任务，由全景相机、红外成像光谱仪、测月雷达、粒子激发 X 射线谱仪等科学探测仪器组成。

2018 年 12 月，玉兔二号巡视器随着嫦娥四号探测器发射升空，和嫦娥三号的玉兔号巡视器相比，玉兔二号只是进行了部分调整，比如取消了机械臂，更换了有效载荷，但它们的系统组成、结构、功能等基本相同。

42 玉兔号巡视器与嫦娥着陆器如何分离？

嫦娥三号由着陆器和巡视器组成，在发射、奔月、下降和着陆过程中，巡视器一直位于着陆器的顶端，两器紧紧地固定在一起，可以说着陆器是驮着巡视器来到月面的。在月面安全着陆后，巡视器要从着陆器的顶端转移到月球表面，以便开展月面巡视勘察，这个转移过程称为“两器分离”，这是一个着陆器释放与转移巡视器的复杂过程。从着陆器顶端到月面的距离大约2.2米，要使巡视器从这么高的位置安全到达月面，不是一件容易的事情。

为了实现“两器分离”，设计师们研制了一套称为“转移机构”的巧妙装置（见图1），用于将巡视器转移到月面。这个装置主要由展开铰链、悬梯组件、展开联动机构、压紧释放机构、四连杆机构、缓释机构等组成。在“两器分离”之前，转移机构一直处于压紧收拢状态，在两器分离过程中，它将释放展开。

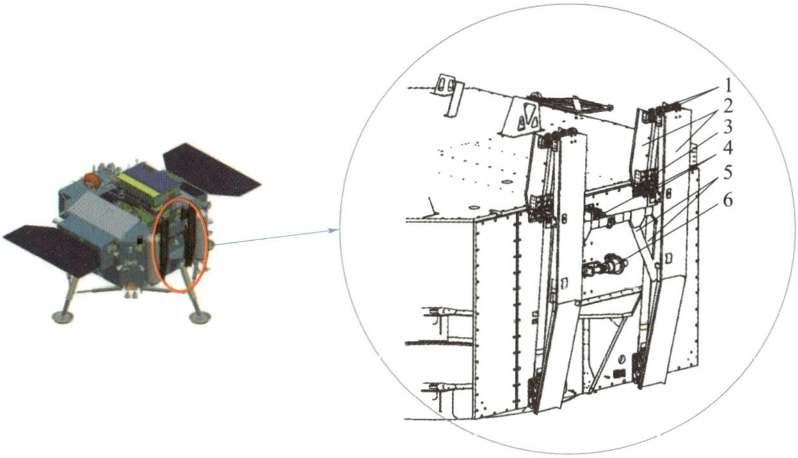

图1　转移机构组成示意图

1. 展开铰链；2. 悬梯组件；3. 展开联动机构；4. 压紧释放机构；5. 四连杆机构；6. 缓释机构

在月面着陆后，地面控制着陆器和巡视器采取多项措施，如着陆器为巡视器充满电，地面测控系统与巡视器建立测控链路，地面控制完成初始状态设置等。在两器分离过程中，将采取一系列关键步骤（见图 2）。

1）转移机构解锁。转移机构的压紧释放机构释放悬梯组件，在展开铰链和展开联动机构的作用下，悬梯组件由压紧收拢状态到完全展开，然后锁定，形成可使巡视器通过的可靠通道，见图 2 的（1）~（3）。

2）两器分离解锁。将巡视器和着陆器固定在一起的压紧点全部解锁。此外，在地面控制下，还要对巡视器移动电机、惯性测量单元等装置加电。

3）巡视器完成转移准备。在地面控制下，巡视器太阳能电池帆板和桅杆从合拢状态展开到位，对巡视器的移动系统加电，对太阳敏感器加电，着陆器与巡视器之间的电连接器分离，电缆脱落。

4）巡视器移动至转移机构上。在地面控制下，将约束巡视器移动的连接锁和车轮压紧机构解锁，随后巡视器自行移动至转移机构的悬梯上，到达正确位置并停止移动。地面测控系统通过传回地球的遥测数据和监视相机拍摄的图像，判断巡视器是否移动到位，见图 2 的（4）。

5）转移机构带着巡视器转移。巡视器静止地停在转移机构的悬梯上，转移机构通过缓释机构电机和缓释绳，缓慢释放四连杆机构，四连杆机构在巡视器重力和缓释机构共同作用下向下转动，将悬梯缓慢下放，直到悬梯末端接触到月面，见图 2 的（5）~（6）。

6）巡视器驶离。地面控制转移机构释放巡视器，随后巡视器驶离转移机构。到此，巡视器释放分离结束。

在两器分离的过程中，地面人员通过测控系统始终监视着分离过程。地面控制着陆器上的 3 台监视相机先后开机，并将拍摄的影像传回地面；地面控制巡视器上的导航相机、全景相机和避障相机开机，将拍摄的影像传回地球；转移机构上安装有测量角度的角位移传感器，可以测量四连杆机构展开的角度，测量数据也传回地面。地面根据遥测数据以及监视相机的图像等信息，全程监视和判断两器分离情况。

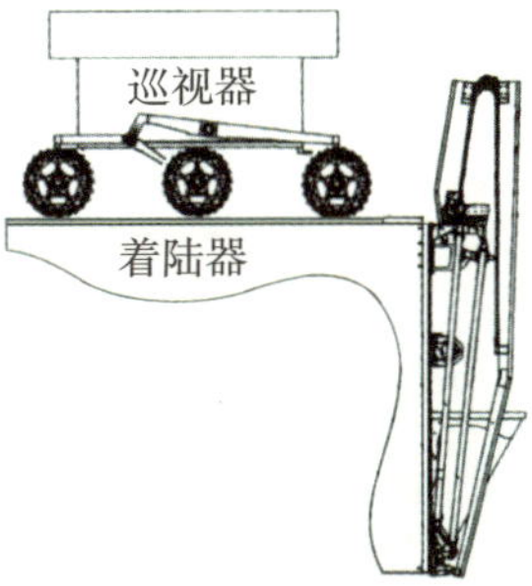

(1)

转移机构处于压紧收拢状态。巡视器位于着陆器顶端，与着陆器连接锁紧在一起

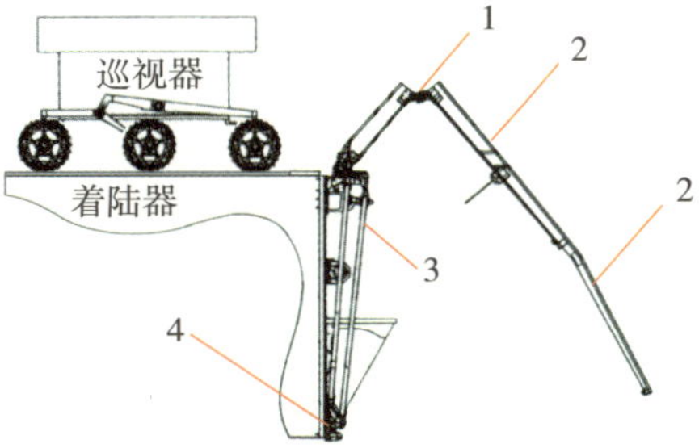

(2)

转移机构解锁，压紧释放机构释放悬梯组件，转移机构在展开铰链及展开联动机构的作用下展开

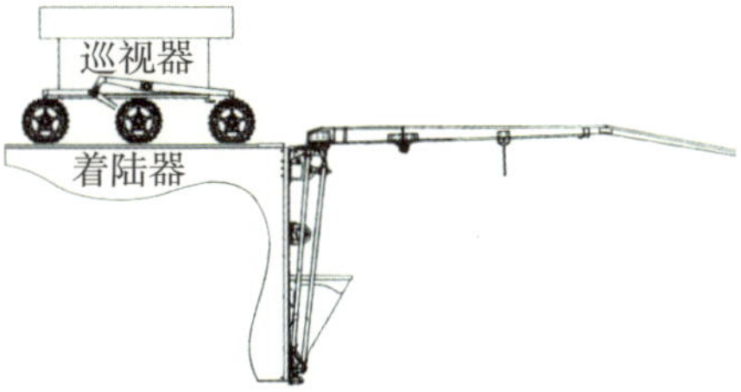

(3)

悬梯组件展开并可靠锁定，形成巡视器通过的可靠通道

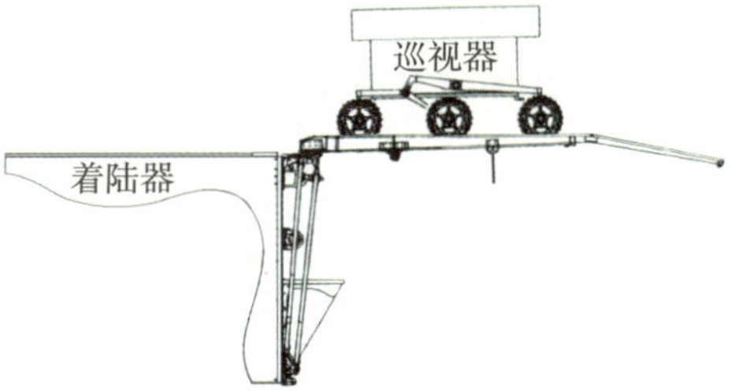

(4)

巡视器自行行驶到悬梯上并停止于正确位置，地面测控系统根据传回的数据确定巡视器移动到位

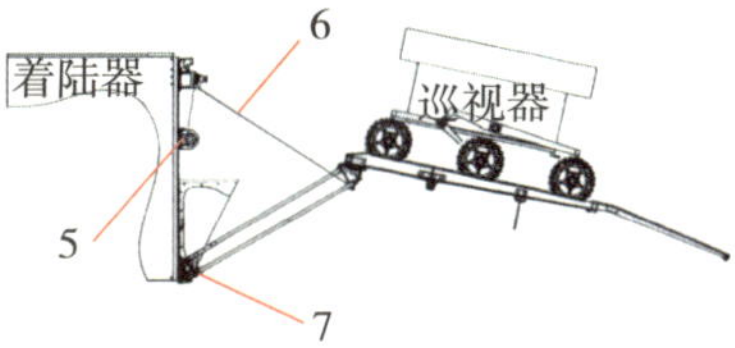

(5)

转移机构的缓释机构电机和缓释绳工作，缓慢释放四连杆机构,四连杆机构在巡视器重力和缓释机构共同作用下向下转动，将悬梯缓慢下放

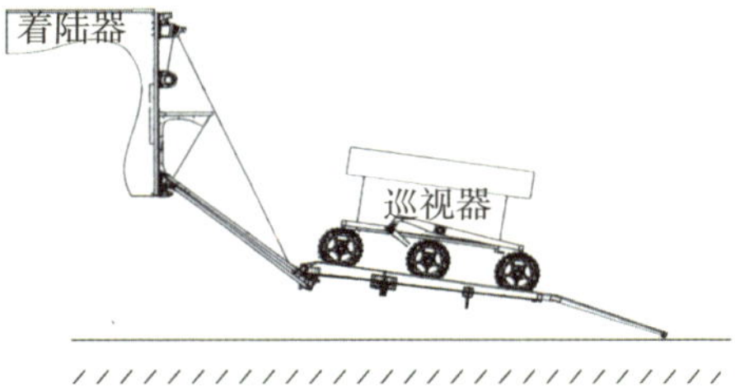

(6)

转移机构悬梯组件前端触地。随后，地面控制巡视器驶离转移机构，巡视器释放分离结束

图 2　两器分离过程示意图

1. 展开铰链；2. 悬梯组件；3. 四连杆机构；4. 四连杆基座组件；5. 缓释机构；6. 缓释绳；7. 角位移传感器

43 玉兔号与着陆器如何互拍?

嫦娥三号落月后，着陆器和玉兔号巡视器先完成分离，巡视器来到月球表面，然后要做的第一件事就是巡视器和着陆器互相拍照，再将拍摄的影像传回地球，这被称作“两器”互拍。

巡视器或着陆器使用自己携带的相机“自拍”，只能拍摄自身的局部影像，而通过“两器”互拍，能够拍摄巡视器和着陆器的“全身像”，可以让我们从不同角度真切地观察它们。进行“两器”互拍，不是单纯地让“两器”在月面上留个影，也是工程上的需要。通过“两器”互拍，地面控制人员能够看到着陆器在月面着陆后的姿态，观察展开的太阳能电池帆板上是否落上了月尘，经过着陆冲击后着陆器是否安全无恙，同时利用互拍影像也了解着陆点周围的月面情况，为下一步行动提供帮助。

嫦娥三号着陆器和玉兔号巡视器从5个不同的位置、以5个不同的角度进行互拍（见图1），巡视器从X点出发，历经X—A、A—B、B—C、C—D、D—E共五段行驶，经过约20个小时的艰难跋涉，先后在A、B、C、D、E共5个成像点进行两器互拍，最终“两器”把对方定格在月球的背景中。

在互拍过程中，着陆器利用安装在桅杆上的一台地形地貌相机对准巡视器进行拍摄，拍摄前通过转动桅杆使镜头对准巡视器；巡视器则使用安装在桅杆上的一对全景相机对着陆器拍照，拍摄前同样使镜头对准着陆器。在前4个成像点位置，每次拍摄时，两器之间相隔的距离均为10米。巡视器在5个不同的成像点，可以从不角度拍摄着陆器，获得着陆器背面、后侧面、前侧面以及正面的图像（见图2）。在D点、E点位置，巡视器与着陆器正面相对，双方在D点均可以清晰地拍摄对方携带的五星红旗。

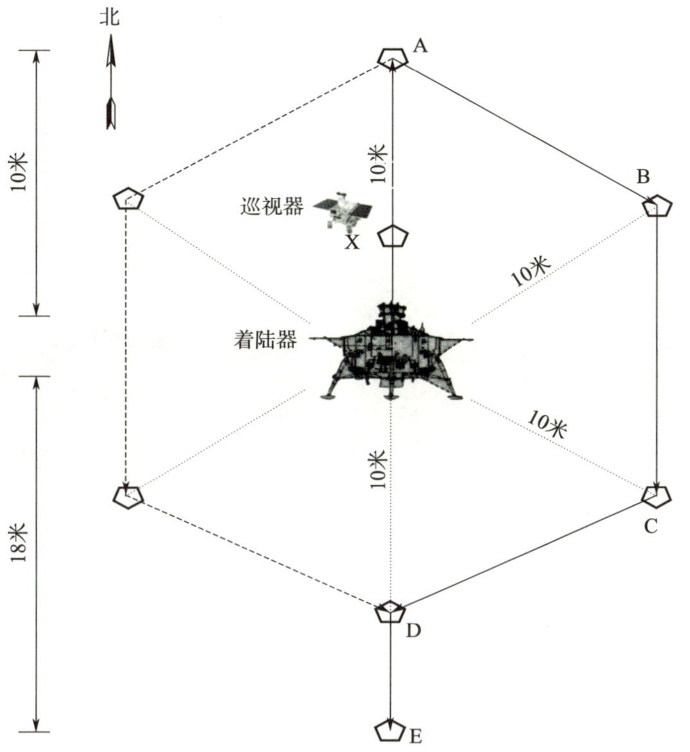

图 1　嫦娥三号着陆器与巡视器互拍过程示意图

着陆器与巡视器互拍的第一件事，是根据阳光照射的方向，给“两器”互拍划定巡视器的路线。如果“两器”在月球上午完成分离并开始互拍，阳光在上午来自东南方向，巡视器走右半圈（沿实线）。如果下午完成分离并开始互拍，巡视器走左半圈（沿虚线）。实际情况是，巡视器沿右半圈行驶。

巡视器历经了 5 个行驶阶段，每一次行驶的里程不超过 10 米，但在满布月尘与岩石的月球却显得极为艰难，每次都是通过地面控制完成的。从 X 点行驶到 E 点，在每一个成像点位置，巡视器均使用安装在桅杆上的一对导航相机，对下一个成像点方向进行拍照，并将图像数据传回地面。地面系统对导航相机图像数据进行处理，生成月面地形三维场景图像，并利用三维图像和测控数据，确定巡视器的具体位置和姿态，然后为巡视器下一步行驶进行导航规划，形成遥控指令和注入数据，控制巡视器移动到下一个成像点。在巡视器围着着陆器绕行了半个圆（180°）后，还要完成转身动作。

巡视器为着陆器拍摄的照片，A背面，B后侧面，C前侧面，D正面

着陆器为着巡视器拍摄的照片，右下图是在D成像点拍摄的正面图像

图 2　嫦娥三号“两器”以不同角度互拍的影像

为了顺利完成互拍，巡视器和着陆器还完成了许多操作。在两器互拍之前，着陆器和巡视器均已打开了太阳能电池帆板，给蓄电池充电；巡视器从内部伸出安装了2台全景相机和2台导航相机的桅杆。在X点，巡视器需要调整太阳能电池帆板对准太阳，利用太阳能充电；对相机拍摄任务进行规划，以便控制相机进行成像；控制巡视器上的定向天线对准地球，以便将巡视器获得的数据传回地球等。

巡视器和着陆器在E点完成最后一次互拍后，结束互拍任务，在松散月壤上，巡视器留下了几厘米深的车辙，画上了两器互拍的休止符，为下一步进行月球科学探测做准备。

44 玉兔的车轮为何与众不同?

没有汽车车轮的革命就没有世界汽车工业的发展，通过这句话就可见车轮对汽车的重要性，汽车行驶速度的快慢主要取决于发动机，但车轮却肩负着实现这一使命的职责。

随着车辆的普及，车轮的变革也与时俱进，从而使得车辆有更快的速度、更强的越野过障能力、更稳定的乘坐舒适性。同样，玉兔号也有同样的要求，不过不同于地面车轮比较笨重、单轮质量较大、车轮大部分为橡胶材料（这种材料在太空高低温、辐射环境下很容易失效变形从而失去作用），玉兔需要更轻量、抗高低温、耐辐射的月面车轮，这急需我们的设计师去探究与研制。

车轮是玉兔号的重要组成部分，在玉兔整个工作期间，负责支撑玉兔自重和承受相关载荷，适应月面各种地形地貌，使得玉兔在月面畅通无阻，如图 1 所示。

图 1　玉兔车轮

考虑到月球的复杂地形环境，着陆区分布着不同的撞击坑和石块，同时玉兔号重140千克，必须具备一定过坑越障能力，对车轮的技术能力有不小的挑战。

为适应月面高低温环境、保证松散月壤下的通过性，设计师们首先选择刚性轮作为初步车轮类型；同时以筛网胎面车轮和壳体胎面车轮为性能对比目标进行台架试验，通过车轮性能指标对车轮构型做进一步的优化选型，最终选择了带棘爪的筛网胎面构型车轮。

车轮胎面构型的设计内容主要包括棘爪构型与布局、胎面的几何尺寸（直径、宽度和弧度）、车轮胎面的类型等。构型的各种因素对车轮的行驶性能具有重要的影响，是车轮设计的主要内容之一。车轮的几何尺寸设计是在车轮包络要求的基础上进行的。地面车轮设计经验表明，从单轮的行驶性能考察，车轮的直径和宽度越大，车轮的牵引性能越好，较大的车轮直径和车轮宽度可以增加车轮的接地面积，从而提高车轮的附着性能，使之不容易打滑，而且车轮直径对行驶性能的影响更大。

选择筛网胎面构型的车轮，不仅可以减轻车轮的质量（车轮仅735克），还由于轮子的胎面是网状的，车轮在行驶过程中，可以一边行驶一边把月壤漏掉，使车轮始终“轻装上阵”。在车轮上的外表面上，等间距地分布着多个锯齿形结构，叫做棘爪，这些棘爪能够帮助车轮稳稳地抓住月面，从而有助于玉兔号通过松软、干燥的月壤表面，提高玉兔巡视器的通过性。此外，玉兔巡视器与着陆器分离时，将利用转移机构的导轨悬梯从着陆器顶面下降到月面，在两器分离前，玉兔巡视器通过轮子上的棘爪与导轨悬梯上的棘齿咬合，可稳稳地停在导轨悬梯上；在分离下降过程中，当释放机构的悬梯存在倾斜角度时，通过棘爪与棘齿的咬合，可防止导轨悬梯上的玉兔号车轮滑动，确保玉兔号稳步安全地下降到月面。

综上所述，以车轮行驶性能为优化目标，确定玉兔车轮构型采用带棘爪的筛网胎面构型与外形参数，同时满足各项技术指标，保障玉兔号在月面顺利执行各项任务。

45 玉兔为何原地打转？

说到玉兔号“原地打转”，其实并不是玉兔一味地原地转圈，而是有特殊目的的。首先要讲到月面的复杂环境，月球表面的地形是由陨石撞击形成的，持续不断的微流星体撞击、太空风化、静电尘埃迁移、热环境变化等，使月球形成了极端精细和松散型的月壤。由于陨石撞击是随机的，与地球的地质特征相比，地形分布不规则的部分显得特别多。玉兔号和玉兔二号的着陆点地形地貌如图 1 所示。

玉兔一号着陆点地形地貌　　玉兔二号着陆点地形地貌

图 1　月面地形地貌

嫦娥三号着陆于月球正面虹湾月海地区，嫦娥四号着陆于月球背面南极－艾特肯盆地内的冯•卡门撞击坑。月面环境复杂，月海区域的最大坡度为 17°，撞击坑外侧的坡度一般为 5°，大多数裸露在月球表面的岩石以及风化的碎块直径小于 20 厘米。在这样的区域行驶，对月球车是个极大的考验。为了保障月球车的行驶安全以及提高月球车的工作效率，使其在大部分情况下能顺利行驶，月球车研制人员设计了通过原地转圈变换前进方向的运动模式，既减小了月面环境的不利风险，又增加了其在崎岖路面运动的灵活性。

考虑到科学勘察需求，玉兔不仅要能在月表大部分地区行驶，具备极灵活的移动转向能力，躲避超过20厘米的凸起石块和凹陷坑，寻找合适的路径进行探测；还需要在找到科学探测位置后，开展原地转向探测，即通过原地转向进行定点探测。

除此之外，玉兔号成功唤醒的标志是玉兔号所有的零部件包括软件都能正常工作，而最能证明各个部件能正常工作的动作就是原地转圈，因而，原地转圈也是玉兔号度过月夜并唤醒之后的必做动作。

46 玉兔如何在月面行走?

玉兔巡视器月面行走主要分为两种模式：遥操作和自主驾驶，其中以遥操作为主。玉兔遥操作利用遥测和数传数据在地面逐步获取玉兔在月面的状态和环境信息，完成玉兔工作状况运动控制，生成控制策略并对其进行仿真与验证，支持玉兔在月面运行。我们以玉兔二号为例，说说玉兔巡视器是如何通过遥操作在月面行走的。

操控玉兔二号探测，是北京航天飞行控制中心月球车“驾驶员”们的目标。但月背最远距离地球40多万千米，在如此遥远距离的情况下“驾驶”月球车，可不像在地面开车那么简单，这就不得不有效利用月面遥操作技术。

作为控制玉兔二号的主要手段，月面遥操作技术包括感知、规划、执行、休眠、唤醒五大部分。感知就是使用月球巡视器上的导航相机对月面进行拍照成像。由于导航相机为双目结构，可以对同一物体拍摄两张不同角度的照片。根据这两张照片，地面人员可以还原出月面的数字影像图，从而判断出月面地形的具体情况，包括撞击坑的宽窄、深浅，石块的大小、距离等信息。

在拍照感知到玉兔所处周围环境信息后，地面控制人员依据月面数字影像图和科学家团队确定的探测目标点，按月球车的越障、爬坡等通过能力，规划出一条月球车行驶的安全路径，并设定从起点至终点的各个导航点。这一过程，就像是我们在地面开车导航一样，给定目的地，导航定位系统根据地图和所处的周围环境，规划出一条最优的抵达路线。

确定好路线以后，接下来就到了实施层面。北京航天飞行控制中心的遥操作人员将规划结果转换成控制指令，通过地面深空站发送到鹊桥中继星，再由鹊桥中继星将指令转发给月背的玉兔二号月球车，玉兔二号在接到指令后就会按指令要求完成移动。

自动驾驶就是地面工作人员输入行驶目的地，月球车自身根据设定的安全路径判断准则，完成路径规划并行驶至目的地。

47 玉兔的行走速度如何？能走多远？

在过去两年多里，嫦娥四号着陆器开展定点探测“静若处子”，玉兔二号月球车开展巡视探测，则是“动若脱兔”。一静一动，在遥远的月球背面上演着一道“勤劳拓荒”的风景线。

玉兔的行进速度约 200 米 / 小时，大约一分钟也就 3 米多点，当然玉兔并不是去比拼速度的，因为月球上并没有像样的路，月面路况也未知，并且在遇到大的障碍物时，还会在回路中进行人工分析与介入控制，因此它的速度并不高，但不会影响它开展工作，截至 2022 年 1 月 6 日，玉兔二号在月面工作接近 1100 天、行驶里程突破 1000 米。

玉兔在行驶时，车轮所受的外力主要来自三个方面，一是车轮下月壤的支撑力，二是驱动电机的驱动力，三是整车载荷通过车轴对车轮施加的重力。为了让玉兔在月球上走得更安全、更远，达到我们设计的运行距离与寿命，需要进行寿命试验（见图 1）来验证，试验时车轮的受力状况能够模拟车轮正常行驶时的受力状况。通过控制横移平台在土槽中往返移动，可以使测试车带动车轮在土槽中的模拟月壤表面实现往返行驶，当往返行驶的总距离达到车轮寿命试验要求的行驶里程时，就完成项目所要求的寿命考核试验了。

图 1　寿命试验

为了更真实地模拟月面工作环境，在高低温防尘寿命试验过程中，将防尘密封部位埋在模拟月壤中，在考核驱动机构寿命的同时，兼顾考核其防尘密封性能。

玉兔车轮完成了地面2倍载荷下20千米寿命验证，驱动机构累计完成了37378转加载寿命，同时开展了常温下玉兔移动能力件试验，统计移动里程不小于18千米。

48 玉兔二号与着陆器如何联系？

玉兔二号在月背旅行时，需要地球上的科学家们实时地指导它的旅行路线、关注它的健康状态；而它在旅行中拍的照片、探测的数据也需要送回地面，让科学家们做研究。这些信息的传递由一条看不见的传输线来完成，这个传输线就是测控数传，测控数传将科学家们和玉兔二号之间需要交换的信息通过特定的方式调制在某一固定频率的电磁波上，通过空间中电场和磁场的波动变化来完成信息的传递。

电磁波的传播有一个特性，就是“走直线”，它不会自己主动拐弯。就像是我们人类的目光，眼睛与想看的东西之间必须没有任何遮挡物我们才能看见。电磁波也是如此，传统的卫星、航天器只有在能“看见”地面测控站，也就是与地面测控站之间无遮挡的时候才能进行测控数传。我们的嫦娥四号比较特殊，它落在月球的背面，因为“潮汐锁定”的效应，月球绕地球公转与自转的周期一样，因此在地球上永远只能看到月球的正面，月球背面的嫦娥四号与地面测控站一直都“不可见”（见图 1）。

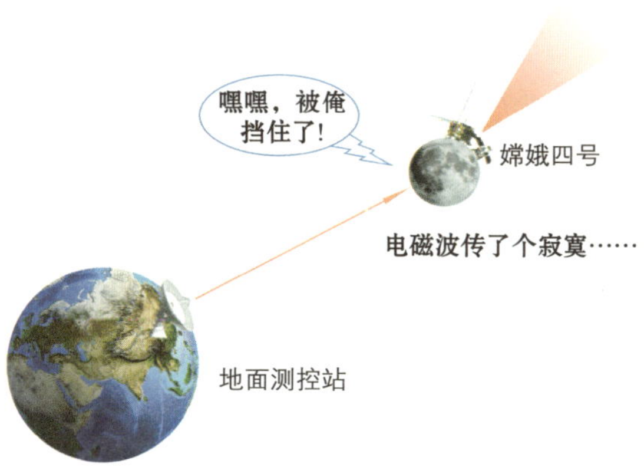

图 1　月球对电磁波的遮挡示意图

电磁波传不过去怎么办呢？没关系，这可难不倒我们的航天科技工作者。在嫦娥四号发射之前，他们先在地月拉格朗日 L2 点上布置了一颗中继星鹊桥，让电磁波拐了一个“太空弯”，鹊桥中继星就成了嫦娥四号着陆器和玉兔二号月球车与地球之间的信息“中转站”（见图 2）。

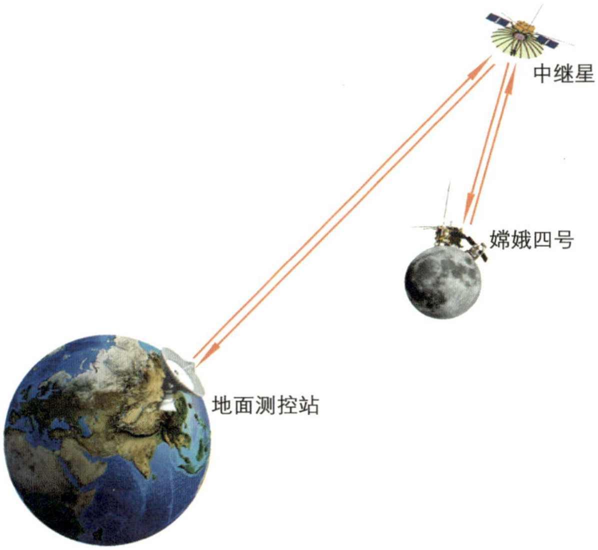

图 2　鹊桥中继示意图

我们在电视上看见玉兔二号前面的桅杆上有个大圆盘，后面有三根翘起的小尾巴，这就是测控数传的重要设备——天线（见图 3）。前面的大圆盘是定向天线，它个头大、能力强，同样的时间内能传输更多的信息；三根小尾巴中两边的两根是全向天线，它虽然没有定向天线传输能力强，但是却能保证玉兔二号在任何情况下都能与鹊桥中继星稳定通信；中间那根小尾巴是玉兔二号与着陆器通信使用的天线，与着陆器的通信是另一条重要的信息传输线，有助于玉兔二号更快、更高效地将“旅行日记”传回地面。

玉兔二号的测控数传有两种方式，一种是直接通过鹊桥中继星与地面通信，就像在地球上打卫星电话一样，卫星电话通过通信卫星的转发，让相隔万水千山的两个人能顺利地交流，鹊桥中继星则让月球背面的玉兔二号与地球上的科学家们实现信息交互。

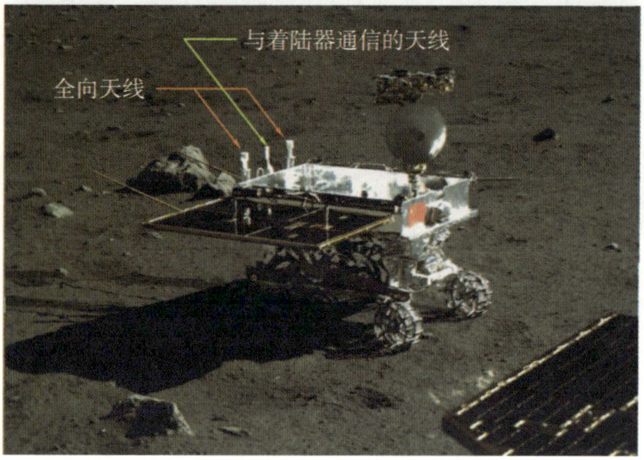

图 3　玉兔二号的天线

另一种方式就是通过着陆器的转发通信。玉兔二号的“旅行包”里装载了红外成像光谱仪、全景相机、中性原子探测仪、测月雷达等用于科学探测的装备，旅行中获得了大量宝贵的科学探测数据，像我们在新闻上看到的着陆器在月背的“英姿”、月球表面的土壤和环形山照片等。有那么多的数据需要传输，直接通往鹊桥中继星的传输线有时会忙不过来，这时候着陆器的传输线会帮忙分担。玉兔二号与着陆器之间的通信也是靠电磁波传输来实现，不过使用的电磁波频率有所不同，与鹊桥中继星之间的电磁波工作在 X 频段（约 7~9 吉赫兹），而传到着陆器的电磁波工作在 UHF 频段（约 300~1000 兆赫兹）；并且玉兔二号只能向着陆器发送数据，而不能接收着陆器的数据。

使用时，着陆器就像玉兔二号的一个单向 WiFi 热点，小兔子将数据先传输到着陆器上，再由着陆器转发给鹊桥号，最后通过鹊桥中继星传输回地球。着陆器、玉兔二号、鹊桥中继星与地面站之间的全链路通信示意图见图 4。

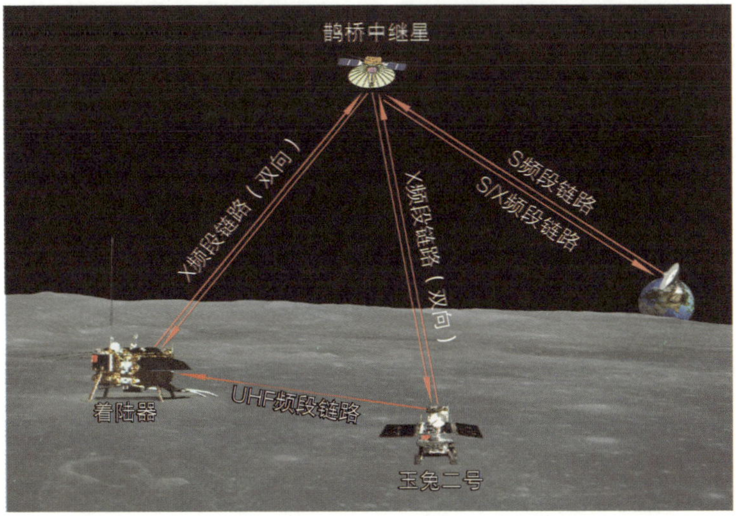

图 4　着陆器、玉兔二号、鹊桥中继星与地面站之间的全链路通信示意图

49 玉兔为什么需要休眠，如何自主唤醒？

玉兔为什么需要休眠？

“嫦娥奔月，玉兔捣药。”我们亲切地将中国着陆于月球表面的月球车命名为玉兔号，承载了千百年来中国人民对于月球的美好憧憬。目前月球表面上的月球车有玉兔号和玉兔二号。“玉兔为什么需要休眠？”多个方面综合考虑后，主要原因分为三个方面：月球独特的昼夜交替、玉兔供电模式和月夜超低温环境。

1. 月球独特的昼夜交替

和地球类似，月球也有自转，所以月球也有昼夜交替，不过月球上的一昼夜相当于地球上的27.32天。月球的一个夜晚就接近地球的半个月。由于有近14天的月夜，没有光照，不能利用太阳能电池帆板发电，会导致玉兔月球车没有能源供应，月球车不能进行工作。

2. 玉兔供电模式

玉兔的供电系统和我们的笔记本电脑类似。笔记本电脑接上电源线时，电网可以给电脑供电，同时也可以给笔记本电池充电；笔记本电脑电源线断开时，笔记本电池可以给电脑供电。同理，玉兔也有类似的供电模式，但月球上没有电网，靠的是玉兔携带的太阳能电池帆板进行供电。当太阳光照射在太阳能电池帆板上，太阳能电池帆板就能产生电能，给玉兔供电，并且也可以给玉兔携带的电池充电。光照不足或者没有太阳光的时候，就需要电池放电来给玉兔供电。

那么，问题来了，多大的电池才能满足玉兔在月球一个月夜（近14个地球日）的超长续航呢？蓄电池容量要达到672安时，相应的蓄电池的质量将达170千克左右。由于玉兔号月球车分配给电池的空间和质量有限，蓄电池的质量限制在5.14千克左右，相应的容量只有20安时，远远不能满足玉兔度过一个月夜所需的电量。玉兔二号总质量约为140千克，从月球车小型化、轻量化的设计角度来看，大容量的电池是不能接受的。

3. 超低温环境

另外，由于月面上几乎没有空气，白天太阳直射的温度高达127℃；晚上，月面上的温度会降到−190℃。为了月夜的保温，玉兔号携带了放射性同位素^{238}Pu，它会在漫漫月夜里通过衰变提供稳定的热量，使玉兔号车体内的温度不至于很低。但是所携带的核能只能保证舱内设备温度在−50℃以上，大多数设备在如此低的温度下已不适合工作，同时玉兔所携带的锂离子蓄电池也不能在−50℃为玉兔号搭载的电子设备供电。

综合上述问题，研制人员创新性地提出了休眠唤醒的概念。依靠休眠唤醒功能，玉兔日出而作，日落而息，再也不用为月夜的供电问题担忧。当太阳缓慢升起时，玉兔便开始了忙碌的14天（地球日），开展科学探测。当月夜降临时，玉兔为自己找好栖身之所，开始进入休眠。在一个漫长的月夜里，玉兔号“不吃不喝”，保存“体力”，等待着月昼时分醒来。

玉兔如何自主唤醒?

玉兔号采用太阳能电池帆板–蓄电池组电源系统，在月昼期间，太阳能电池帆板为玉兔所携带的各类设备提供能源，同时还为其所携带的锂离子蓄电池组充电。在无光照时，太阳能电池帆板不能发电。由于月夜长达近14天（地球日），太阳能电池帆板无输出情况下，玉兔号所携带的锂离子蓄电池组不足以维持14天月夜的能源需求，因此玉兔号在近14个地球日的月夜期间进行休眠。当进入月昼，太阳缓慢升起，玉兔检测到月昼到来，通过自身的休眠唤醒系统，就慢慢地苏醒了。

1. 唤醒控制系统

玉兔的休眠唤醒控制系统包括：唤醒检测装置、自主触发唤醒电路、二次电源唤醒控制电路、脉冲发生电路、蓄电池组放电唤醒控制电路及母线供电唤醒控制电路。

唤醒检测装置是一种电流检测电路，它可以将太阳能电池帆板的输出电流信号转化为电压信号，提供给自主触发唤醒电路进行决策。

自主触发唤醒电路能够接收来自唤醒检测装置的信号，对信号进行决策，并将决策的结果发送给二次电源唤醒控制电路。

二次电源唤醒控制电路收到来自自主触发唤醒电路“开通”决策的时候，产生12伏的电给玉兔的控制芯片供电。

脉冲发生电路在12伏电源产生的时候，先后给蓄电池组放电唤醒控制电路及母线供电唤醒控制电路发送“开通”信号。

蓄电池组放电唤醒控制电路接收来自脉冲发生电路的“开通”信号后，蓄电池组开始放电开关接通，允许蓄电池组给玉兔供电。

母线供电唤醒控制电路接收来自脉冲发生电路的“开通”信号，母线供电开关接通，玉兔的电源系统开始给玉兔供电，玉兔号被唤醒，开始工作。

2. 唤醒控制逻辑

玉兔号月夜为休眠状态，所携带的各类设备均为“断”状态。出月夜后，太阳能电池帆板受到太阳光照，产生的输出电流从零缓慢增大，唤醒检测装置检测太阳能电池帆板输出电流的大小，同时将太阳能电池帆板输出的电流信号转换为电压信号。当太阳能电池帆板输出电流达到设定值时（即达到唤醒条件，保证太阳能电池帆板功率满足预期需求），自主触发唤醒电路将发出二次电源启动信号。二次电源唤醒控制电路接收到信号后启动二次电源电路，输出12伏电压给其他控制电路供电。12伏电源建立后，控制电路工作，发出两条控制信号，一是启动蓄电池组放电唤醒控制电路，接通蓄电池组放电开关，允许蓄电池组给玉兔供电；二是启动母线供电唤醒控制电路，接通母线供电通路，玉兔的电源系统开始给玉兔供电。通过先启动蓄电池组放电控制电路后再启动母线供电唤醒控制电路，从而保证蓄电池组接通后，玉兔号具备太阳能电池帆板供电和蓄电池组供电双重保险，才接通母线供电通路，提高了母线供电的安全性。当玉兔号母线供电通路接通后，玉兔号醒来，又开始了新一轮月昼的忙碌工作。

50 玉兔携带了哪些探测设备？

玉兔号和玉兔二号巡视器由嫦娥三号和嫦娥四号带到月面，一个着陆在月球正面虹湾地区，一个着陆在月球背面的冯·卡门撞击坑，它们各自携带了四台科学探测设备，对月球开展了广泛的探测活动。其中，玉兔号携带了全景相机、测月雷达、红外成像光谱仪、粒子激发 X 射线谱仪；玉兔二号将玉兔号的粒子激发 X 射线谱仪换成了月表中性原子探测仪，其他三种设备与玉兔号的相同，但进行了技术改进。

1. 全景相机

全景相机是玉兔号和玉兔二号巡视器携带到月球表面的可见光相机，主要拍摄月球表面的三维图像，满足巡视区地形地貌研究、撞击坑调查、月球地质构造解析等科学目标的需要。

全景相机由两台功能、性能完全一样的相机组成，它们像人类的双眼一样，利用双目立体成像原理获得立体图像。单台相机可以拍摄月面目标的二维平面图像，在双相机获得目标的二维平面图像后，经过处理可重构形成三维立体图像。相机的视场为 19.7° × 14.5°，可以拍摄 3 米以外到无穷远距离的图像，也可拍摄沿途月表岩石等物体的高分辨率特写，或者进行全景拍摄和 360° 环拍，获得黑白或彩色图像。

两台相机并排安装在巡视器顶部的桅杆上，距离月面约 1.5 米，与人眼与地面之间的距离相近，视线和人眼视线相仿，巡视器边走边拍，传回地面的图像如同登月航天员在月面看到的情景。除了用于科学探测，全景相机还承担辅助导航任务，玉兔在月面上走走停停，每当它要走下一步时，都需要全景相机先拍立体全景图，地面人员再根据图像分析哪里可以作为下一个到达的目的地，为巡视器的路径规划提供依据；全景相机还用于“两器互拍”，可获得着陆器着陆后工作状态的彩色照片。

2. 测月雷达

测月雷达是玉兔号和玉兔二号巡视器用来探测月球浅层地质结构的科学设备，随着巡视器行驶，一边移动一边向月表下面发射电磁脉冲信号，脉冲信号遇到障碍时发生反射和散射，形成回波，通过接收和分析回波信号，测月雷达可以获得月球地下浅层地质结构的数据。这个过程有点像医生用B超检查人体内的脏器，因而被比喻成为月球“做B超”。

3. 红外成像光谱仪

红外成像光谱仪是用来探测月表矿物组成的科学设备。人类眼睛和家用照相机只能在可见光范围观看或拍摄外部世界，而红外成像光谱仪能够在人眼无法察觉的红外光谱范围“观察”月球表面的物体，并利用分光技术对进入“镜头”的月表物体反光按选定的波长进行分光，实现光谱细化，从而获取月表物体反射的红外光谱图（见图1）。由于任何物体都有其特定的光谱特征，如反射、吸收某些红外谱段和发射某些谱段的红外线的特性，因而根据红外光谱图可以鉴别月球表面的物质，确定其矿物组成。

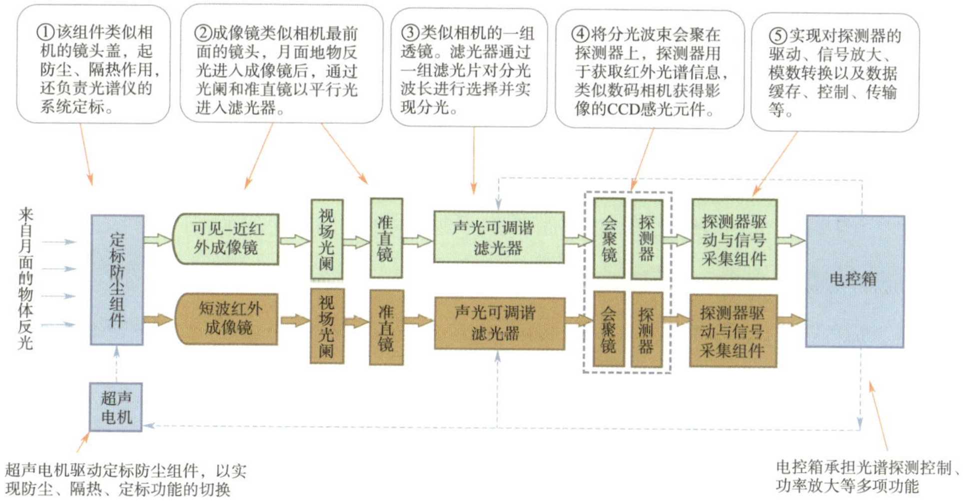

图1　红外成像光谱仪的组成与工作原理

玉兔号和玉兔二号巡视器的红外成像光谱仪工作在可见–近红外谱段（波

长 0.45~0.95 微米）和短波红外谱段（波长 0.9~2.40 微米），由可见–近红外成像镜、短波红外成像镜以及定标防尘组件和电控箱等组成。它安装在巡视器的正前端，当巡视器到达预定的科学考察地点并停止移动时，就可以对巡视器前方 0.7~1.3 米范围的月面物体进行精细的红外光谱信息获取（见图 2），为月面矿物组成分析提供科学数据。科学家们利用红外成像光谱仪已获得多项重要发现，比如证明了南极–艾特肯盆地存在以橄榄石和低钙辉石为主的深部物质，为分析月幔物质组成提供了证据，加深了人类对月球形成与演化的认识。

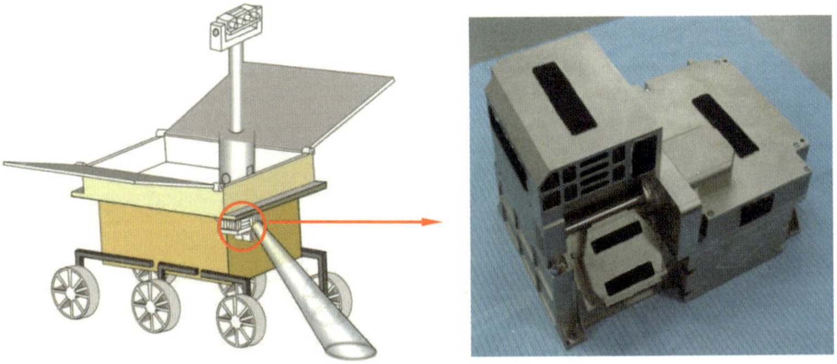

图 2　红外成像光谱仪实物及其工作状态示意图

4. 粒子激发 X 射线谱仪

粒子激发 X 射线谱仪（APXS）是玉兔号巡视器携带的科学设备，安装在玉兔号的机械臂末端，通过巡视器和机械臂移动，可以对月壤和月岩的化学成分进行精确测量。这台科学设备携带了可以发射 X 射线的激发源，其发射的 X 射线轰击月表物质，月表物质元素受轰击后可产生特征 X 射线荧光。由于不同化学元素产生的特征 X 射线不同，APXS 根据这一原理可对月表物质成分进行探测。APXS 装有激发源、接收特征 X 射线荧光的探测器以及电子学装置等设备，通过探测月表元素的特征 X 射线荧光，并根据特征 X 射线的能量和强度，可以获得月表元素的种类和丰度信息。2013 年嫦娥三号落月后，利用这台设备成功实现了对巡视区的镁、铝、硅、钙、钛、铁和钾等七种主量元素，以及铬、锶、钇和锆等四种微量或痕量元素的高分辨率测量。

5. 月表中性原子探测仪

月表中性原子探测仪是玉兔二号巡视器携带的科学探测设备，它由瑞典空间物理所研制，中国科学家承担设备性能测试工作，并与瑞典方面共同开展科学研究工作。中性原子探测仪的主要任务是在月球表面测量太阳风与月表相互作用后产生的“能量中性原子”。通过这项探测，可以了解太阳风与月表的相互作用机理，研究月球外逸层的形成过程及机制。

51 嫦娥探测器如何从月球回望地球?

嫦娥三号远赴月球开展科学探测活动，但它探测的目标不仅限于月球，还包括了自己的地球家园，而这个探测目标就是围绕在地球周围的地球等离子体层。嫦娥三号前往月球时，着陆器专门携带了一台极紫外相机，这台相机是用来拍摄地球等离子体层的，由于这项科学任务是研究地球，因而被科学家们形象地称作“看地”任务。

地球等离子体层是一个环状的冷等离子体聚集区域，它位于地球之外2~7个R_E（R_E表示地球半径，约6371千米）范围、南纬和北纬60°以下的区域内（见图1）。当来自太阳的辐射与地球等离子体层中的离子作用时，会出现一种有趣的“共振散射”现象——共振散射太阳光中的极紫外辐射，散射点离子密度越大时，极紫外辐射的散射强度越强。根据这个道理，就可以利用极紫外相机对等离子体层的极紫外辐射进行成像，再通过对成像结果的分析，来研究地球等离子体层的离子密度分布和变化。

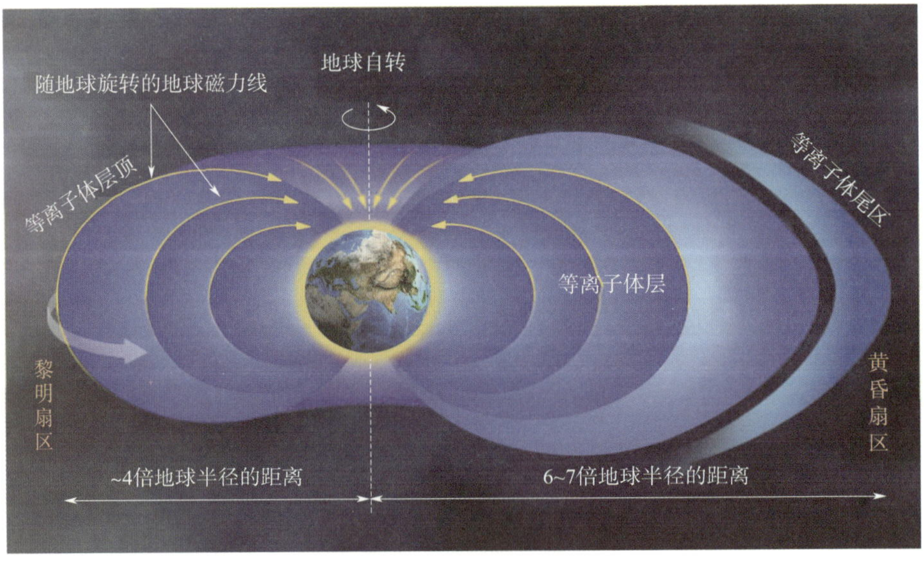

图1　地球等离子体层示意图

太阳活动，比如太阳耀斑和日冕物质抛射等，都产生剧烈的太阳辐射，对地球磁层和中高层大气中人造地球卫星的运行安全，以及地面通信和人类健康，带来影响和危害，人们把这种由太阳活动引起的变化称为空间天气。太阳耀斑和日冕等对地球等离子体层产生强烈影响，导致等离子体层出现变化，而其变化过程又对地球内部磁层结构和近地空间环境产生影响。利用嫦娥三号极紫外相机拍摄地球等离子体层的极紫外图像，科学家就可以通过图像观测和研究太阳剧烈活动期间，等离子体层对地磁活动的响应，实现地月空间的天气监测预报。

嫦娥三号着陆器是人类首次在月球上开展极紫外天文观测的月球探测器，它的极紫外相机（见图2）安装在着陆器的顶部，利用月球自转缓慢、月球上没有大气层对极紫外光的吸收等特殊的有利条件，通过二维指向机构的转动，可以对地球等离子体层进行大尺度、整个轮廓成像，将其尽收眼底，实现稳定、连续、全方位的跟踪观测和拍摄，而这些在地球上是无法实现的。极紫外相机选择的工作谱线为波长30.4纳米的极紫外光，这是极紫外天文观测中最重要的谱线之一。

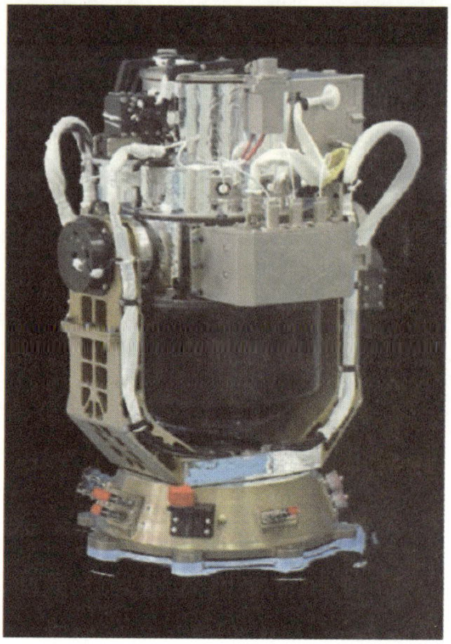

图2　嫦娥三号着陆器的极紫外相机

嫦娥三号的极紫外相机由多个部分组成，第一个是波长 30.4 纳米的光学系统，这套系统主要由多层膜反射镜、吸收滤光片等一系列光学组件构成，其作用类似我们家用相机的镜头或多个镜片组成的镜片组。这套光学系统还进行了滤光设计，以滤掉 30.4 纳米之外的各种杂散光，保证获取较好的图像质量。第二个是光子计数成像探测器，它的作用有点像传统胶片相机中的胶卷，或数码相机中的 CCD 感光元件。第三个是支撑和指向机构。为了确保对准目标，极紫外相机安装在可调节指向的机构上，以补偿着陆器着陆时倾斜，以及地球与月球轨道之间的角度变化，使极紫外相机的“镜头”始终对准拍摄目标。此外，极紫外相机还配有电子学箱，拍摄的数据在这里进行处理，并传送至着陆器的有效载荷管理系统，最后发送回地球。

嫦娥三号在 2014 年结束了对地球的极紫外观测任务。通过嫦娥三号，我国科学家在地球等离子体层研究、太阳活动和空间天气研究等领域取得了一系列丰硕的科学成果，对人类深入认识地球和太阳以及两者之间的关系做出了贡献（见图 3）。

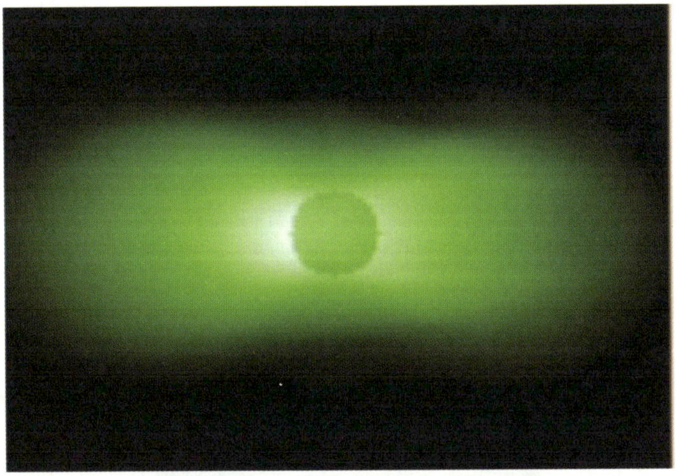

图 3　嫦娥三号着陆器的极紫外相机拍摄的地球等离子体层图像

嫦娥三号从 2013 年 12 月 23 日至 2014 年 6 月 12 日，利用着陆器上的极紫外相机累计观测约 230 小时，共获取 1300 多张地球等离子体层图像。这张图像拍摄于 2013 年 12 月 24 日。

52 嫦娥探测器如何在月球上进行天文观测?

仰望星空，繁星点点，银河璀璨，宇宙苍穹深邃而壮观。在浩瀚的宇宙中，无数天体以各种方式释放着不同频率的电磁波，这些电磁波携带了天体的宝贵信息，数百年来天文学家利用地基光学和射电天文望远镜，接收来自宇宙的电磁波，去发现新的天文现象。遗憾的是，在地球上，无论用多么先进的天文望远镜，也很难捕捉更新更多的宇宙景象。笼罩在地球上空的厚厚大气层，特别还有离地面高度约60千米直至超过1000千米的电离层，会吸收、反射或散射来自太空的很大一部分电磁波，这就像一个包裹地球的巨大筛网，只允许微波、中红外、近红外、可见光、近紫外线等波段的电磁波穿越并达到地球表面，而对其他频率的电磁波则是不透明的，将它们吸收或反射掉，所以在地面上用望远镜进行天文观测受到极大的限制（见图1）。除此之外，地球产生的背景噪声，比如低频无线电干扰源，也制约了在地球上开展低频射电天文观测。

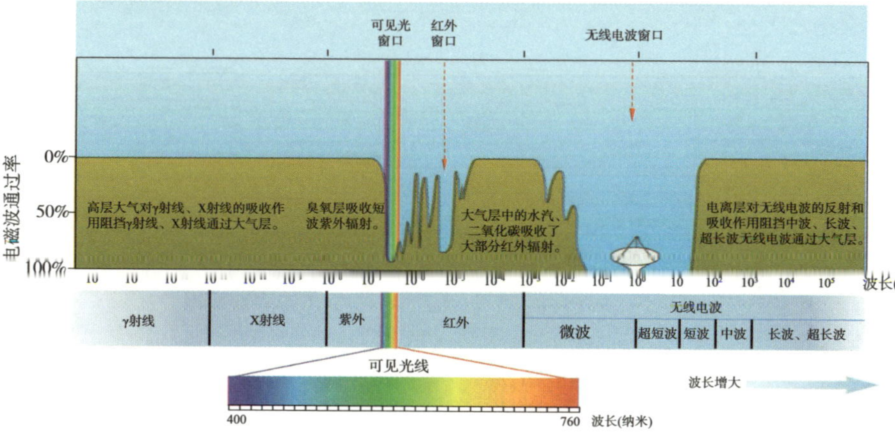

图1　地球大气层对电磁波的阻挡作用

为突破大气层造成的限制，人们希望将天文望远镜搬到太空中，比如美国将哈勃太空望远镜送往地球轨道上运行，而中国的嫦娥三号和嫦娥四号则将2台观天设备安放在了月球表面，一台是嫦娥三号着陆器携带的月基光学望远镜，一台是嫦娥四号着陆器携带的低频射电频谱仪，它们成为人类历史上最早开展月基天文观测的探测器。值得一提的是，嫦娥四号任务还发射了鹊桥中继卫星，它携带了一台低频射电探测仪，可与着陆器上的低频射电频谱仪协同开展低频射电天文观测。此外，嫦娥四号任务还发射了2个超长波天文观测微卫星，用于开展低频射电天文干涉观测试验。

与地基天文观测相比，在月球上开展天文观测有许多特殊的优势。

首先，月球没有大气层，来自深空的电磁波不会像到达地球那样被吸收和反射，在月球上可以接收遥远天体辐射的频率信号，实现全波段天文观测。例如，由于地球大气层的吸收和散射，大气层对波长小于320纳米的紫外线完全不透明。在月球上，可完全避开大气对紫外线的吸收和散射。嫦娥三号的月基光学望远镜就选取了波长200~360纳米的近紫外谱段工作，以便在新的工作谱段发现新的宇宙景象。又如，由于地球大气层中电离层对低频电磁波的反射，在地面无法开展低频射电天文观测。在月球上，来自宇宙的低频电磁波可直达月球表面，这为嫦娥四号利用低频射电频谱仪开展低频射电天文观测提供了极佳的工作条件。

其次，月球远离地球，基本不受人类活动的影响——比如城市灯光污染，属于天文学家梦寐以求的漆黑天空；而永远背对地球的月球背面，不会有手机、电视等无线电信号的干扰，被称为最纯净的电磁环境，是开展天基射电天文观测的圣地。

再次，月球的自转缓慢，月球上的一个白天大约相当于地球的14天，一个夜晚同样是14天，这为长期连续观测提供了极佳条件。如果月基望远镜仅在白天工作，对一个目标可以开展长达300多小时的连续跟踪和观测。

第四，月球表面处于超高真空状态，没有大气层，也就没有风、没有云、没有大气湍流等的干扰和遮挡，开展天文观测也不会受到大气折射、散射和吸收的影响，可以获得极高精度的观测数据。

最后，月球可以为天文望远镜提供一个稳定的观测平台。已有的月球数据表明，月震释放的能量是地球地震平均释放能量的一亿分之一，月震导致的月面移动仅仅约为十亿分之一米，这种稳定性对于光学和射电天文观测极为重要。

1. 嫦娥三号在月球上的天文观测

2013 年 12 月，嫦娥三号着陆器携月基光学望远镜降落在月球虹湾地区，这是人类第一次在月球上开展天文观测（见图 2）。这台望远镜工作在波长为 200~360 纳米的近紫外波段，由反射镜和转台、望远镜主体、控制系统等组成（见图 3），望远镜主体采用了 R-C 反射式系统设计。从原理上看，它与许多地基光学望远镜的原理相同，最大不同是可在近紫外波段对各种天体变源的亮度变化进行连续监测，这些亮度变化的背后，可能是超过 10000 K 的温度变化，反映了导致这种变化的物理过程。而利用近紫外波段来观测亮度变化，比采用可见光观测更有利。月基光学望远镜在月球白天工作，晚上“休息”，每天可获取 5000 多幅星图数据。通过这台设备，中国首次开展了月基–地基天文联合观测，在天文学领域提升了恒星演化、致密星和黑洞物理、高能天体等基础科学的研究能力，也为人类在月球开展更复杂的重大天文学观测积累了宝贵经验。

图 2　月基光学望远镜发布的首张星图

嫦娥三号着陆器月基光学望远镜在近紫外波段对各种天体变源的亮度变化进行了连续监测，这幅星图反映了 23 颗星体的明、暗及位置。

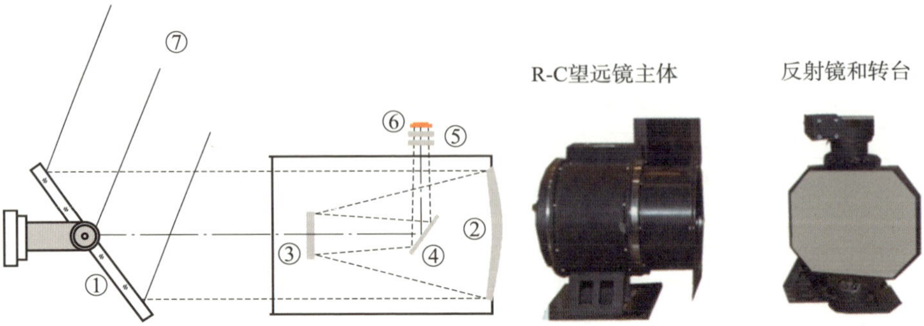

图 3　月基光学望远镜

左图：月基光学望远镜组成和原理。①转台和反射镜，反射镜通过转台转动可指向特定天区，对天体目标进行跟踪，反射来自天体的辐射；②～⑤依次为望远镜主镜、副镜、折轴镜和校正镜组件，它们与反射镜组成了望远镜的光学系统；⑥焦平面上的 CCD 探测器。宇宙深处遥远的天体发出的光辐射，经过望远镜的光学系统后由 CCD 探测器接收，CCD 探测器将光子转换成电子，再由读出电路将其放大，最后转换成数字并记录下来，由此实现对指定天区的观测和拍摄。右图是月基光学望远镜实物照片。

2. 嫦娥四号在月球上的天文观测

2019 年 1 月 3 日，嫦娥四号在月球背面的冯·卡门撞击坑成功着陆。图 4 是嫦娥四号着陆器在月面上的情景，从图中可以明显地看到三根细长的天线，这就是着陆器低频射电频谱仪用来接收低频电磁波的“三分量有源天线单元”。

图 4　嫦娥四号着陆器

宇宙空间大量的天体以及太阳爆发时都会向外辐射电磁波。根据电磁学理论，来自宇宙空间或太阳爆发产生的“来波电场”，都可以分解为任意相互垂直的三个电场分量。低频射电频谱仪的三根天线，可分别接收低频电磁波信号的三个相互垂直的分量。依据电波传播理论，通过对三个分量观测数据的分析和处理，可以获得低频电场辐射源的方位、强度、频谱、相位、时变等信息。嫦娥四号的低频射电频谱仪就是利用这一原理对太阳爆发开展探测的。这台仪器工作在0.1~40兆赫兹，可以在月昼期间对太阳爆发产生的低频电场进行探测，还可以对来自太阳系行星和太阳系以外宇宙空间低频辐射电场进行观测，例如，观测研究木星等行星的低频射电爆发，探测强脉冲星低频射电辐射特性等。此外，太阳照射月球时，太阳辐射将导致光致电离，使月球向阳面出现极稀薄的电离层等离子体，通过研究太阳，还可对着陆区上空电离层的等离子变化及机制进行监测研究。

嫦娥四号着陆器的低频射电频谱仪不是“孤身一人”开展低频天文观测，它还有一个合作伙伴——安装在中继星鹊桥上的低频射电探测仪，两台设备互相配合，对太阳、地月空间及宇宙天体的低频射电现象进行观测和研究。

参考文献

［1］ 佚名. 我国的月基光学天文望远镜：访中国科学院国家天文台魏建彦研究员［J］. 天文爱好者，2014（6）：6.

［2］ 郑永春. 嫦娥三号的月基天文望远镜［EB/OL］.

53 玉兔号巡视器怎样用雷达对月球地下进行探测？

2013年发射的嫦娥三号和2018年发射的嫦娥四号，都承担了对月球表面地质构造开展调查的科学任务，前者在月球正面的虹湾地区开展调查，后者在月球背面的冯·卡门撞击坑进行探测，它们都携带了一种称为“测月雷达”的科学设备，这种专用雷达可以探测月面之下超过百米深度的月球内部地质结构，还可以获得月球土壤厚度和结构的科学数据。

嫦娥三号和嫦娥四号的测月雷达，分别安装在玉兔号巡视器和玉兔二号巡视器底部，它们向月面之下发射强电磁波，电磁波可以穿透月球物质，直达月球内部上百米深度，如果碰到障碍，就会产生回波，不同的障碍物会产生不同的回波，接收和分析回波信号就可以获得月面之下的地质数据。测月雷达随着巡视器的行驶，沿巡视路线一边移动一边对月球地下进行探测，并实时获得月球地下的探测数据，输出图像，从而详细勘察巡视区月壳浅层结构和月壤厚度及其结构（见图1）。

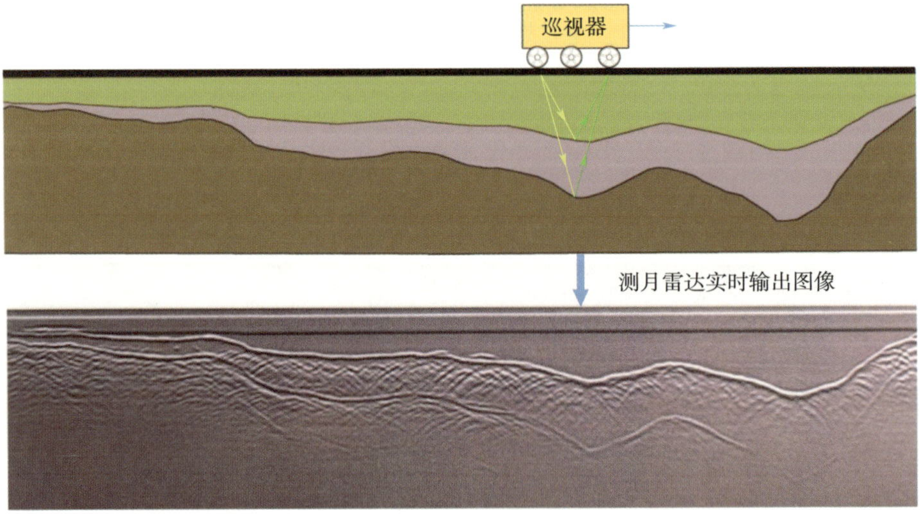

图1　测月雷达工作原理示意图

测月雷达由电磁波信号发射机和发射天线、接收天线和接收机以及主控制器等组成。在月球表面工作时，测月雷达的发射机将产生超宽带电磁脉冲信号，通过发射天线向月球地下辐射电磁脉冲信号，这些电磁脉冲信号穿入月表之下，在月壤和月壳岩石介质的传播过程中，如果遇到不均匀层、不同介质交界面、熔岩管、漂石等目标时，就会产生电磁波信号的反射和散射，反射和散射信号返回月球表面，测月雷达利用接收天线接收到反射和散射信号，这些信号经过接收机放大、处理后，转变成相应的探测数据。通过对探测数据的分析、处理和成像，就可以得到巡视器行走区域内月壤厚度及其分布、漂石和熔岩管的分布以及月壳次表层岩石地质结构等信息。在探测过程中，主控制器负责控制电磁脉冲信号的发射，发射机在主控制器输出的发射时钟触发下产生脉冲信号，接收机则在主控制器控制下按一定规律对回波信号进行放大，然后送给主控制器进行数字化，随后这些科学数据送达巡视器上的有效载荷电控箱，最终发回地球。

以玉兔二号巡视器为例，玉兔二号的测月雷达在两个不同的频率通道下工作，每个通道有自己的电磁脉冲发射机和发射天线、接收天线和接收机；第一通道发射的电磁脉冲中心频率为 60 兆赫兹，它的探测深度超过了 100 米，对厚度的分辨率达到米级；第二通道的电磁脉冲中心频率为 450 兆赫兹，探测深度超过 30 米，分辨率达 30 厘米，可以获得高分辨率的探测数据。玉兔二号对巡视区开展的地质结构调查取得了丰硕成果，使人类对月球的形成和演化有了更深刻的认识（见图 2）。

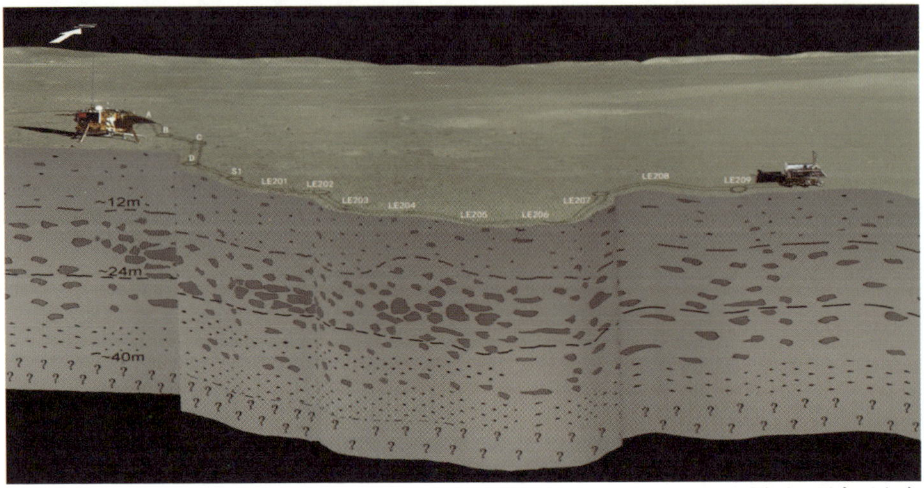

图源：国家天文台

图 2　嫦娥四号着陆区地下分层结构

这是利用玉兔二号的测月雷达对月球背面南极–艾特肯盆地内的冯·卡门撞击坑底部地下浅层结构探测示意图。测月雷达随玉兔二号移动了 106 米，在深度 40 米的范围内，识别出三个地层单元。第一层从月表到地下 12 米，这层的物质是细粒月壤，嵌有少量石块，这些月壤形成于多个撞击坑互叠的溅射物之上。第二层从地下 12 米到 24 米，这一层有大量的石块，甚至形成了碎石层和碎石堆，这一层由小天体撞击月球产生的溅射物沉积形成。第三层从地下 24 米到 40 米，这一层是不同时期、更古老的溅射物的沉积和风化产物。深度 40 米以下雷达信号微弱，无法推断物质特性。根据测月雷达获得的探测数据，中国科学家推测，在嫦娥四号着陆点附近，完整的月海玄武岩覆盖在月表以下大于 40 米的深度。

54 玉兔号怎样用X射线探测月表物质成分?

月表物质成分和可利用资源调查是嫦娥三号三大科学探测目标之一。这项任务主要通过玉兔号月球车携带的粒子激发X射线谱仪(APXS)、红外成像光谱仪等设备对月表物质的化学成分和矿物组成进行探测来完成。其中,安装在玉兔号机械臂上的粒子激发X射线谱仪在对月壤和月岩的化学成分进行精确测量方面取得了重要成果。

1. 工作原理

粒子激发X射线谱仪的工作原理是,利用自身携带的放射源产生X射线激发源,轰击样品表面以产生X射线荧光,根据X射线荧光的能量和强度,可以鉴别月表物质元素并分析含量。这个过程如图1所示,当X射线轰击物质(或称靶材料)时,如果入射的X射线能量足够大,被轰击的物质元素的原子结构中内层(如图中K层级)的电子被击出,在该层级形成空穴,使原子处于不稳定的激发态,此时处于外层(如图中L层级)高能级的电子会自发地向内层跃迁填补空穴,以使原子恢复到稳定的低能态,同时以X射线形式释放能量,并且释放的能量等于被激发的内层电子和向内跃迁的外层电子之间的能量差。由于不同元素的原子结构不同,原子内部不同电子轨道间的能量差也各不相同,因此产生的X射线能量和强度均带有各自原子结构的印记特征。我们将X射线激发源轰击靶材料产生的X射线称为特征X射线荧光,不同化学物质的特征X射线荧光不同,通过探测和分析特征X射线的能量和强度,可以获知物质元素的种类和含量。粒子激发X射线谱仪就是依据这个原理对月表物质元素进行探测分析的。

2. 粒子激发X射线谱仪

玉兔号携带的粒子激发X射线谱仪,主要由安装在玉兔号机械臂末端的探头、位于玉兔号车体面板上的月夜生存装置和在轨定标装置，以及位于巡视器舱内的数据采集电路板等几个部分组成（见图2）。

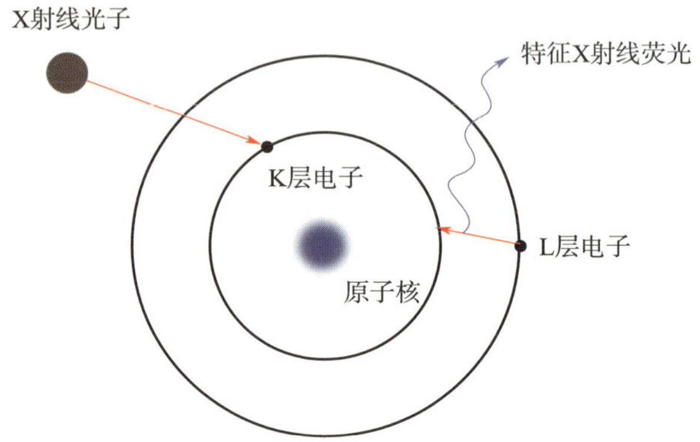

图1　激发产生特征X射线荧光的原理

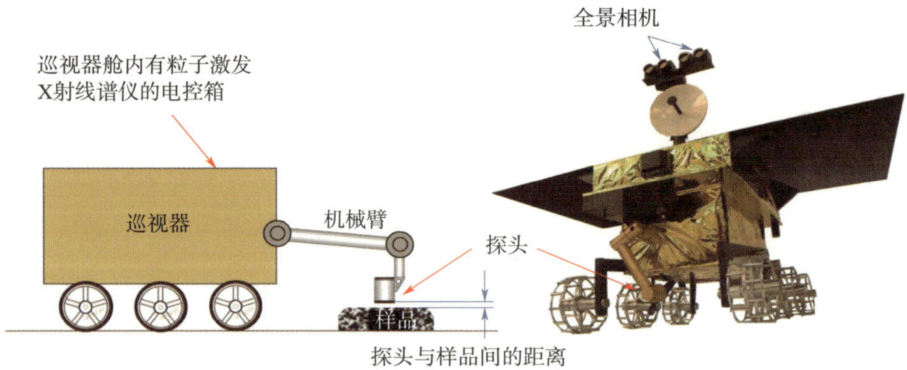

图2　粒子激发X射线谱仪的工作示意图

探头既是X射线激发源，也是月表物质特征X射线荧光的接收装置，由激发源、硅漂移探测器（简称SDD）、红外距离感知器、电子学装置等组成（见图3）。其中，探头的激发源利用自身携带的^{55}Fe和^{109}Cd同位素发射的X射线作为激发射线，轰击月表物质元素，使其原子的内层电子被激发，从而产生特征X射线荧光。SDD探测器用于探测由被轰击月表元素产生的特征X射线荧光。SDD是一种广泛用于探测X射线荧光的半导体探测器，SDD探测器接收特征X射线荧光，并转换成电信号，而电信号与特征X射线能量成正比。电子学装置对SDD产生的弱信号进行放大、处理以及进行A/D模数转换等。3个红外距离感知器用于判断探头与月球表面之间的距离，给出机械臂所需的就位状态信息，避免探头触碰月表导致探头损坏，同时使探头尽可能接近月球表面，使激发源效果最大化，以获得最佳的探测效果。

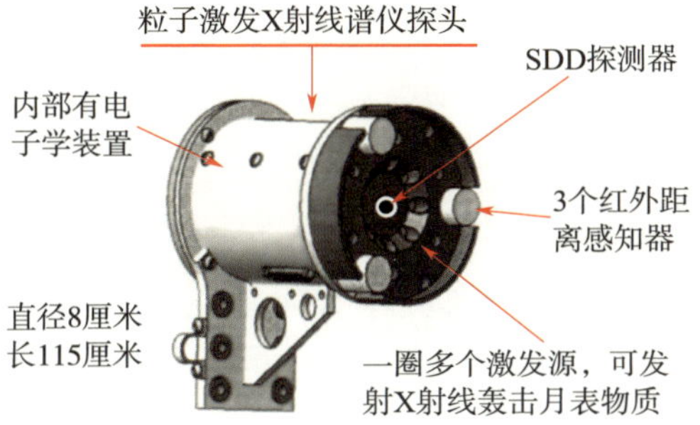

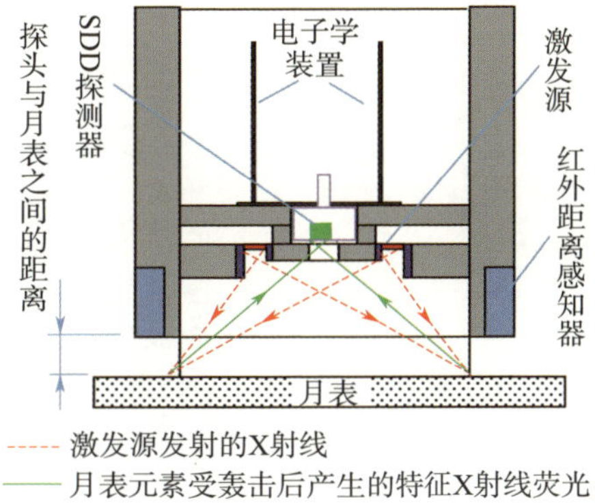

图3　粒子激发X射线谱仪探头外观及工作原理示意图

3. 月夜生存装置和热控

与其他科学探测设备安放在玉兔号巡视器舱内不同，粒子激发X射线谱仪安装在机械臂上，暴露在巡视器舱外，它将直接面对最高达127℃、最低约−190℃的月面温度环境。为此，工程师们为这台科学探测设备设计了特殊的保温措施。首先在对该探测设备进行设计制造时，为其设计了散热面，采用了多层隔热阻件、高发射率的热控白漆等热控措施，使其在月昼温度高温环境时，外部热量无法传入内部，在月夜寒冷环境时，减少内部的热量流失。其次，在月昼高温期间，通过机械臂收回探头，利用巡视器遮挡太阳光，避免阳光直射，以降低温度（见图4）。为了应对月夜极端低温环境，专门配置了月夜生存装置——同位素加热单元（RHU），该RHU以^{238}Pu同位素为燃料，在月夜期间探头对准RHU，利用^{238}Pu衰变产生的热量保暖，避免月夜低温冻坏探头。

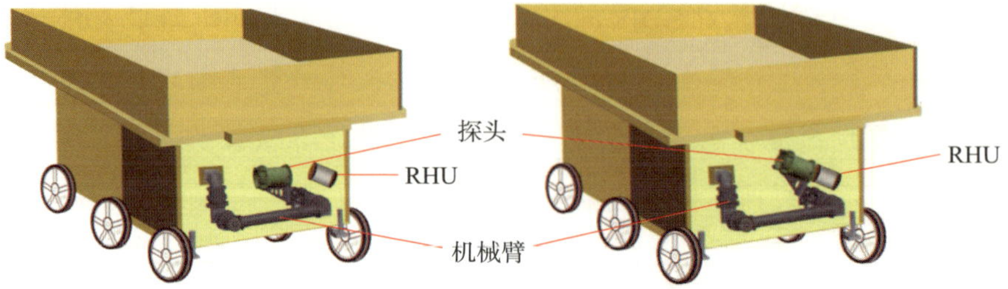

月昼高温时收回探头，利用巡视器遮挡阳光　　月夜时让探头对准RHU，利用RHU保暖

图 4　探头在月昼与月夜时摆放位置示意图

2013 年 12 月，玉兔号巡视器携带粒子激发 X 射线谱仪来到月面，在随后的两个月昼期间，粒子激发 X 射线谱仪完成了三次月球表面的“实时原位”巡视探测，成功获得了虹湾着陆点的镁、铝、硅、钾、钙、钛和铁等 7 种主量元素的含量及铬、锶、钇和锆等 4 种微量元素的高分辨特征能谱，科学家们利用该探测设备以及玉兔号巡视器红外成像光谱仪获得的科学数据，对这一地区的火山喷发和月球地质演化进行了研究，研究成果引起了学术界的广泛关注。

55 鹊桥中继星为什么在月球背后打圈圈?

人们在地球上看到的月亮，仅仅是月球永远朝向地球的一面（月球正面），而月球的另一面（月球背面）背对着地球，在地球上永远看不到。所以，当嫦娥四号在月球背面着陆时，地球上的测控站或任何通信装置都无法直接与它保持通信联系。为了解决这个问题，嫦娥四号任务专门发射了一颗鹊桥中继卫星，其主要任务是在嫦娥四号（包括着陆器和巡视器）与地球之间建立一个通信“中转站”（见图1），形成一条通畅的通信链路，为嫦娥四号的着陆器和巡视器提供环月段、动力下降段以及月面工作段的中继通信支持。打个比喻来说，在中国古代神话传说中，各地飞来的喜鹊在“天河”上架起了“乌鹊桥”，让牛郎和织女在“七夕”相会；当代中国航天，把鹊桥中继星送往深空，让嫦娥四号与地球站时刻保持着联系。

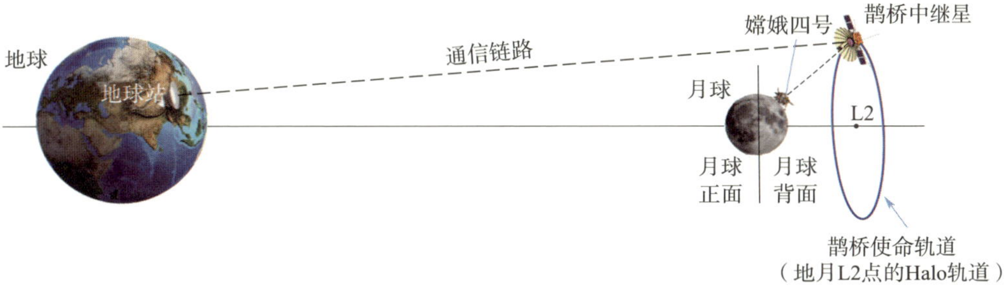

图1　鹊桥中继星在地面测控站与嫦娥四号之间架起一条通信链路

既然需要一个起通信“中转站”作用的鹊桥中继卫星，这个鹊桥中继星既可以直接与地球保持通信，又可以与月球背面的嫦娥四号着陆器和巡视器直接通信，那么这个鹊桥中继星应部署在空间的什么位置、又围绕什么运行，便成了嫦娥四号任务面临的一个问题。航天专家们经过深入的研究论证，为鹊桥中继星选择了一条特殊的使命轨道（即工作轨道），这条轨道称为地月拉格朗日L2点的Halo轨道。与人造地球卫星环绕地球运行、嫦娥一号和嫦娥二号环绕月球运行不同，鹊桥中继星不仅围绕着地球运行，而且还围绕深空的一个“点”来绕圈圈，这个点称为地月拉格朗日 L2 点，而鹊桥中继星环绕这个 L2 点运行的轨道称为 Halo 轨道或“晕”轨道。

拉格朗日点在天体力学中也称平动点，最早由瑞士数学家欧拉和法国数学家拉格朗日于 1767 年和 1772 年分别提出并推导证明。按照关于拉格朗日点的理论，在两个大天体构成的系统（如地球与月球构成的地月系统）中，均存在 L1~L5 共 5 个拉格朗日点（见图 2），在任何一个拉格朗日点如果有一个小的物体，则小物体所受两个大天体的引力的合力正好指向该系统的质心，合力大小正好提供该小物体公转所需之向心力，使其旋转周期与两个大天体中质量较小天体的周期相同并达成轨道平衡。在 5 个拉格朗日点中，L4 点和 L5 点与两大天体构成两个等边三角形，这两个拉格朗日点位于等边三角形的顶点，是稳定的拉格朗日点，位于这两个点的物体如果受到干扰偏离原位，最终会回到原位稳定下来；而 L1、L2、L3 点位于两个大天体的连线上，在该直线上的这三个拉格朗日点并不稳定，稍有扰动就会离开原有位置。但在这三个拉格朗日点位置上的航天器，只需要很小的速度增量，就可以在拉格朗日点附近的局域空间内运行。

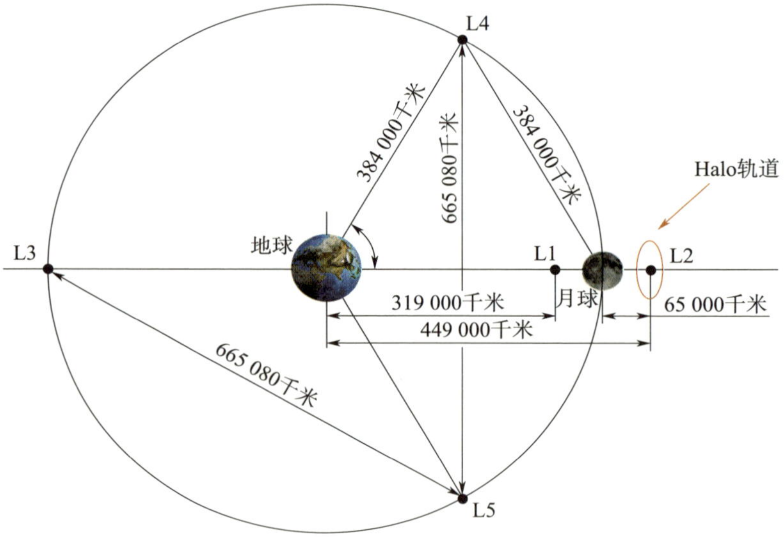

图 2　地球、月球、地月 L1~L5 点及 Halo 轨道的位置关系

在地月系统5个拉格朗日点中，L2点在地球与月球连线上，位于月球背后约6.5万千米的位置。假如在这个L2点上运行一颗卫星，这颗卫星将受到地球和月球这两个大天体的引力作用，地球和月球引力的合力正好指向地月系统的质心，合力大小恰好等于该卫星绕地球运转所需的向心力。虽然地月拉格朗日L2点并不稳定，但在这个点附近存在条件稳定的周期性轨道，或者说在拉格朗日L2点附近，一颗卫星只需消耗很少的能量来提供速度增量，就可以让卫星在该拉格朗日L2点附近的局域空间内实现周期性运行。鹊桥中继卫星选择的Halo轨道，就是一条位于地月拉格朗日L2点附近局域空间内，围绕该点作周期运行的环形轨道（见图2）。

围绕地月拉格朗日L2点运行的轨道类型很多，典型的包括Halo轨道、李萨如（Lissajous）轨道和李雅普诺夫（Lyapunov）轨道等。我国2015年1月发射的嫦娥五号再入返回飞行试验器“舞娣”，在完成既定试验任务后就曾进入围绕地月拉格朗日点L2的李萨如轨道进行短期的飞行试验，而鹊桥中继星则选择了一条Halo轨道作为它的使命轨道。图3给出了这条Halo轨道的三维空间形态，在Z方向的振幅为13000千米，X方向的振幅为12500千米，Y方向的振幅为37000千米，看上去像一个在空间扭曲的环形轨道。

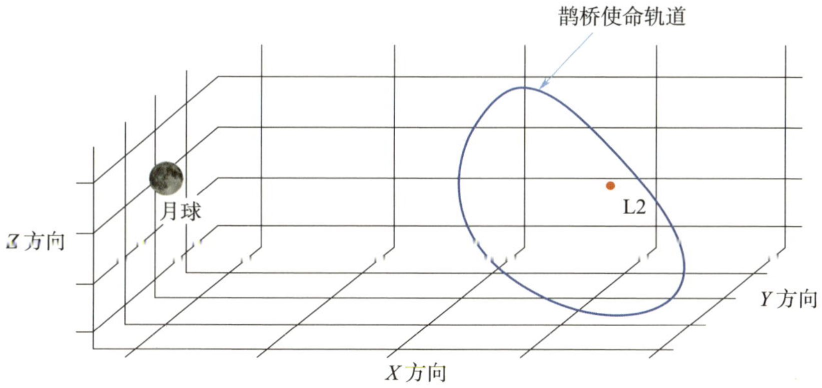

图3　鹊桥中继星使命轨道在空间形态示意图

选择这条轨道要考虑多重因素。一方面，鹊桥中继星在这条轨道上运行时，它与地球间的通信链路不能被巨大的月球遮挡。如图4所示，我们把月心位置 M 到地球上的测控站位置 F，再从测控站到鹊桥中继星在空间的位置 P 用线连接起来，则构成 MFP 角（∠ MFP），如果 MFP 角度过小，月球将遮挡地球测控站与鹊桥中继星之间的通信链路，通信被月球遮挡这种情况，称为月掩。以中国新疆喀什测控站与月球的距离关系，当 MFP 角度大于 0.8° 时，月球不会遮挡测控站与鹊桥中继星之间的通信。按实际运行轨道设计，当使命轨道 *Z* 方向振幅为 13000 千米时，MFP 角度满足要求，不会出现月掩问题，鹊桥中继星与地球测控站几乎 100% 可见。另一方面，鹊桥中继星的使命 Halo 轨道也不宜太大。如图 5 所示，嫦娥四号和鹊桥中继星的连线 AB，与当地月球地平线 CD 的夹角 ϕ 称为高度角，即鹊桥中继星相对嫦娥四号的高度角，这个角度是嫦娥四号探测器“仰望”鹊桥中继星的角度，Halo 轨道越大，高度角越小，如果高度角过小，嫦娥四号着陆器和巡视器只能“贴”着月球表面向鹊桥中继星发射信号，这将影响信号的质量。

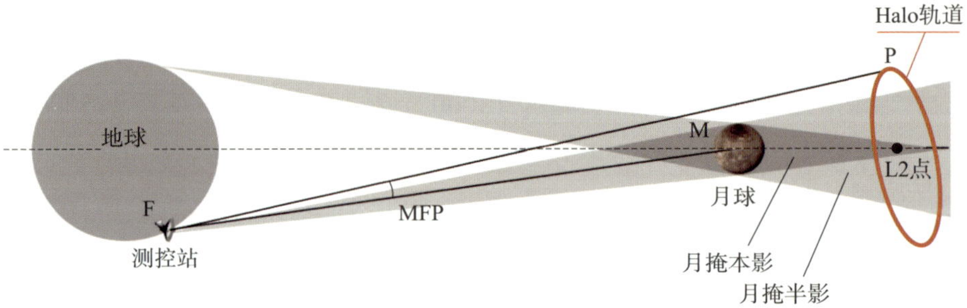

图 4　鹊桥中继卫星 MFP 角示意图

除了考虑避免月掩问题，鹊桥中继星的轨道设计还要考虑太阳光照射条件。鹊桥中继星在使命轨道上工作时，需要依靠太阳能电池帆板提供电力。如果长时间在地球和月球的阴影中运行，鹊桥中继星会因供电不足而无法正常工作。对鹊桥中继星进行轨道设计时，航天专家对不同参数的 Halo 轨道可能出现的地影和月影次数、阴影持续时间等进行了分析，最终选择了一条阴影出现次数最少和持续时间短，可使鹊桥中继星受光照的时间比例接近 100% 的轨道——即平均周期 14 天、*Z* 方向振幅为 13000 千米的南向使命轨道。

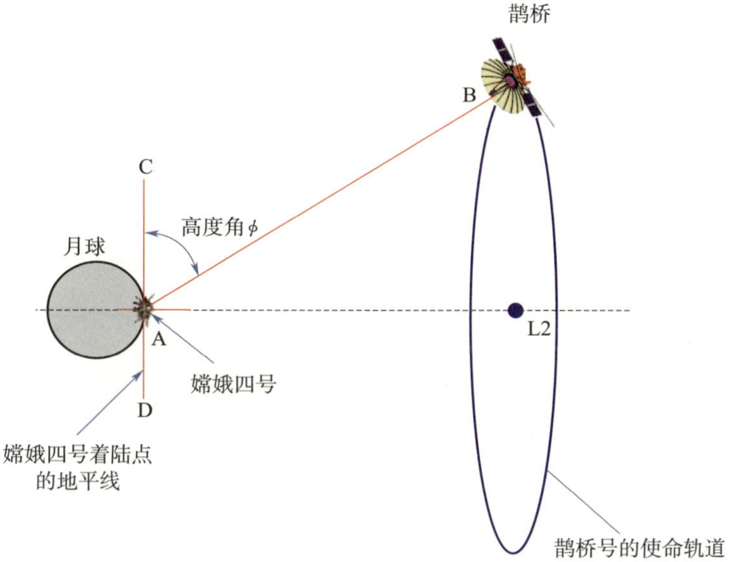

图 5　鹊桥中继星相对嫦娥四号高度角示意图

我们在前面讲过，拉格朗日 L2 点是不稳定的，虽然拉格朗日 L2 点附近存在条件稳定的周期性轨道，但其对扰动非常敏感。对实际运行的轨道，太阳和其他行星引力、太阳光压等对鹊桥中继卫星的运行都会产生影响，因而必须对鹊桥中继卫星进行轨道控制和轨道维持，以免飞行轨道出现偏差，从而难以让鹊桥中继星长期保持在使命轨道上。为了保证鹊桥中继星稳定运行，测控专家们通过中国深空测控网和 VLBI（甚长基线干涉测量技术）天文观测网，对鹊桥中继星运行轨道精确测量，并利用鹊桥中继星上的 12 台推力为 5 牛的推力器提供动力，从而使鹊桥中继星一直维持在正确的轨道上运行。对鹊桥中继卫星，每隔 1~2 周进行一次轨道维持控制，使鹊桥中继星稳定地运行在使命轨道上。

56 鹊桥中继星承担了哪些探测任务?

2018 年 5 月 21 日，中国成功发射鹊桥中继星，将它送往月球背面一侧地月拉格朗日 L2 点的 Halo 轨道，其主要任务是作为地月通信和数据中转站，为嫦娥四号探测器与地面测控站之间建立通信链路，同时还承担其他任务，包括开展远距离激光测距试验、低频射电天文观测等。

1. 远距离激光测距

鹊桥中继星到达工作轨道后，中国科学家利用其携带的激光三角反射器，精确测定了鹊桥中继星与地球之间的距离，测距精度达到米级，而此时鹊桥中继星运行的轨道距离地球大约 45 万千米。这项活动是人类首次在月球以远的距离进行的反射式激光测距试验，有助于提升中国月球激光测距、深空卫星激光测距和深空卫星定轨的技术能力。

激光测距是通过精确测定激光脉冲从地面测距台站到鹊桥中继星反射器的往返时间，从而计算地面到中继星的距离。测距系统由安装在鹊桥中继星外侧的激光三角反射器和地面测距台站组成。激光三角反射器被称为“魔镜”，由三个精密加工的反射镜面组成，三个反射镜面两两互成 90° 角，可以使地面测距台站发射的入射激光束依次经过反射镜三个镜面的反射，最后沿原路返回发射点，并使反射的激光依然有足够能量回到地面测距台站，进入台站的接收望远镜。其原理如图 1 所示。

地面测距台站是我国云南天文台 1.2 米望远镜激光测距系统，它负责对中继星的精密指向跟踪、激光发射、回波探测以及中继星到地面距离的精确计算等工作。地面测距台站由 1.2 米望远镜及其跟踪控制系统、激光器、激光发射光路、回波接收光路、单光子探测器、事件计时器、测距控制计算机，以及其他软硬件组成（见图 2）。进行中继星激光测距时，激光器产生的激光脉冲经发射光路进入发射望远镜，发射望远镜瞄准中继星并发射激光束；

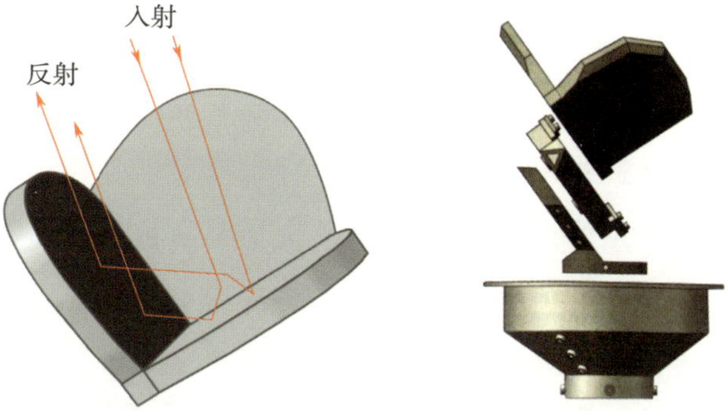

图 1　激光三角反射器原理示意图

左图：入射激光束经过反射镜反射沿原路返回；右图：激光三角反射器结构

在发射激光束时，取出一小部分光束，通过事件计时器精确记录发射时间。激光束经鹊桥中继星反射器反射后，沿原路返回地面望远镜，安装在望远镜焦点处的单光子探测器接收返回光束，并将光信号转换成电信号，再传给事件计时器记录为回波时刻。回波时刻和主波发射时刻之间的时间差即为激光往返时间 Δt，依据时间 Δt 和光速就可计算得到中继星与地面测距台站的距离。

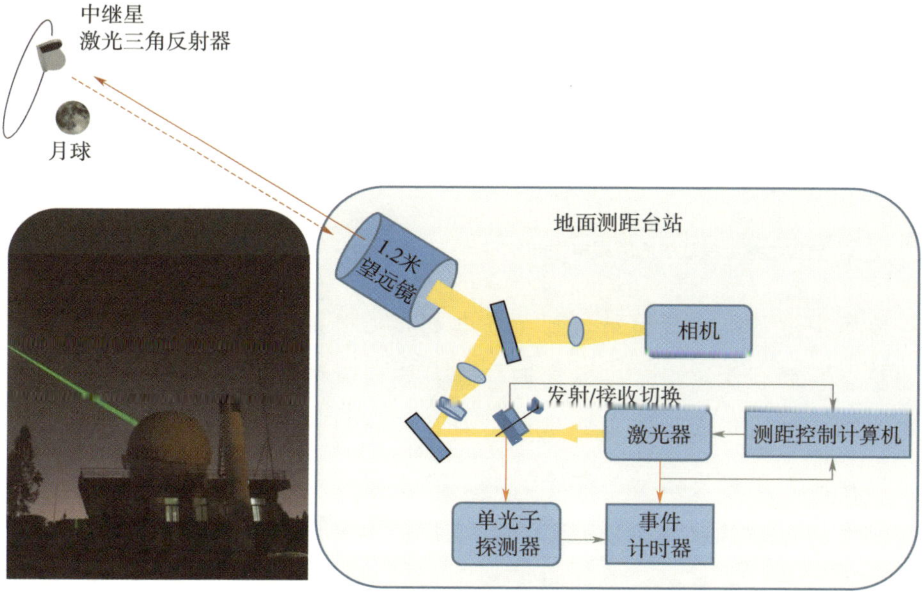

图 2　激光测距系统原理与构成示意图

2. 低频射电天文观测

低频射电天文观测任务是中国与荷兰科学家联合开展的科学项目。由于地球磁场和大气的屏蔽作用，来自宇宙的所有低频电磁波信号都被阻挡在大气层之外，在地球上无法进行低频射电天文观测。由于月球具备无大气、没有全球性磁场等特殊环境，因而月球表面和月球空间是开展低频射电观测的一个理想场所，被称为打开射电天文学的“最后一扇窗”。中荷两国科学家选择在地月拉格朗日L2点区域开展低频射电天文观测，这里不仅对低频电磁波信号透明，可以接收来自宇宙空间的各种低频电磁波信号，而且月球遮挡了来自地球电磁波的干扰，是开展低频射电天文观测的绝佳之地。

鹊桥中继星搭载了用于天文观测的低频射电探测仪，它与安装在嫦娥四号着陆器上的低频射电频谱仪属于同类型科学载荷。低频射电探测仪由三根5米长的天线、载荷低噪声放大器以及电子学箱等组件构成（见图3）。三根相互垂直的鞭形单极子射电天线，可以在0.1~65兆赫兹这一很大频率范围获取电场强度信息及其变化特征信息，以揭示空间环境电场强度变化的原因。

图3　鹊桥中继星搭载的低频射电探测仪

鹊桥中继星上的低频射电探测仪与嫦娥四号着陆器上的低频射电频谱仪互相配合、联合探测，可以对太阳、地月空间及宇宙天体的各种射电现象进行观测和研究：一是探测太阳爆发、日冕物质抛射、行星际激波等现象，尤其可以观测太阳爆发活动的整个过程，这对研究日地空间的天气效应有重要意义。二是探索月球空间低频射电背景辐射环境特征和变化规律。三是直接观测来自地球、木星等行星的射电爆发，开展行星无线电脉冲探测，为在射电波段探测系外类地行星或类木行星的存在和演化提供参考，还有望通过对银河系之外射电星系的辐射探测，加深对黑洞活动的认识。

3. 拍摄影像

鹊桥中继星携带两台相机，一台称为天线监视相机，用于拍摄鹊桥中继星天线，使地面人员掌握高增益抛物面通信天线展开的状态。另一台称为双分辨率相机，其可在同一时刻对同一场景实现两个视场的不同分辨率成像，通过一次成像获得“大场景”与“大特写”两张照片，且不使用变焦镜头。两台相机与相机控制器共同组成了鹊桥中继星的光学相机系统（见图4）。

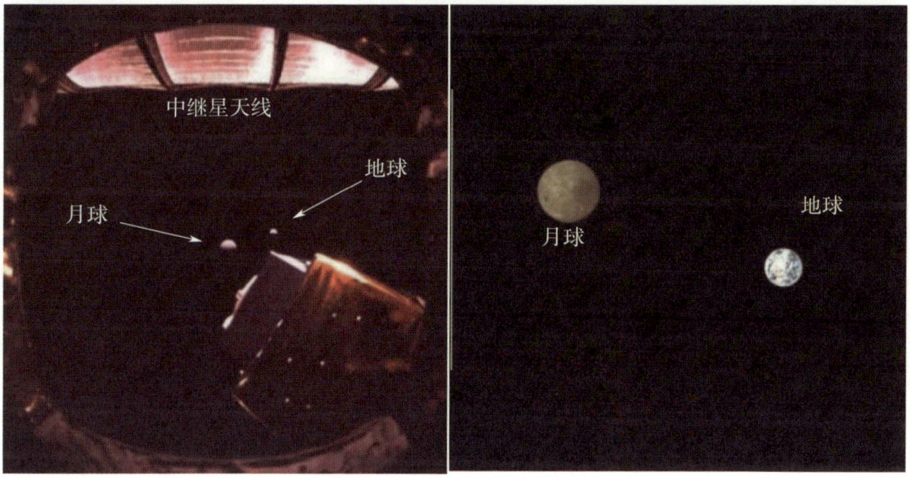

图4　鹊桥中继星的双分辨率相机从地月拉格朗日 L2 点拍摄的“地月合影”

相关链接

超长波天文观测微卫星

受到地球电离层的影响，频率在 30 兆赫兹以下的超长波波段的天文观测受到制约，长期发展缓慢。月球背面是开展宇宙超长波观测的最佳环境。2018 年 5 月 21 日，两颗绕月飞行的微卫星——龙江一号与和龙江二号伴随着鹊桥中继星一同发射升空，它们携带了中科院的超长波探测仪，主要任务是开展超长波天文探索研究，探测 1~30 兆赫兹的频谱信息，包括获取超长波段天空图像，观测全天空射电频谱，观测太阳和太阳系行星的超长波射电活动，并开展相关技术验证。按计划，两颗 46 千克的微卫星将绕月编队飞行，当飞到月球背面时开机观测，并记录数据；飞到月球正面时，将数据传回地球。2018 年 5 月 25 日，龙江二号经过 113 小时飞行成功进入近月点约 300 千米、远月点约 9000 千米的环月大椭圆轨道，搭载的有效载荷正常开机工作；龙江一号因故障停留在地球轨道上。

第四章 采样返回

57 为什么要发射再入返回飞行试验器?

按照中国探月工程“绕、落、回”三步走计划，我国在完成嫦娥一号、嫦娥二号绕月探测，嫦娥三号、嫦娥四号落月探测之后，将发射嫦娥五号探测器，实施月球无人自动采样返回。嫦娥五号返回器将以接近第二宇宙速度、半弹道跳跃式再入方式返回地面。其中，月地返回、半弹道跳跃式高速再入、返回器气动外形设计、返回器防热设计、半弹道跳跃式再入制导导航与控制、轻小型化回收着陆等关键技术决定着任务的成败。

我国是第一次执行空间探测器从地外天体返回地球的任务，对地球大气特性的认识尚不充分、模型还不完备，对返回器高速再入条件下的气动、热防护与再入环境模型掌握也不全面，地面试验验证条件欠缺，技术风险大，实施难度高，因而许多关键技术无法采用地面试验的方式进行有效的验证。

为了解决在地面模拟环境下无法解决的问题，需要实施一次月地高速再入返回飞行试验任务，为嫦娥五号执行采样返回任务积累经验。为此，中国探月工程通过发射再入返回飞行试验器（绰号“舞娣”），为嫦娥五号探测器探路。

月地高速再入返回飞行试验工程由工程总体和飞行试验器、运载火箭、发射场、测控与回收四大系统组成。飞行试验器由服务舱和返回器两部分组合而成，其中服务舱2000多千克，以嫦娥二号卫星平台为基础进行适应性改进设计，主体结构呈立方体，外部装有太阳能电池帆板、天线、推进器、照相机、各类敏感器等；返回器300多千克，继承了神舟飞船返回舱的外形，体积只有神舟飞船的1/8左右，全部电子设备都装在内部，其技术状态与嫦娥五号任务返回器基本一致。嫦娥五号再入返回飞行试验器如图1所示。

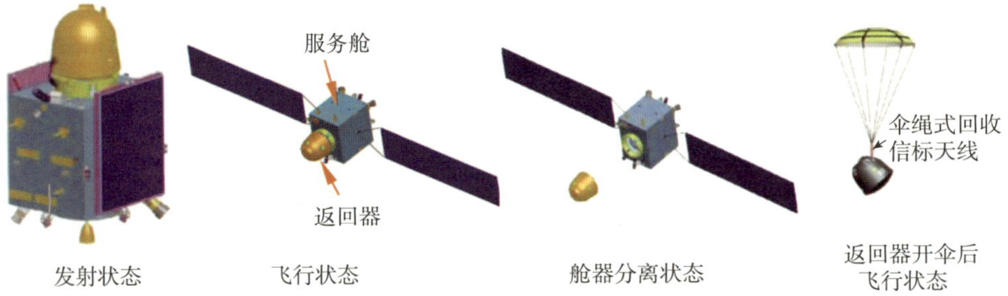

图1　嫦娥五号再入返回飞行试验器示意图

2014年10月24日2时0分，嫦娥五号再入返回飞行试验器由长征三号丙改进二型运载火箭在西昌卫星发射中心发射升空，经历发射入轨、地月转移、月球近旁转向等阶段，10月27日到达近月空间，绕过月球后，于10月28日进入月地转移轨道。在这一过程中，由服务舱给返回器供电。在将返回器“送”到再入走廊入口、距离地面大约5000千米时，服务舱与之分离，返回器建立独立工作状态。之后，返回器经过返回再入和着陆回收阶段，于11月1日6时42分，在内蒙古乌兰察布市四子王旗着陆。

返回器进入地球大气层之前，速度接近11千米/秒，如果以这个速度进入大气层直接着陆，与大气摩擦产生的热量和施加在返回器上的过载将严重威胁返回器的安全。为此，科学家为返回器设计了类似在大气层“打水漂”

的半弹道跳跃式再入方式，以减缓下降速度、降低热流密度。

所谓半弹道跳跃式再入方式，就是返回器初次再入地球大气层后，通过滚动控制，调整升力方向，使返回器跳出大气层，再次进入大气层外的空间。在这个过程中，返回器利用大气阻力实现第一次减速。跳出大气层后，经过一段时间的滑行，返回器二次再入大气层，利用大气阻力进行第二次减速。这样，经过两次气动减速，返回器的速度大幅降低，承受的过载明显减小，避免了弹道式再入造成的与大气的剧烈摩擦，防止因瞬时产生巨大热量而使防热系统难以承受甚至返回器被烧毁的情况发生。返回器返回再入和着陆回收过程如图 2 所示。

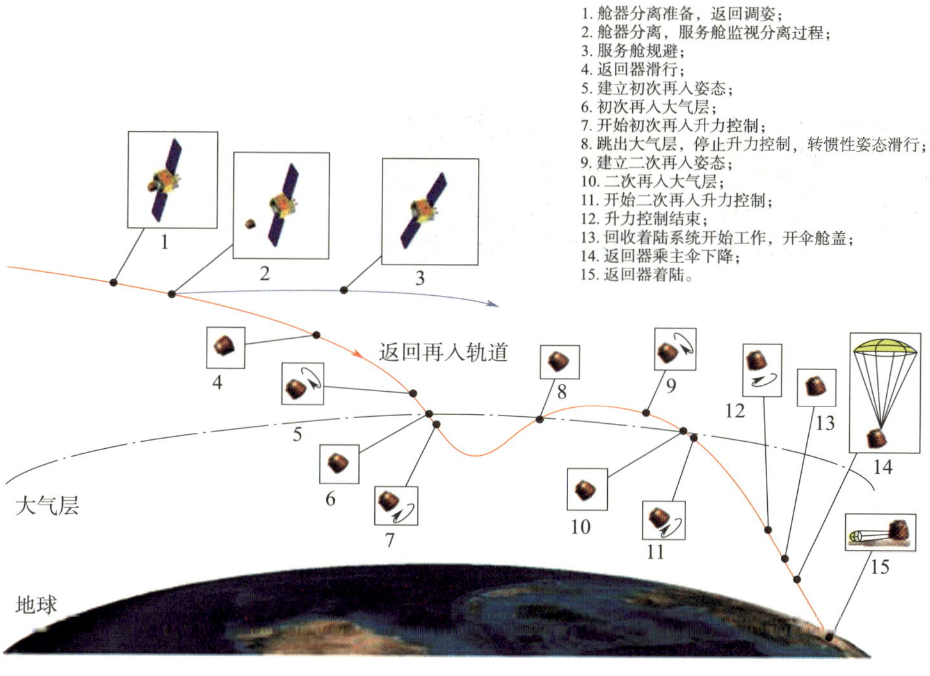

图 2　返回器返回再入和着陆回收示意图

但是，这种返回再入方式对控制精度提出了极高的要求。返回器如果“跳”得过高，则无法按预定的设计轨道再入大气层，或者再入大气层后偏离预定落区；如果“跳”不起来，则可能直接坠入大气层烧毁。这看似轻盈的一“跳”，却经历了严峻的技术挑战，包括返回器准确对准再入走廊、在再入点进入大气层、精确控制再入姿态等，稍有闪失，将前功尽弃。

经过科学家们的精心设计和精密控制，经过8天多的太空飞行，2014年11月1日6时42分，嫦娥五号再入返回飞行试验器返回器在内蒙古乌兰察布市四子王旗预定区域成功着陆，达到了“准时发射、精确入轨、可靠飞行、精准回收”的目标。嫦娥五号再入返回飞行试验器重要飞行节点如图3所示。

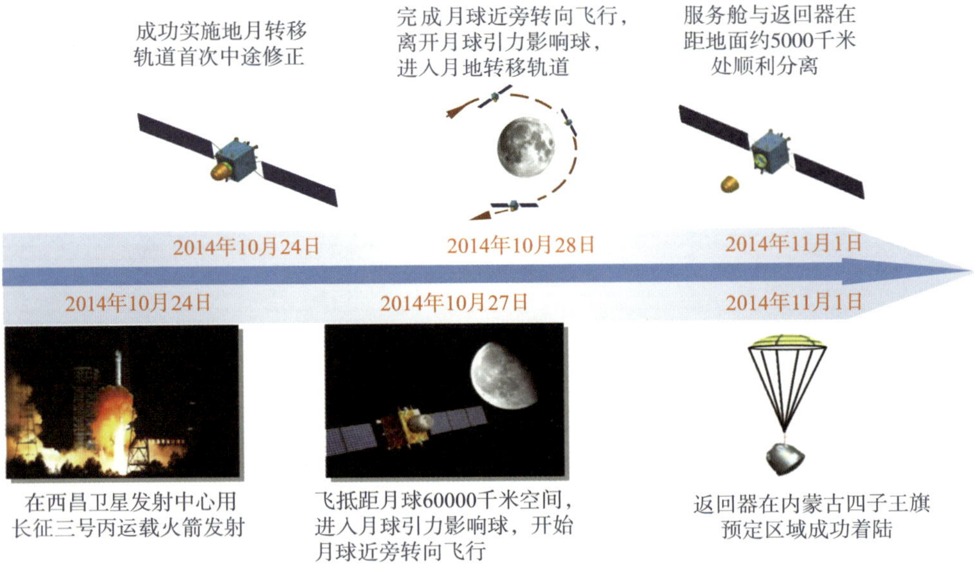

图3　嫦娥五号再入返回飞行试验器重要飞行节点

通过月地高速再入返回飞行试验工程，获取了高速半弹道跳跃式再入返回过程的试验数据，验证和完善了再入返回的设计模型，突破了再入返回器的气动外形设计技术，热防护技术，半弹道跳跃式高速再入制导、导航与控制技术，着陆技术和回收技术，验证了高速半弹道跳跃式再入的测控与回收能力。

再入返回飞行试验器的成功飞行，标志着我国探月工程三期无人自动采样返回任务取得了突破性进展，标志着中国已全面突破和掌握航天器以接近第二宇宙速度的高速再入返回关键技术。

相关链接

航天器再入大气层的弹道式和半弹道式再入

弹道式再入：航天器进入大气层后，在大气层中高速运动产生气动阻力，不产生升力，或虽有升力但不控制升力的大小和方向（又称无控再入）。主要特点是：最大减速主要由再入角、再入速度和大气特征所决定，几乎与弹道系数无关。弹道式再入控制比较简单，也是最早实现的一种返回方式。但在再入过程中过载峰值高，气动加热强烈，落点精度也较差。中国的第一代返回式卫星、美国和苏联的第一代载人飞船都采用弹道式再入方式。

半弹道式再入：航天器再入过程中，通过控制其倾侧角实现对升力方向的控制，从而对弹道具有一定的调节能力，因而也称弹道-升力式再入。因为有升力并实现升力控制，所以再入弹道比弹道式再入平缓，再入热流相对较低，落点精度得到提高。目前大部分的飞船都采用这种再入方式。半弹道式再入一般应用于采用旋成体外形、大头朝前的返回器，这种返回器的质心沿速度方向在压力中心之前，并偏离纵轴一个小的距离。在再入地球稠密大气层过程中，在某一个迎角下，作用在返回器上的气动力矩为零，该迎角称为配平迎角。以配平迎角飞行时，作用于返回器的气动力既有阻力也有升力，通过控制返回器的飞行姿态，可以调节升力的垂直分量和水平分量，从而实现对飞行弹道的控制。

嫦娥五号再入返回飞行试验器采用半弹道式再入+跳跃方式再入大气层，被形象地描述为返回器在大气层打水漂；而采用弹道式再入的航天器，可以比喻为向水中投一个实心玻璃球，进入后快速下落到地面。

58 再入返回飞行试验器的飞行路线是怎样的？

根据嫦娥五号再入返回飞行试验器（“舞娣”）采用的绕月自由往返轨道特性，其飞行过程分为六个阶段，分别为发射入轨段、地月转移段、月球近旁转向段、月地转移段、返回再入段和回收着陆段。嫦娥五号再入返回飞行试验器飞行路线如图1所示。

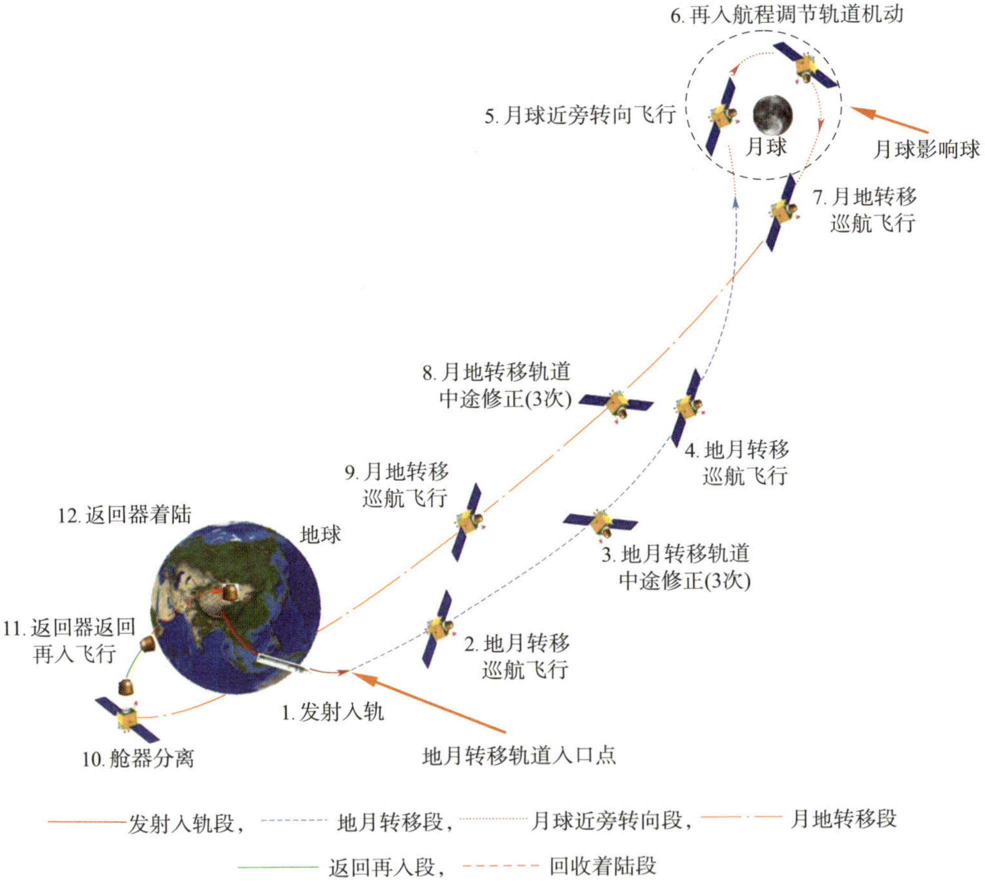

图1 嫦娥五号再入返回飞行试验器飞行路线示意图

1. 发射入轨段

发射入轨段是指从运载火箭起飞开始到“舞娣”与火箭分离为止的飞行阶段。“舞娣”在西昌卫星发射中心发射，由长征三号丙运载火箭直接送入地月转移轨道入口点。

2. 地月转移段

地月转移段是指从器箭分离开始到“舞娣”到达距离月球约 60000 千米的影响球边界为止的飞行阶段。全过程飞行时间约 72 小时，中间安排两到三次中途修正。

3. 月球近旁转向段

月球近旁转向段是指从“舞娣”进入月球影响球开始到飞出月球影响球为止的飞行阶段。“舞娣”在该段借助月球引力改变自身相对地球的轨道倾角。图 2 为“舞娣”在月球近旁转向段拍摄的地月合影。

图 2　“舞娣”在月球近旁转向段拍摄的地月合影

4. 月地转移段

月地转移段是指“舞娣”从飞出月球影响球开始到服务舱与返回器分离的飞行阶段。“舞娣”在该段根据需要完成再入航程调整和中途修正，同时完成返回器与服务舱分离的准备工作。

5. 返回再入段

返回再入段是指服务舱和返回器从距地面约 5000 千米处分离到返回器弹射开伞的飞行阶段。返回器在该阶段首先滑行飞行，并以再入姿态进入地球大气层，采用半弹道跳跃方式飞行返回。

6. 回收着陆段

回收着陆段是指返回器从弹射开伞开始到回收着陆为止的飞行阶段。图 3 为返回器回收现场。

图 3　返回器回收现场

在完成主任务的基础上，服务舱与返回器分离后，开始实施拓展任务。第一阶段，经过轨道机动，开展地月拉格朗日 L2 点飞行试验并重返月球；第二阶段，模拟嫦娥五号任务轨道器与返回器组合体（简称“轨返组合体”）在月球轨道交会对接的飞行过程；第三阶段，模拟嫦娥五号任务上升器在月球轨道进行交会对接的远程导引飞行过程。拓展任务飞行轨道见图 4。

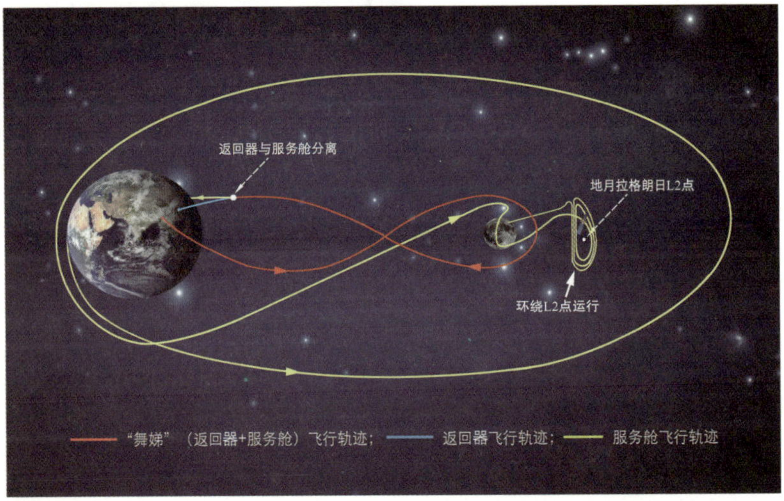

图 4　再入返回飞行试验器的拓展任务飞行轨道示意图

红色为“舞娣”（返回器 + 服务舱）飞行轨迹，蓝色为返回器飞行轨迹，黄色为服务舱飞行轨迹。即：首先，绕过地球进入大椭圆轨道；接着，沿大椭圆轨道再绕过地球回到月球旁边；然后，进入环绕地月拉格朗日 L2 点的轨道运行；最后，返回月球轨道，模拟嫦娥五号任务飞行过程。

59 为什么要到月球取宝?

从1959年苏联发射第一个月球探测器至今，人类共进行了近130次月球探测活动。通过月球卫星开展遥感探测以及通过月球着陆器、巡视器开展原位探测和巡视探测，获取了丰富的月球数据，对月球的认识不断深入。

1969年7月至1972年12月，美国通过阿波罗计划成功实施了6次载人登月任务，取回大约381克月球样品；苏联从1970年9月到1976年2月，成功发射了月球16号、月球20号和月球24号三个无人月球采样探测器，共取回326克月球样品；2020年12月，我国嫦娥五号月球探测器成功登陆月球，带回了1731克月球样品。既然利用月球卫星、月球着陆器和月球巡视器开展月球探测可以获得丰富的科学数据，为什么还要实施月球采样任务，到月球上采集宝贵的月球样品呢?

实施月球样品采集并返回地球任务，有重要的科学意义，是月球遥感探测、原位探测和巡视探测无法替代的科学探测活动，其必要性主要体现在以下几方面。

对月球开展更深入的科学研究和认识，需要科学家们利用各种各样的科学仪器和设备开展多样性的分析研究活动，这只能利用月球样品在具备条件的实验室里进行；通过获得精细的化学、物理以及物质结构等分析成果，获得对月球的形成和演化历程、月球结构、矿物与资源等更深入的认识。例如，返回地面的月球样品，不仅可以在探月工程地面应用系统月球科学实验室里利用扫描电镜、拉曼光谱仪、电感耦合等离子体质谱仪等分析仪器开展分析，还可通过样品分发，利用中国科学院、相关研究机构和高等院校的各种中型、大型分析设备开展更深入的研究。而月球探测器只能携带具备最基础分析功能的少数几台科学设备，研究范围和深度受到很大限制。

月球探测器携带的有效载荷受到质量、功率、舱内环境等条件约束，无法携带大型复杂、功能强大的科学设备，只能携带质量轻(几千克或十几千克)、低功耗并且相对简单的科学设备，因而在月球物质分析方面受到很多限制。在地面实验室则可利用各类先进技术和大型科学仪器开展分析。例如，2021年10月，中国科学院宣布，利用超高空间分辨率铀－铅（U-Pb）定年技术、超高空间分辨率同位素分析技术以及基于纳米离子探针分析技术，分别对月球玄武岩开展研究，取得了重大科学成果，获得了关于嫦娥五号着陆区玄武岩形成年龄和水含量的新发现。而获得这些新发现，离开地面实验室是难以想象的。

对月球物质开展的一些分析研究，需要比较复杂的操作。比如，利用扫描电子显微镜观察月球物质的微观结构，需要对样品进行切片、制备等处理，而这些操作无法在月球环境下进行，只能在地面实验室开展。实施采样返回任务，可满足许多分析研究所需的操作要求，从而获得新的科学发现和更深入的科学认识。

月球陨石——遭受小行星撞击从月球飞溅出来并陨落到地球上的岩石，是可以用于研究月球物质成分和演化历史的重要对象，但无法确定陨石的“产地”，因而即使获得了陨石的化学成分和矿物组成数据，也无法确定这些数据属于月球的哪个区域。嫦娥五号采集的样品，让月球科学家真正接触到有明确产地的月球物质，能真正在实验室里全方位分析研究这些月球物质，而这是月球遥感探测、原位探测和巡视探测难以做到的。

2020年12月17日，嫦娥五号返回器携带1731克月球样品返回地面。截至2021年10月，已有30家科研机构和高等院校获得月球样品并开展研究。通过对月球样品的研究，可以了解月球表面的形态、月球岩石类型和矿物组成、月球岩浆活动规律、月球的内部构造、月岩的形成年龄、月球的各种物理场、月球表面撞击坑的形成时间等，这对研究月球的起源和演化历史，地月系统的起源及其形成过程乃至太阳系的演化过程等有重要的科学价值。同时，月球样品的研究对人类认识月球的可用资源具有重要的科学价值。

60 月球取宝"团队"是如何组成的?

以月球采样为主要目标的嫦娥五号工程由探测器、运载火箭、发射场、测控与回收、地面应用5个系统组成。其中，嫦娥五号探测器是前往月球采集月球样品的"突击队"，承担采集月球样品和开展原位科学探测任务的具体实施，其他四个系统则负责任务的指挥控制、支撑保障以及科学研究和应用工作。

嫦娥五号月球采样返回任务是中国迄今完成的最为复杂的空间探测任务，而嫦娥五号探测器则是中国迄今研制发射的最复杂的深空探测器，其发射质量达8200千克，由轨道器、着陆器、上升器与返回器4个部分组成，这四个部分各司其职，共同完成月球样品采集和科学探测任务。图1为嫦娥五号探测器组成部分示意图。

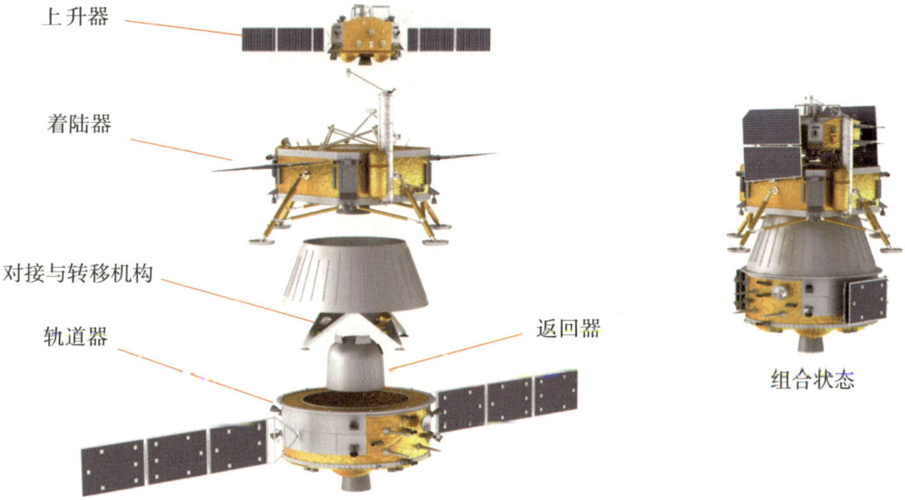

图1　嫦娥五号探测器组成示意图

轨道器承担的任务主要包括，在地月转移、环月飞行、月地转移过程中，保持与地面测控通信系统联系，执行姿态控制、轨道修正、近月制动、离月加速等一系列操作，同时还承担交会对接以及月球样品密封封装装置转移等任务。轨道器利用 1 台 3000 牛主发动机，以及总计 38 台推力分别为 150 牛和 25 牛的发动机，为地月转移、近月制动、月地转移入射、离月加速和月地转移中途修正等提供推力，还安装了太阳能电池帆板等装置。轨道器上装有用于与着陆器和上升器组合体（简称“着上组合体”）连接的支架，以及用于在环月轨道上与上升器进行对接和将月球样品从上升器转移至返回器的对接与转移机构，这些机构在月球轨道上先后与轨道器分离并被抛掉（见图 2）。

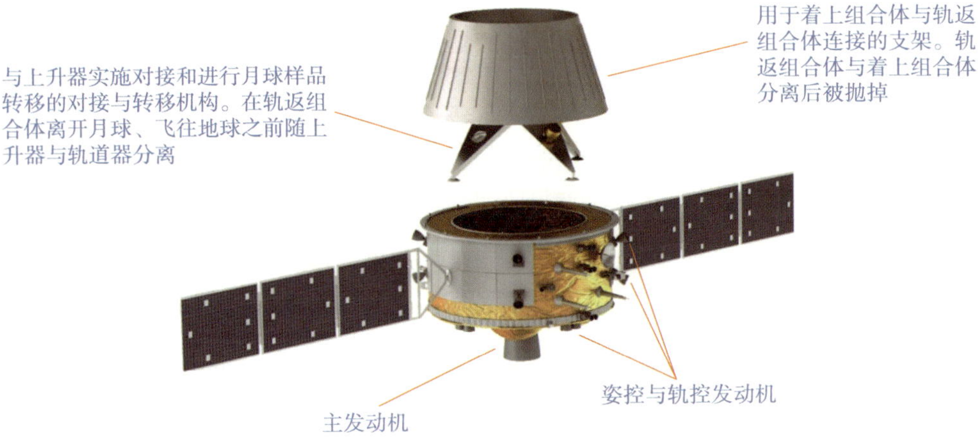

图 2　嫦娥五号轨道器示意图

轨道器在嫦娥五号任务期间各个阶段的任务主要有：在嫦娥五号探测器与运载火箭分离之后，轨道器在地月转移过程中，根据地面测控系统的指令，负责执行探测器的姿态控制和轨道修正机动；当嫦娥五号探测器到达月球附近时，负责执行近月制动，实现探测器被月球捕获而进入环月轨道；当探测器进入环月轨道后，轨返组合体（见图 3）与着上组合体分离，并抛掉用于与着上组合体连接的支架，随后轨道器携带返回器在环月轨道上飞行，等待与携带月球样品的上升器对接；当上升器携带月球样品进入环月轨道后，在环月轨道上的轨返组合体作为对接的主动方实施轨道机动，精确对准并逐渐靠近上升器，然后利用对接机构完成对接；完成对接后，利用月球样品转移机构将盛装月球样品的密封封装装置从上升器中移至返回器中，随后轨返组合体与上升器及对接与转移机构分离；完成分离后，轨返组合体实施两次月地轨道入射，在距月面约230千米处启动4台150牛发动机，进入月地转移轨道；轨道器携带返回器沿月地转移轨道飞向地球，并在月地转移轨道过程中实施多次轨道修正和姿态控制；当轨返组合体到达地球上空约5000千米位置时，轨道器与返回器分离，完成它的既定任务。

抛连接支架前

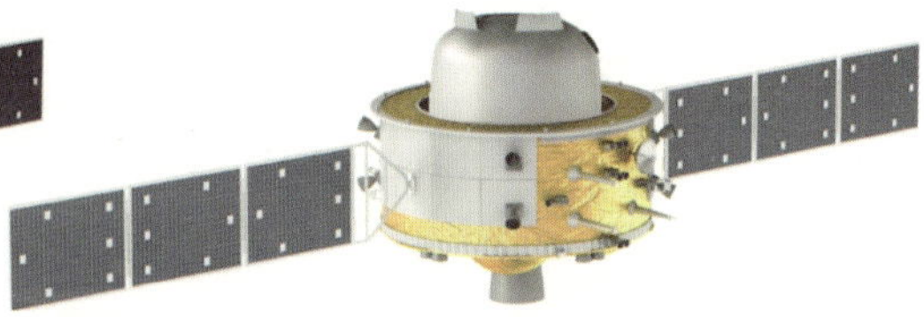

与上升器及对接与转移机构分离后

图3　嫦娥五号轨返组合体示意图

嫦娥五号轨道器在完成既定任务后，开始执行第一阶段拓展任务，从地球附近启程飞往距离地球约150万千米的日地拉格朗日L1点，并于2020年3月15日成功进入日地拉格朗日L1点附近的周期轨道并开展后续扩展任务，进一步扩大工程成果，为后续深空探测任务提供技术支撑，探索和积累经验。

着陆器的主要任务包括，携带上升器在月面上实现平稳软着陆（见图4），利用其携带的月球样品采集设备与上升器一起完成样品采集和封装等工作，作为月面上的"起飞平台"为上升器飞离月面提供条件；利用多台科学探测设备在着陆点开展现场探测，以实现嫦娥五号任务的科学目标。着陆器利用1台7500牛主发动机，以及总计16台推力分别为150牛和25牛的发动机，为动力下降提供推力。

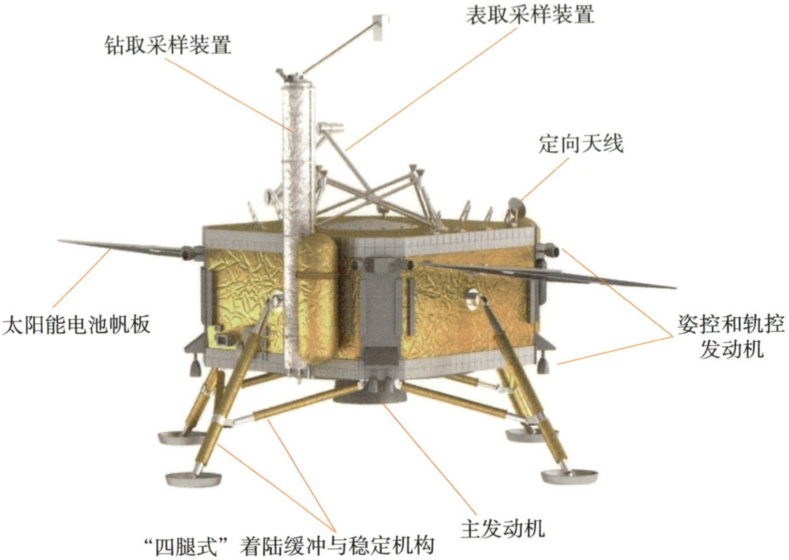

图 4　嫦娥五号着陆器示意图

着陆器承担的具体任务包括：一是确保着上组合体在月面安全着陆。在与轨返组合体分离后，着陆器携带上升器经 2 次变轨下降到近月点 15 千米的椭圆轨道，随后从距月面 15 千米处实施动力下降，在下降过程中实施姿态调整、速度控制，进行粗避障和精避障，并利用着陆缓冲与稳定机构实现软着陆。二是与上升器共同完成月球样品采集和封闭等操作。月球样品装采集置——表取装置和钻取装置均安装在着陆器上，而盛装月球样品的容器在上升器内，在样品采集过程中，两者配合完成样品的表取和钻取，通过“初级封装系统”密封样品并保存在样品容器中。三是为上升器月面起飞提供条件。上升器携带月球样品容器从月面点火起飞时，以着陆器作为“发射平台”，这要求着陆器选择相对平坦的月面着陆，以保证着陆器不过度倾斜，满足上升器起飞要求。四是开展探测活动。着陆器携带了月球矿物光谱分析仪、月壤结构探测仪、全景相机和降落相机 4 个科学探测有效载荷，以及全景相机转台、载荷数据处理器和国旗展示系统等 3 个工程及支撑有效载荷，着陆器利用其中 6 个有效载荷对着陆区和采样点进行科学探测，探测数据可为月球样品获取提供信息支撑，并通过着陆器上的定向天线发回地面。五是通过国旗展示系统展开五星红旗，展示过程由全景相机摄像并传回地面。六是对探测器的操作进行监视。着陆器携带了多台工程参数测量分系统相机，包括1台钻取机构监视相机、1台采样过程远摄相机和2台近摄相机以及1台分离上升监视相机，分别用于拍摄月球样品钻取和表取过程、上升器与着陆器分离和起飞过程等，并将拍摄的影像发回地面。在完成各项任务后，着陆器将永远留在月球上。

上升器的主要任务是：完成月面采样后，携带样品从月球表面起飞，与在月球轨道上飞行的轨返组合体交会对接，并将样品转移至返回器中。上升器具有完整独立的飞行控制系统、推进系统等分系统，其携带了1台3000牛主发动机以及总计20台推力分别为120牛和10牛的发动机，用于提供飞行动力、把控方向、调整姿态。

上升器在其任务的前半段，一直与着陆器组成着上组合体（见图5），直至与着陆器分离并从月球表面起飞，随后独立执行后半段飞行任务。在整个落月过程中，上升器的星敏感器为着上组合体提供姿态信息，上升器的中央控制计算机实施落月飞行控制。在月面采样过程中，上升器与着陆

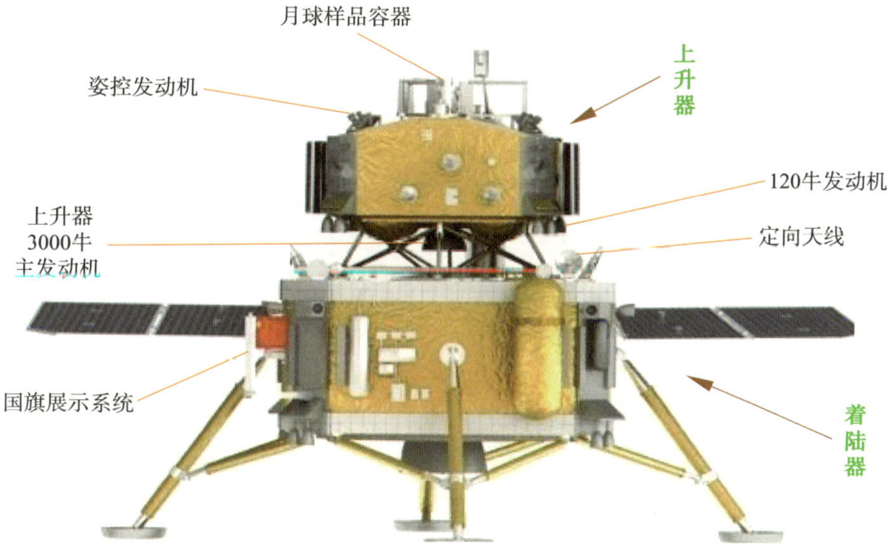

图5 着上组合体在月面着陆后的示意图

器配合完成样品采集并密封样品，将样品保存在上升器内的容器中。在离月上升过程中，上升器利用 3000 牛主发动机飞离月面，并利用 GNC 系统迅速判断上升器的实时状态，进而调整成垂直状态，经过垂直上升、姿态调整、轨道入射，进入近月点约 15 千米、远月点约 180 千米的交会对接初始轨道。在与环月轨道上等待的轨返组合体进行交会对接时，上升器作为被动方完成对接。轨道器上的样品转移机构将上升器携带的月球样品容器转移至返回器后，上升器与轨返组合体分离并继续沿环月轨道飞行，最终上升器按照地面指令受控离轨，降落在月面经度 0°、南纬 30° 附近的预定落点，并永久留在月球上。

返回器的主要任务是携带月球样品返回地球。当上升器将样品转移至返回器、轨返组合体与上升器分离后，轨道器携带着返回器踏上返回地球的旅途。在离地面 5000 千米处，返回器与轨道器分离，采用半弹道跳跃方式再入地球大气层，最终在嫦娥五号任务着陆场——四子王旗着陆场平安着陆（见图 6）。

图 6　在四子王旗着陆场着陆的嫦娥五号返回器

返回器采用了先进的防热系统，能够抵御穿越大气层时因气动加热导致的极端高温；安装了两个稳定翼，配置了12台反作用控制系统（RCS），以及质心盒辅助配平装置，以满足半弹道跳跃式再入返回时段的飞行控制需要；返回器在下降的最后阶段，采用减速伞降低下降速度。返回器上配置了两个信标机，用于帮助地面人员确定着陆位置，以回收返回器。

相关链接

嫦娥五号携带的发动机

嫦娥五号探测器一共携带了89台发动机。其中，轨道器配置1台3000牛主发动机和38台姿控和轨控发动机；着陆器配置1台7500牛变推力主发动机和16台姿控和轨控发动机；上升器配置1台3000牛主发动机和20台姿控和轨控发动机；返回器配置12台反作用控制系统（微型姿控发动机）。除了推力为7500牛和3000牛的主发动机外，其他74台发动机的推力包括150牛、120牛、25牛、20牛和10牛，12台反作用控制系统的推力为5牛。

61 月球取宝过程包括哪些阶段?

嫦娥五号月球采样返回任务的整个过程包括发射入轨、地月转移、近月制动、环月飞行、下降着陆、月面采样、月面上升、交会对接、环月等待、月地转移和再入回收等 11 个阶段。嫦娥五号月球采样返回任务阶段划分如图 1 所示，各阶段的主要任务如下。

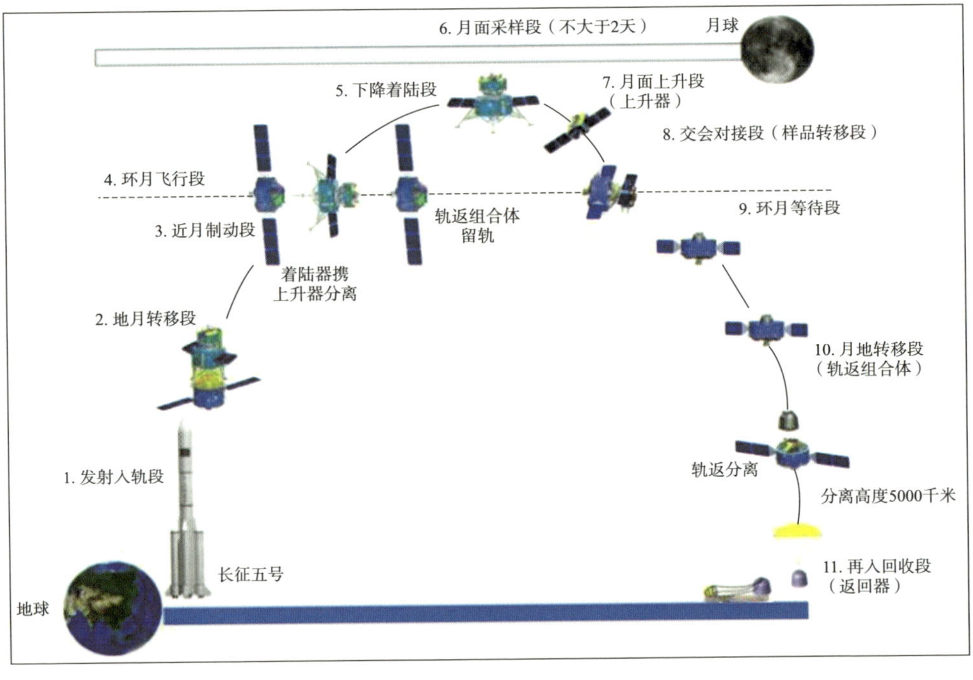

图 1　嫦娥五号月球采样返回任务阶段划分示意图

1. 发射入轨段。长征五号运载火箭在海南文昌航天发射场，将嫦娥五号探测器(含轨道器、着陆器、上升器、返回器)直接发射至近地点高度 200 千米、远地点高度约 40000 千米的地月转移轨道，火箭飞行约 2200 秒，完成发射后，火箭与嫦娥五号探测器分离。火箭发射时间为 2020 年 11 月 24 日 4 时 30 分。

2. 地月转移段。嫦娥五号探测器与火箭分离后，在地面测控支持下，沿地月转移轨道飞往月球，经过将近4天的飞行，到达近月空间。在地月转移飞行期间，实施2次轨道修正。整个地月转移段用时约112小时。

3. 近月制动段。嫦娥五号探测器在距月面400千米处成功实施轨道器3000牛发动机点火，约17分钟后完成近月制动，降低了飞行速度，探测器被月球引力捕获，进入环月轨道。

4. 环月飞行段。嫦娥五号探测器在环月轨道上绕月球飞行。环月飞行期间实施了第二次近月制动，探测器运行轨道从椭圆环月轨道调整为200千米的近圆形环月轨道。在环月轨道上，轨轨返组合体与着上组合体实施分离。分离后，着上组合体从200千米近圆形环月轨道实施两次降轨，先进入50千米 ×200千米椭圆轨道，再降至15千米 ×200千米椭圆轨道。轨返组合体继续留在200千米近圆形环月轨道上。

5. 下降着陆段。12月1日22时57分，着上组合体从距离月面约15千米处启动7500牛变推力主发动机，开始实施动力下降，经过主减速、快速调整、接近、悬停、避障和缓速下降等六个阶段，约14分钟后，着上组合体在月球正面西经51.8°、北纬43.1°的风暴洋吕姆克山脉以北预定区域成功着陆。

6. 月面采样段。着上组合体在月面软着陆后，通过表取采样装置和钻取采样装置，经过约19小时月面工作，顺利完成月球表面自动采样，并将样品封装保存在上升器携带的密封封装装置中。同时，着陆器携带的月球矿物光谱分析仪、月壤结构探测仪等科学探测设备对月球开展就位探测，将探测数据发回地面，并完成上升器月面起飞准备等工作。

7. 月面上升段。完成采样和封装后，上升器启动3000牛主发动机，携带样品密封封装装置从月面起飞，经多次轨道机动，进入将与轨返组合体进行交会对接的目标轨道。上升器从月面起飞时间为12月3日23时10分。

8. 交会对接段。轨返组合体作为交会对接的主动飞行器，先后进行4次轨道调相以进入交会对接任务轨道，12月6日5时42分，与进入交会对接目标轨道的上升器成功实现交会对接。完成对接后，经过约30分钟，月球样品密封封装装置从上升器转移至返回器内。

9. 环月等待段。上升器将样品密封装置转移至返回器之后，轨返组合体与上升器分离，进入为期约6天的环月等待阶段，期间完成4次轨道形状和相位调整。通过环月等待，选择最佳入射角返回地球，以确保返回器精确降落到预定的四子王旗着陆场。上升器按照地面指令受控离轨，最终降落在月面预定落点。

10. 月地转移段。在结束环月等待后，轨返组合体于12月12日9时54分实施了第一次月地转移入射，从近圆轨道变为近月点高度约200千米的椭圆轨道；12月13日9时51分，实施第二次月地转移入射，随后在距月面约230千米处成功实施四台150牛发动机点火，实现离月加速，轨返组合体成功进入月地转移轨道，开始从近月空间飞往地球。在月地转移过程中，轨返组合体进行了3次轨道修正。

11. 再入回收段。在距地面约5000千米高度时，返回器与轨道器分离。随后，返回器以接近第二宇宙速度的飞行速度，以半弹道跳跃式再入大气层；然后，通过降落伞进一步减速，着陆于内蒙古四子王旗预定着陆区；测控与回收系统完成返回器回收；探测器系统将样品密封封装装置移交地面应用系统，采样返回任务圆满完成。

图2为嫦娥五号探测器飞行过程示意图。

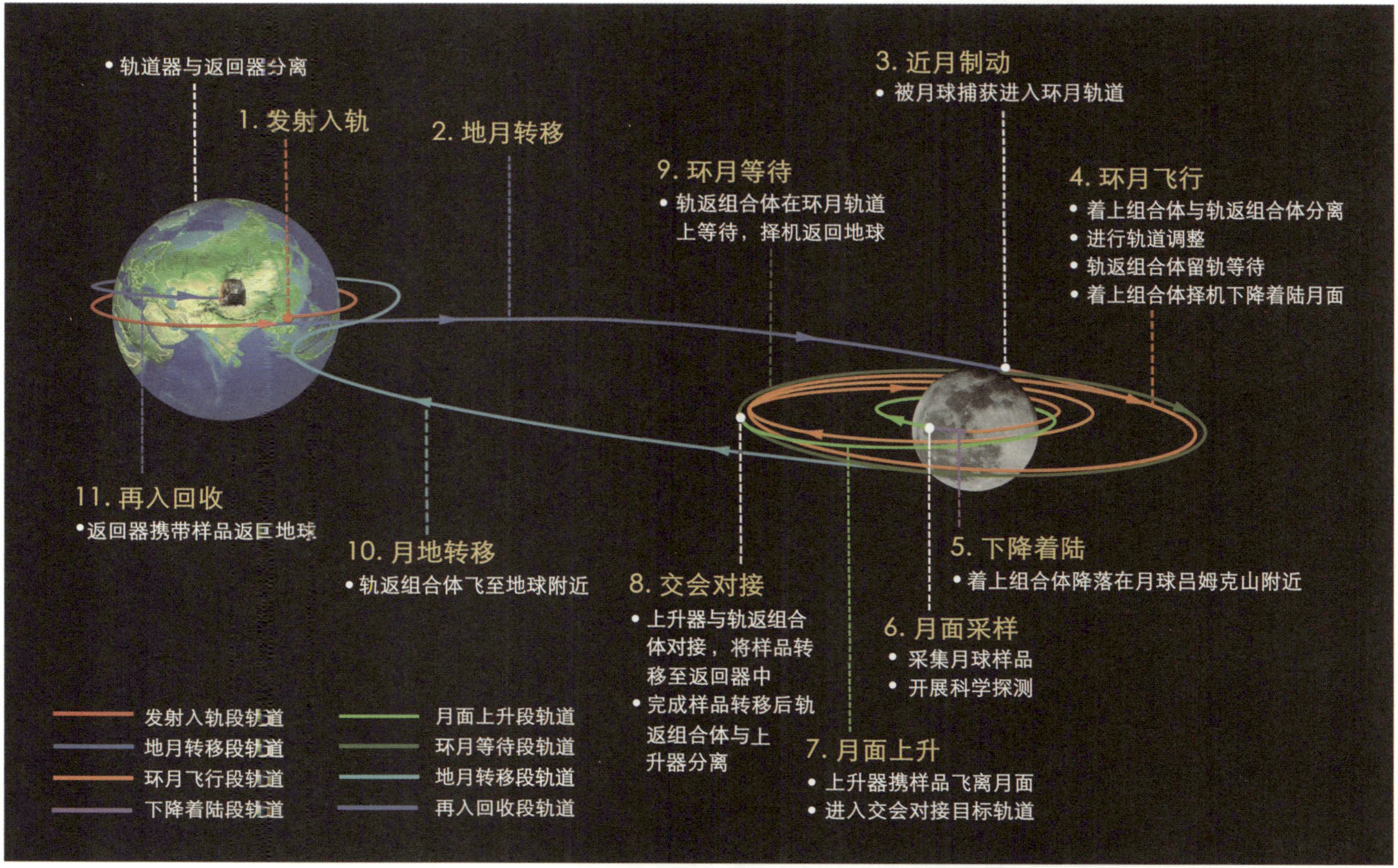

图 2　嫦娥五号探测器飞行过程示意图

相关链接

嫦娥五号返回器的降落伞系统

降落伞系统是嫦娥五号返回器返回着陆段的气动减速装置。返回器二次再入大气层后，在预定高度和预定速度时开伞，利用大气阻力降低返回器下降速度、稳定姿态，最终实现返回器安全着陆。返回器的开伞过程是：弹开伞舱盖，拉出减速伞包，减速伞在舱盖伞的牵引下展开；减速伞展开后稳定返回器的降落姿态，减速下降，为主伞创造开伞条件，减速伞分离时快速拉出主伞包，展开主伞；主伞展开后，利用大气阻力实现大幅减速，使返回器以不大于13米/秒的速度安全降落。嫦娥五号返回器采用侧向弹盖开伞的方式，降落伞与返回器之间采用单点吊挂方式连接，降落伞系统质量小于9千克。

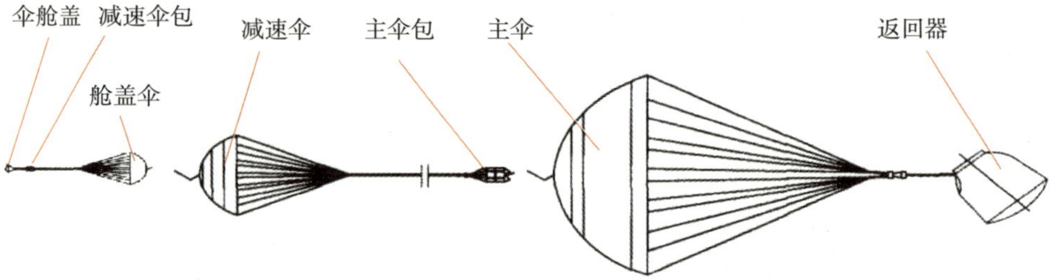

62 月球取宝为何采取“接力”方式?

嫦娥五号月球取宝团队由轨道器、着陆器、上升器和返回器组成，这个团队就像接力队一样，通过“接力”方式，把样品从月球送回地球。

那么，团队成员的任务又各是什么呢？既然是一个团队，就要分工明确、各负其责：轨道器负责“飞得到”，即与运载火箭分离后，负责把着陆器、上升器和返回器送到月球轨道；在着陆器和上升器完成采样任务、上升器把样品转移至返回器后，再把返回器送回地球附近。着陆器负责“下得去”，即到达月球轨道并与轨返组合体分离后，负责带着上升器，在月面软着陆，并与上升器一起完成月面采样，同时在月球表面执行原位探测任务。上升器负责“上得来”，即完成采样任务后，带着月球样品从月面起飞，与在月球轨道飞行的轨返组合体交会对接，并把月球样品转移至返回器内。返回器负责“落得下”，即当轨返组合体回到地球附近后，与轨道器分离，再入大气层，把月球样品送回地球。四个航天器各自的任务前后衔接，像“接力”一样，通过共同努力达到任务终点。

“接力”的第一棒是从地球到环月轨道，这一棒由轨道器承担。由于地月之间路途遥远，在飞往月球过程中需要多次变轨，到达月球附近时，还要进行制动减速，以便探测器被月球捕获，只有携带足量推进剂的轨道器依靠其推进系统和控制系统才能胜任这项任务，而着陆器、上升器和返回器均难以胜任。

“接力”的第二棒是从环月轨道到月球表面，这一棒由着陆器承担。执行地月轨道修正及月地返回任务的轨道器以及承担将月球样品送回地面任务的返回器，无须在月面着陆，只围绕月球进行环月飞行，而月面采样任务则由着陆器和上升器共同完成。所以，进入环月轨道后，着上组合体与轨返组合体分离，然后降落在月面执行采样任务（见图 1）。由于月球没有大气层，从月球轨道着陆月面，只有通过着陆器上7500牛的大推力发动机提供反向推力，降低下降速度，才能实现软着陆。上升器只有3000牛的发动机，无法用于月面软着陆，所以从月球轨道着陆月面这项任务只能由着陆器承担。

图1　着上组合体着陆月面示意图

“接力”的第三棒是从月球表面上升并进入环月轨道，这一棒由上升器承担。着陆器和上升器完成采样任务后，需要上升器先将采集的样品送到环月轨道，然后在环月轨道上将样品转移至返回器。此时，质量近3吨的着陆器已经完成采样任务，为了减轻月面起飞质量、减少推进剂消耗，需要把着陆器留在月面，并充当上升器的起飞平台，而由重约0.8吨的上升器携带月球样品从月面起飞（见图2），通过与留在月球轨道的轨返组合体交会对接（见图3），把月球样品转移至返回器内。

图2　上升器飞离月面示意图

图3　上升器与轨返组合体在月球轨道上交会对接示意图

“接力”的第四棒是从环月轨道飞行到地球上空，这一棒仍由轨道器承担。轨返组合体“拿”到月球样品并与上升器分离后，轨道器携带着返回器，利用其推进系统实施月地转移入射，加速克服月球引力，进入月地转移轨道，在地球上空约5000千米时与返回器分离，结束其在采样返回任务中的使命。返回器只安装了姿控发动机，不依靠轨道器，无法实现月地飞行。

“接力”的最后一棒是把月球样品从地球上空送至地球表面，这一棒由返回器承担。轨返组合体到达地球上空约5000千米时，返回器与轨道器分离，携带样品再入大气层并返回地面。由于返回器再入大气层的飞行速度极高，气动加热将产生极端高温，如果不在气动外形设计和防热方面采取措施，返回器会在再入过程中烧毁。只有经过防热设计的返回器，利用其防热系统才能安全再入大气层，同时由于其质量较小（约0.3吨），可以通过降落伞减速，平稳着陆地面（见图4）。

图4　返回器带着月球样品返回地面

为什么嫦娥五号探测器要组成轨道器、着陆器、上升器和返回器团队，采用“接力”方式把样品从月球送回地球呢？如果不进行着上组合体与轨返组合体分离，让总重8吨的探测器着陆月面，无疑会大大增加下降需要的反推制动力并消耗大量推进剂，为此不得不大幅增加探测器的发射质量，以致运载火箭无法发射。如果上升器与着陆器不在月球上分离而一同从月面上升，无疑会将大量推进剂消耗在已无用途的着陆器上，不仅增加从月面上升的“死重”，还需额外增加大量推进剂，从而导致探测器质量大幅上升，以致运载火箭无法发射。如果轨返组合体不在地球上空分离而一同进入大气层，无疑将大大增加再入返回航天器的质量，不仅增加跳跃式再入大气层的控制难度，还要大量增加用于姿态控制的推进剂，增大降落伞尺寸，同样将大大增加探测器质量，以致超出运载火箭的运载能力。所以，采用轨道器、着陆器、上升器和返回器团队“接力”的方案，是保证完成探测任务、最大限度地减小探测器质量、最节省能量的方案，也是最合理、最巧妙的方案。除此之外，采用四器组团的方案，将在环月轨道上实施航天器分离、交会对接等操作，可为未来载人月球探索任务进行技术探索，积累技术经验。

63 嫦娥五号采样区是如何选择的?

在嫦娥五号落月采样之前，美国和苏联在月球正面的多个不同地点，分别执行过多次有人采样和无人采样返回任务。这就给嫦娥五号落月采样区的选取工作提出了新的要求，使此次采样返回任务既要做到工程上可实施，又要实现科学上有意义。

要做到工程上可实施，就要考虑采样区的纬度、经度和地形地貌等因素。

首先，采样区的纬度越高，太阳光照强度越弱，越不利于探测器落月后的能源供应，因此，采样区的纬度不能大于60°；其次，考虑到上升器要与轨返组合体在月球轨道上交会对接，如果纬度过低，上升器与轨返组合体的轨道面相差较大，在交会过程中会增加推进剂的消耗量，所以，采样区的纬度不能小于15°；再有，根据月球纬度、太阳高度角与运载火箭发射机会的关系，采样区纬度在41°~48°时，满足太阳高度角的连续天数最多，对应的发射机会也最多，因此，采样区的纬度范围确定为北纬43° ± 2°或南纬43° ± 2°的区域。

采样区的经度范围主要是由运载火箭发射时间决定的，探测器落月的经度是随着发射时间而变化的。根据采样区的目标纬度，运载火箭的发射时间，嫦娥五号着上组合体动力下降的等待时间、航程及误差，将采样区的经度范围确定为59° ± 10°。

采样区的地形地貌越平整，越有利于探测器落月任务的完成。根据对月球南半球和北半球备选采样区平均坡度和起伏度的分析，南半球备选采样区为典型的月陆区域，地形变化复杂，起伏较大，不利于探测器安全着陆（见图1）；北半球备选采样区在风暴洋北部区域，该区域坡度较缓，起伏较小，有利于探测器着陆和采样（见图2）。因此，最终选定的采样区为43° ± 2°N、59° ± 10°W，在月面的位置如图3所示。

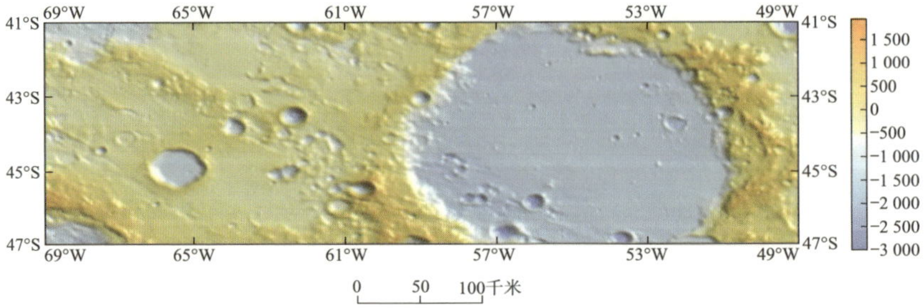

图 1　南半球备选采样区示意图

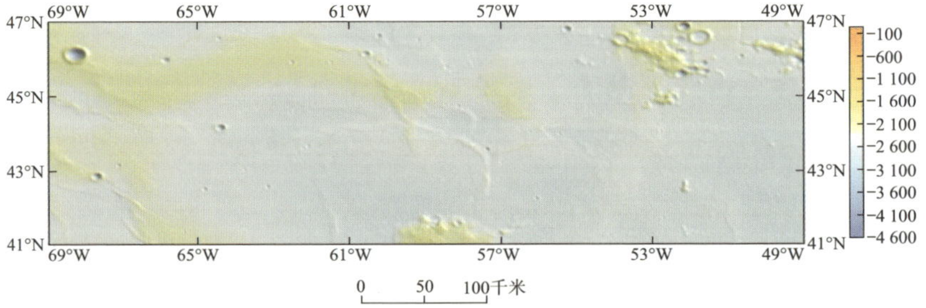

图 2　北半球备选采样区示意图

图 3　嫦娥五号月球采样区（黄色矩形区域）示意图

要实现科学上有意义，就要达到以下要求：1）地理位置不重复，即嫦娥五号要避开美国和苏联曾经到达过的采样区，以便获得不同于已有着陆区的月球样品；2）地质背景有特色，可以获得不同于已有月球样品的岩石/土壤样品；3）采样区尽可能选取地质背景复杂、地质现象丰富的地区。

最终，科学家们为嫦娥五号选定的采样区位于月球正面的风暴洋北部，远离苏联和美国的各次采样区。相比美国和苏联各次采样的区域，该区域形成的地质年代更年轻，分布着大面积的晚期（爱拉托逊纪）玄武岩，且铀、钍、钾等放射性元素含量更高，是研究月球晚期岩浆活动的良好场所，对于研究月球的起源及演化具有很高的价值。采样区附近的吕姆克山脉为典型的月海低钛玄武岩火山穹窿，研究该地区的样品，对于认识月海火山穹窿的成分、喷发方式、喷发历史、流体力学性质等具有重要意义。

64 嫦娥五号着陆器如何着陆月球?

嫦娥五号探测器进入200千米的环月轨道后，首先进行测定轨，然后着上组合体与轨返组合体分离。分离后，轨返组合体继续在环月轨道上飞行。着上组合体飞行1天后，在月球背面实施两次降轨机动：第一次降轨，从200千米圆轨道降轨至50千米×200千米椭圆轨道；第二次降轨，进入15千米×200千米椭圆轨道。再运行1天后，到达动力下降点。图1为着上组合体降轨机动示意图。

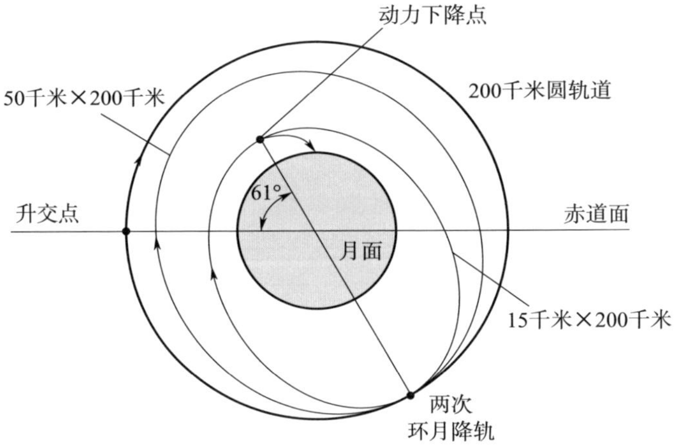

图1 着上组合体降轨机动示意图

着上组合体从15千米近月点附近开始动力下降，直至在预定区域实现月面软着陆，整个过程分为以下6个阶段。

主减速段：高度从15千米到2千米。在此阶段，着陆器上的7500牛变推力发动机开机，实施大推力制动，快速减速，着上组合体的飞行速度由1.7千米/秒降至约65米/秒。

快速调整段：高度从2千米到1.5千米。在此阶段，着上组合体的飞行姿态由倾斜快速调整到接近垂直，发动机推力同步减小到低推力水平。

接近段：高度从 1.5 千米到约 100 米，该阶段的主要任务是粗障碍检测与规避。着上组合体采取接近直线下降的方式，逐步接近着陆区，通过光学成像敏感器检测粗障碍，确定安全着陆区域并规避粗障碍，最终到达着陆区上方约 100 米高度，相对月面下降速度接近于零。

悬停段：着上组合体在高度约 100 米位置悬停，该阶段的主要任务是对着陆区的精障碍进行检测。着上组合体保持悬停状态，着陆器利用激光三维成像敏感器对着陆区进行观测和精确拍照（见图 2），选择安全着陆点。

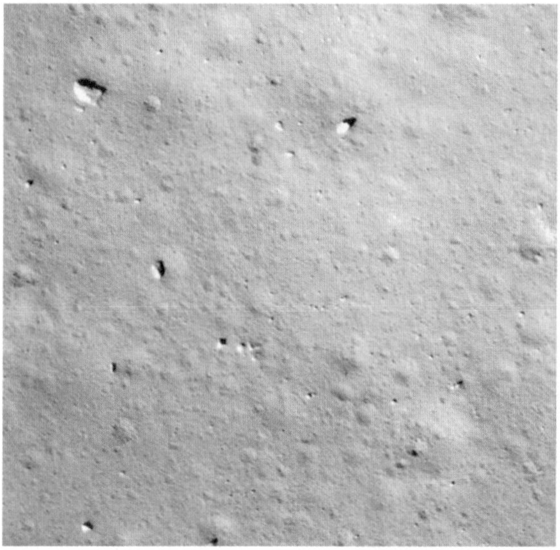

图 2　着陆器利用激光三维成像敏感器对下方着陆区拍摄的图像

避障段：高度从约 100 米到约 30 米，该阶段的主要任务是精避障和下降。根据选择的安全着陆点，着上组合体斜向下降到选定的着陆点上方。到达着陆点上方约 30 米时，下降速度不大于 2 米 / 秒，水平速度接近于零。

缓速下降段：高度从约 30 米到关机信号生效，该阶段的主要任务是平稳缓速下降。着上组合体姿态垂直月面，消除水平速度，缓速下降。着陆器在距离月面不足 5 米时，关机敏感器发出关机指令，关闭轨控和姿控发动机，着上组合体利用着陆器着陆腿的缓冲实现月面软着陆。

着上组合体从 2020 年 12 月 1 日 22 时 57 分开始动力下降，到 23 时 11

分在月球正面吕姆克山脉以北地区平稳着陆，用时总计800多秒，下降过程如图3所示。

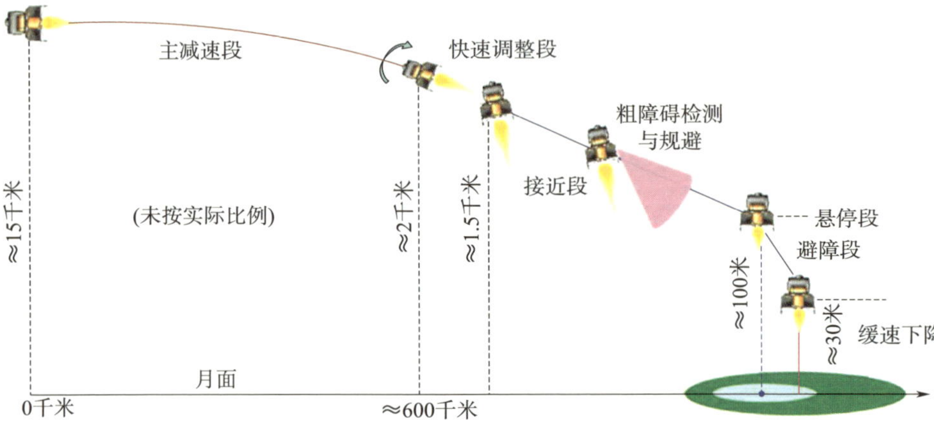

图3　着上组合体下降过程示意图

成功着陆后，着上组合体在地面控制下，进行太阳能电池帆板和定向天线展开等状态检查与设置工作（见图4），正式开始持续约两天的月面工作，采集月球样品。

图4　展开太阳能电池帆板和定向天线的嫦娥五号着上组合体

65 嫦娥五号着陆器如何钻取月表以下的样品？

嫦娥五号任务的总体目标是，采集约 2 千克由表层与深层月壤成分构成的样品。由于着陆区与采样点不确定的地质特性，嫦娥五号采取了钻取采样与表取采样两种方式，以丰富月球样品的多样性，同时两者互为备份。

钻取就是利用钻取装置，钻到月球表面以下，得到深层月球样品，钻取样品采集深度达到 2 米左右，并且不破坏月壤从上到下的原始层理信息。月球样品钻取装置主要由支撑机构、钻进机构、加载机构、钻具取芯机构、整形机构、展开机构和压紧释放机构等组成，样品钻取任务由钻取装置、控制系统以及钻取机构监视相机等装置承担。钻取采样过程大致可以分为钻具钻进、软袋取芯、提芯整形、分离转移、展开避让等环节。

1. 钻具钻进

嫦娥五号钻取采用原位钻取方式，简单说来就是取芯钻具固定在一个位置往下钻进取样。取芯钻具安装在着陆器上，纵贯着陆器与上升器，由空心钻杆、钻头、取芯机构、驱动系统和支撑机构等组成，取芯机构采用一种称为“双管单袋”的组合形式（见图 1）。

在钻进取样过程中，加载机构驱动钻进机构整体向下钻进，钻头对月壤进行切削，螺旋形钻杆将切屑排出，月球样品进入空心钻杆内部的中空部分，逐步被取芯软袋包裹。针对钻进过程可能遇到坚硬岩石的情况，钻具通过 3 台驱动电机，分别赋予钻杆向下运动的钻压力、钻杆旋转切削力、粉碎石块的冲击力，实现了“回转”“冲击”和“回转 + 冲击”三种钻进模式，同时采用双排钻牙阶梯构型，使钻具形成多个切削面，可以对不同颗粒度月壤进行切削、拨、挤、排等能力。为了确保钻取设备有足够强的“钻劲儿”，设计人员为其配置的功率超过 1000 瓦，大约相当于家里钻水泥墙钻机功率的 3 倍。

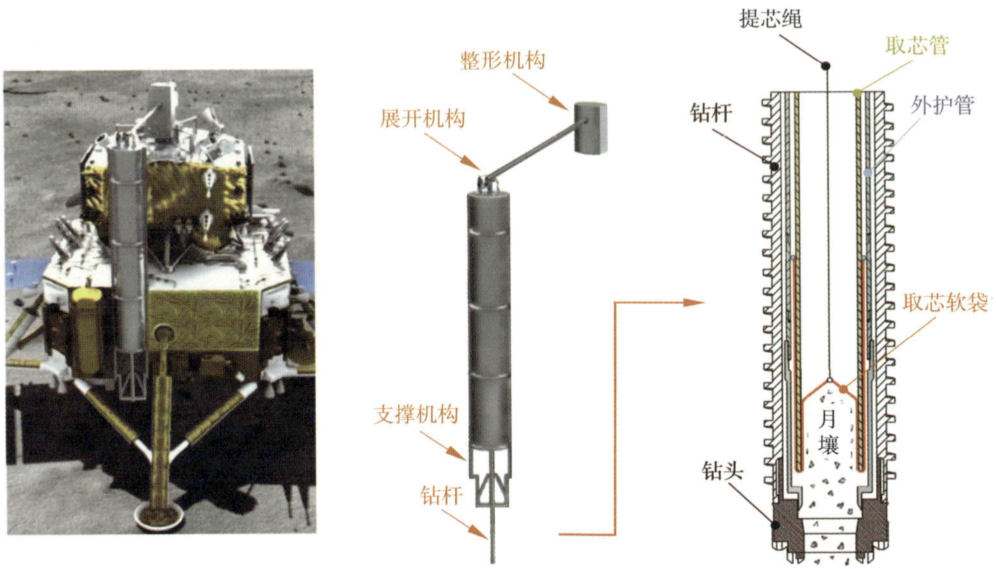

图 1　钻取采样装置示意图

2. 软袋取芯

在钻具向下钻进的过程中，虽然月壤可以进入空心钻杆内，但如何在不破坏月壤层理情况下提取月球样品是摆在研究人员面前的一道难题。嫦娥五号采用软袋取样技术解决这一难题。如图 1 所示，钻杆内部有一根硬质的空心取芯管和一根外护管，取芯管外壁包覆一层由芳纶材料制成的取芯软袋，它可在提芯绳（软袋拉绳）牵拉作用下内翻至取芯管内部，提芯绳的另一端连接于软袋整形装置的卷筒上。当钻杆和钻头旋转钻进时，取芯管和外护管均不回转，只是随着钻具向下移动，此时提芯绳保持拉绳的静止牵拉状态而不放长。随着取芯管与钻杆同步进入月面并向下移动，取芯软袋从取芯管的外部被拉入到取芯管内部，并同步“包覆住”进入钻杆空腔的月球样品，完成月球样品的获取（见图 2）。其中，外护管的作用是保护软袋不受钻杆的摩擦损坏。

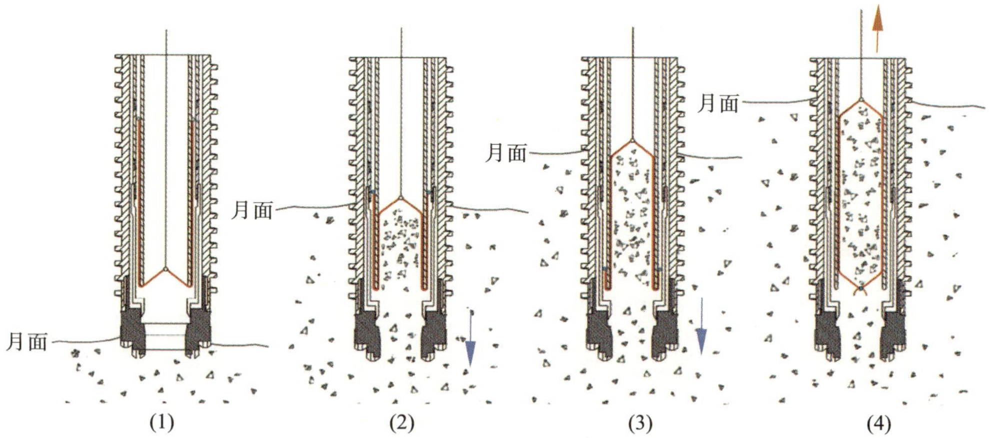

图 2　嫦娥五号月球样品取芯过程示意图

1. 钻取之前；2、3. 钻取过程中；4. 完成样品获取并进行封口，提芯绳上提

取芯软袋完成月球样品获取后，必须采用封口器对软袋进行封口。封口器由 8 字构型的镍钛超弹性合金丝材绕制定型而成，与取芯软袋末端进行一体化缝合，在封口前与软袋一同包覆于取芯管外壁，呈展开状态。在软袋获取样品后、提芯绳向上提芯时，展开状态的封口器在取芯管外壁滑动至端面，翻转至取芯管内部，失去取芯管外壁的支撑，在弹性作用下收缩密闭，将取芯软袋扭转，阻隔了月球样品的散落通道，实现月球样品的密闭，并保证提芯过程中不发生样品掉落（见图 3）。

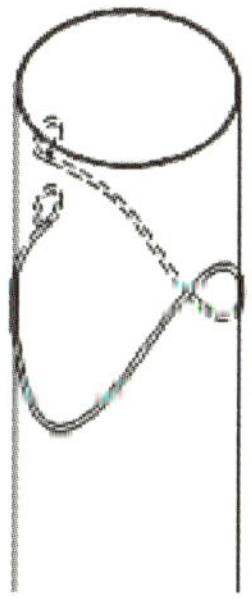

套在取芯管外壁时的展开状态

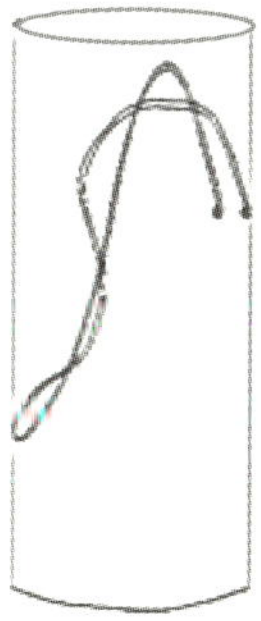

内翻到取芯管内的密闭状态

封口试验照片

图 3　取芯软袋封口器原理和试验照片

由于取芯过程中，取芯管、外护管和取芯软袋（两管单袋）均不回转，月球样品由软袋内翻逐步包裹提取，避免了月球样品与取芯管之间的摩擦，从而防止破坏月壤的层理，并可提高取芯率。这种采样方法也被称为“无滑差主动软质取芯技术”，或“双管单袋 - 柔性内翻”取芯方法。

3. 提芯整形

盛装了样品并封口的取芯软袋由一段数米长的提芯绳提升，提芯绳一端与取芯软袋连接，另一端连接于整形装置的卷筒上，通过卷筒转动实现提升，即整形机构缠绕提芯绳，进行取芯软袋及样品提取。由于取芯软袋是一条内径不到 2 厘米的细长袋子，无法直接放入盛装样品的初级封装容器中，因而需要进行整形，使其符合装入容器的形状要求。初级封装容器设计为卷筒形（见图 4），内置缠绕卷筒，位于上升器的顶端，提芯绳在卷筒上原位缠绕，带动盛有月球样品的取芯软袋缠绕至卷筒上，从而把钻取样品转移到初级封装容器中，这个过程称为“整形”。整形机构由卷筒、导向套、导轨、整形电机、支架等组成。在缠绕整形过程中，取芯软袋在提芯绳拉拽作用下，通过导轨和导向套实现卷筒缠绕，导向套自上向下沿卷筒轴向运动，顺序给进软袋，配合卷筒转动将取芯软袋缠绕在卷筒上，从而完成整形。

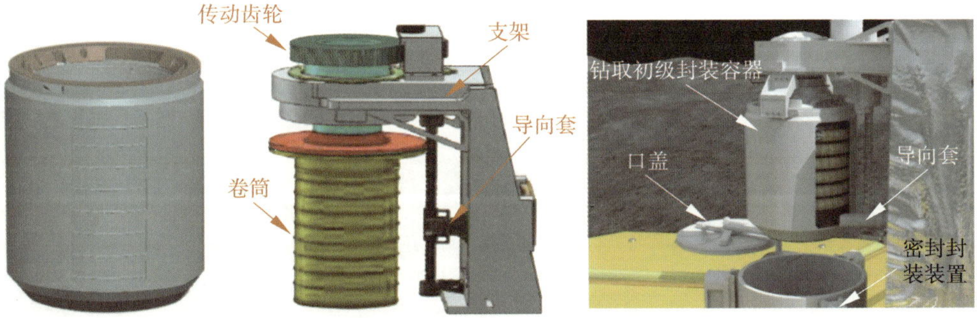

钻取初级封装容器　　缠绕整形卷筒　　整形完成后的状态

图 4　缠绕整形机构和钻取样品初级封装容器

4. 分离转移

嫦娥五号采取的样品采用二级封装方式，即初级样品封装容器完成一级封装后，再由密封封装装置进行二级密封封装。钻取样品完成整形并装入初级封装容器后，需要将初级封装容器与整形机构分离，并转移到位于上升器顶部的月球样品容器，即密封封装装置之中。在此过程中，初级封装容器事先已位于密封封装装置的上方，先打开密封封装装置的口盖（见图5），并进行整形状态检查，随后剪切机构利用整形电机提供的驱动力剪断均布的3个剪切销，使初级封装容器与整形机构分离，并在弹性装置和重力作用下沿导向机构进入密封封装装置内，从而完成分离转移。

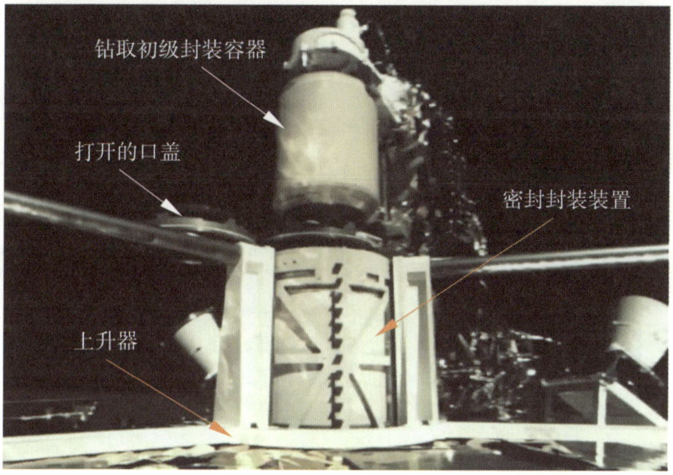

图5　初级封装容器正被装入上升器顶部的密封封装装置中

5. 展开避让

完成初级封装容器转移后，钻取采样装置的整形机构解锁，展开机构驱动整形机构避让至预定位置，从而使整形机构从上升器上方移开，给表取初级封装容器让路。整形卷筒从钻取初级封装容器内移出后，使后续表取初级封装容器可放入钻取初级封装容器的空腔中。展开避让操作由展开机构利用涡卷弹簧提供的机械力驱动展开臂及整形机构，使整形机构等装置向外侧摆开，实现展开避让（见图 6）。

至此，嫦娥五号完成钻取月球样品的全过程，随后将开始执行月面表取样品任务。图 7 是嫦娥五号相机拍摄的月面钻取样品过程主要环节的照片。

图 6　嫦娥五号钻取装置整形机构展开避让示意图

钻进取芯　提芯整形　密封开盖　分离转移　展开避让

图 7　嫦娥五号相机拍摄的月面钻取样品过程

66 嫦娥五号着陆器如何采集月球表面的样品?

自动采集月球样品是嫦娥五号任务的关键环节之一。采样任务分为月球样品表取和钻取两种方式,用两种方式采集样品可以丰富月球样品的多样性,并互为备份。其中,表取在钻取完成之后进行,其利用嫦娥五号采样机械臂末端的采样器,在多个采样点,分多次获取月面表层和次表层的月壤,然后对获得的样品进行封装。

嫦娥五号表取操作由表取采样装置完成。表取采样装置主要由采样机械臂和采样器构成。其中,采样机械臂的作用类似于人的手臂(见图1),主要由臂杆A、臂杆B、肩俯仰关节、肩偏航关节、肘关节和腕关节等4个回转关节,以及控制系统和驱动装置等组成;采样机械臂的末端固定在着陆器上,前端安装了采样器,并配置了远摄相机和近摄相机、压紧释放机构等装置;机械臂具有4个自由度,伸展后长达3.7米,要在采样区内的多个采样点进行多次采样。

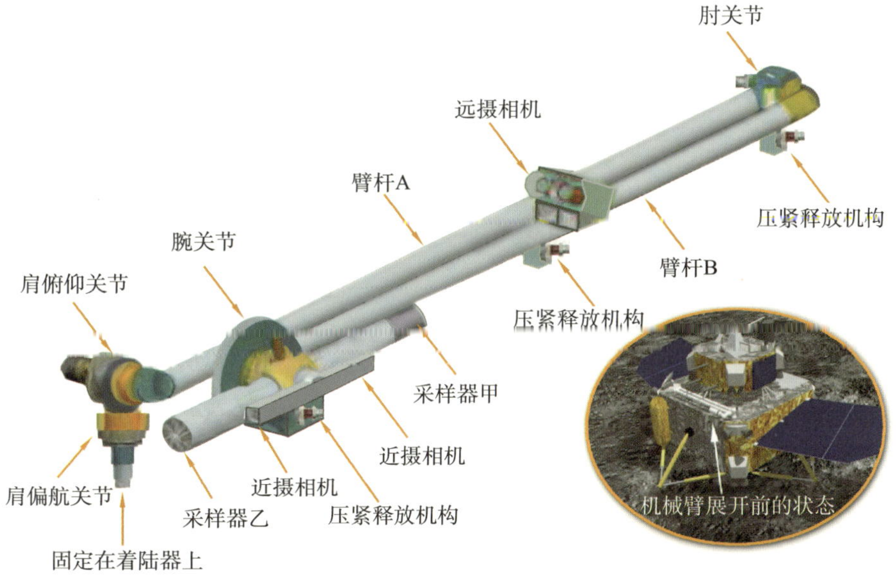

图1 表取采样装置构成示意图

采样器的作用类似于人的手，通过腕关节与机械臂连接，用于直接从月面采集月球样品。采样机械臂末端配置了两台采样器——采样器甲与采样器乙，二者互为备份（见图2）。采样器甲是一种铲挖式采样装置，由外形像勺子的挖取装置和封口装置构成，长度约35厘米，具备挖取、铲取、拾取松散月壤或微小石块的功能，但不具备采集较大石块或黏性月壤的能力。

图2　采样机械臂及采样器示意图

采样器乙为齿状金属瓣结构，内部有可将采集的样品推出的“活塞”装置，长度约30厘米。它能通过旋转破碎粘结在一起的黏性月壤或石块，进而搜集黏性月壤和岩石粉末。在采样时，采样器乙会钻进月壤，打开齿状金属瓣，抓取黏性样品；齿状金属瓣闭合时，即可抓紧目标样品；采样完成后，齿状金属瓣慢慢张开，采样器内的活塞可将黏性样品推送到表取初级封装容器中。

嫦娥五号月球样品表取任务大致可分为表取采样机械臂展开、表取采样、样品转移、抓罐放罐、密封闭盖、表取避让等环节。

1. 机械臂展开

从嫦娥五号探测器发射到开始月面表取采样前，采样机械臂一直由压紧释放机构压紧，呈折叠收缩状态。进入表取程序后，首先对采样机械臂进行解锁释放，并展开机械臂（见图2）。

2. 表取采样

表取采样机械臂携带采样器甲、采样器乙，在采样监视相机、全景相机、表取采样机械臂远摄相机和近摄相机的引导下，在120°范围的扇区、约8平方米的月面实施多点采样（见图3）。

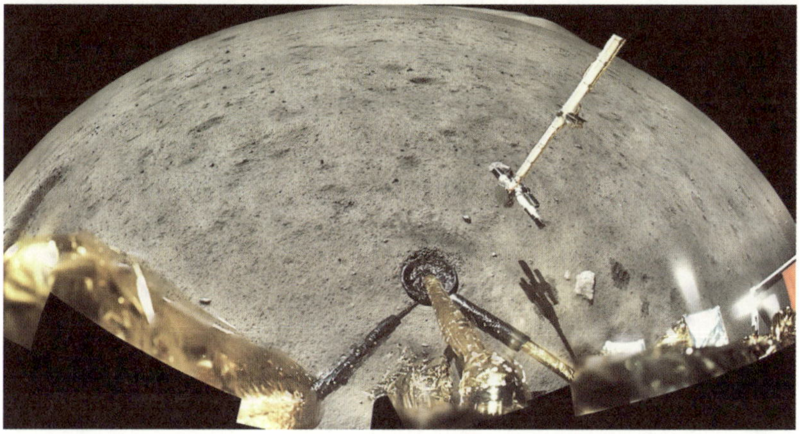

图3　表取采样区域

采样器甲可通过挖取、铲取、拾取三种采样方式进行采样。其中，挖取是利用采样器甲的挖取装置进行的触月采样，即当其接近月面时，通过转动“勺子把”来挖取松散的月壤（见图4）；铲取是利用采样器甲的封口装置实现月壤采集；拾取则是利用封口装置与挖取装置配合实现对尺寸稍大石块的采集。当采样器完成铲挖取样后，采样器甲实施封口，封口时伴有振动，以防月壤颗粒与采样器内壁粘连而影响月壤倒出。

按照嫦娥五号表取采样任务设计，采样器甲要进行15次采样，但嫦娥五号在实际操作过程中，由于采样器甲表现优异，只进行了12次挖取和铲取就装满了表取初级封装容器。每完成一次采样，都须将采集的样品转送到表取初级封装容器中，直到装满初级封装容器。由于采样器甲采样顺利，最终没有使用采样器乙进行采样。

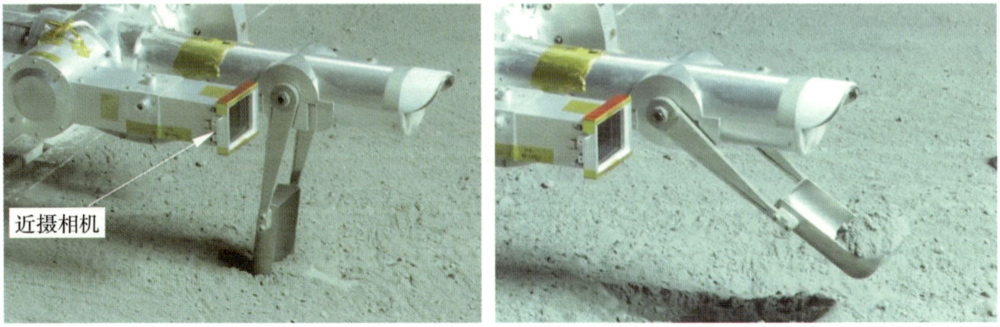

图 4　采样器甲利用挖取装置采集月壤（地面模拟装置）

嫦娥五号抵达月面以后，着陆器上的相机对采样区成像，为地面人员提供相关地理信息。依据这些信息生成上传的控制指令，用于机械臂完成一系列采样动作。为了确保采样圆满成功，研究人员利用虚拟现实技术在地面建立了一个与月球表面高度相似的地形，并安放了一台等比例的表取采样装置，着陆器上配置的 6 台光学监视相机，机械臂上的 1 台远摄相机、采样器末端的 2 台近摄相机可以提供全方位无死角的环境感知信息，使地面科研人员对表取采样每一步操作都可以实时模拟复现，复现结果可为表取采样提供精准的决策支持。

3. 样品转移

样品转移是指将取样器从月表获取的样品转移到表取初级封装容器内的过程。表取初级封装容器像一个“小罐子”，位于着陆器顶部。在表取采样机械臂展开时，表取初级封装容器口盖将同步自动打开。取样器完成月表取样后，机械臂带着取样器移动到“小罐子”上方，随后取样器打开封口装置，将月壤倒入表取初级封装容器中（见图 5）。取样器每铲挖一次月壤，就会向“小罐子”倒入一次，直到装满。当满足采样量后，表取初级封装装置的升降装置、转动机构配合运动，完成自动闭盖，从而完成表取样品的初级封装，至此完成样品转移。值得一提的是，“小罐子”只是表取初级封装装置的一个组件，除了这个盛装样品的“小罐子”，还有口盖、漏斗、电机、升降装置和传动机构等部件，用于执行关闭口盖和封装等多个复杂的动作。

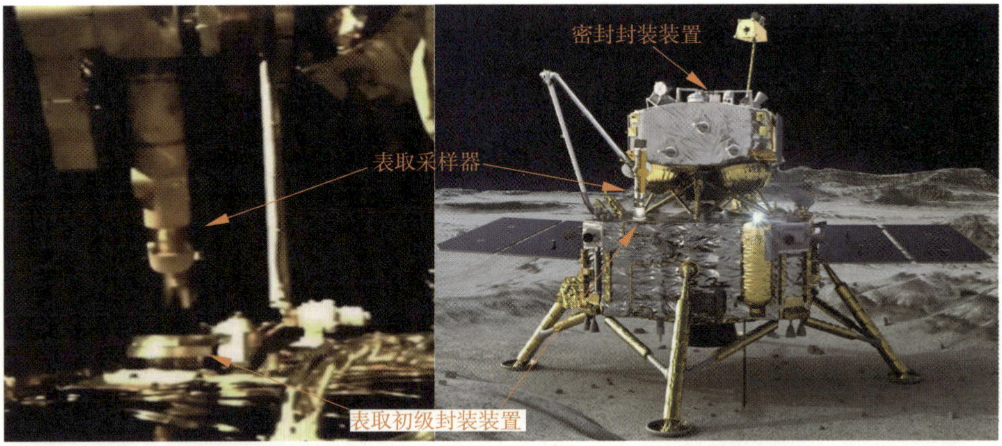

月球实拍　　样品转移示意图

图 5　表取初级封装容器及月球样品转移

4. 抓罐放罐

该操作的目的是将盛装样品的表取初级封装容器转移到位于上升器顶端的密封封装装置中。这项工作利用机械臂和采样器甲的拾取功能来完成。采样器甲先抓住“小罐子”，再通过机械臂运动提取，将“小罐子”移至上升器的上方，最后将它放入此前已放入钻取初级封装容器并仍打开盖体的密封封装装置中。这个过程也形象地称为“抓罐、提罐、放罐”（见图 6）。

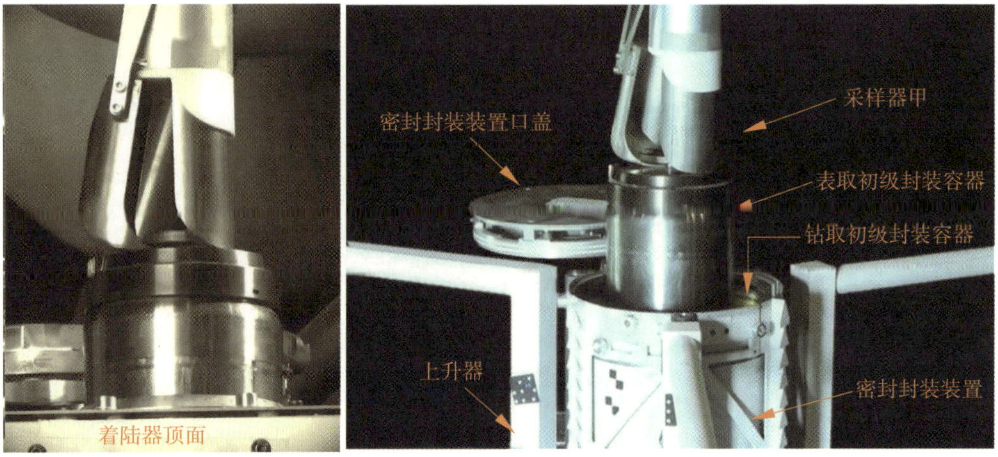

抓取表取初级封装容器　　将表取初级封装容器放入密封封装装置

图 6　表取采样器甲抓罐放罐（地面模拟）

5. 密封闭盖

当机械臂将“小罐子”放入密封封装装置后，密封封装装置关闭盖体，对钻取和表取两种样品完成月面密封。嫦娥五号的月球样品采用二级封装方式，一级封装分别由钻取初级封装容器和表取初级封装容器完成，二级封装由密封封装装置对装入其中的两个初级封装容器及其盛装的月壤进行二次月面封装（见图 7），从而满足防止月球样品遭受污染的要求。

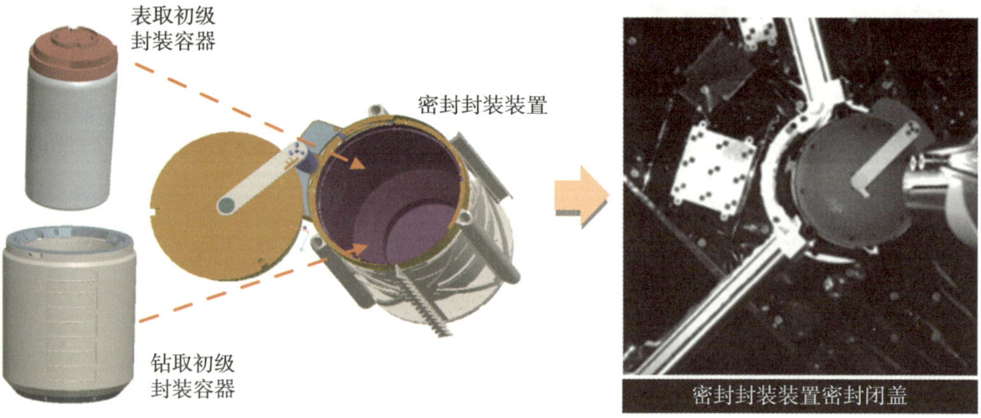

图 7　月球样品的二级密封封装示意图

6. 表取避让

表取机械臂从上升器上方移开，完成对上升器起飞通道的避让，以免影响上升器起飞。

在嫦娥五号进行月面采样时，表取采样装置和钻取采样装置分别在着陆器的两侧，一个在阳面，另一个在阴面。这是因为执行表取任务时，表取采样机械臂活动范围大，且需要进行多点采样，地面人员要清晰地看到采样区的细节，因而表取装置位于光照条件更好的阳面。执行钻取任务时，钻具在月球表面工作的功率较大，对散热要求高，因而钻取采样装置要处于温度相对低的环境中，所以将其部署在阴面。在着上组合体下降飞行过程中，通过精确的姿态控制，实现表取采样装置处于向阳位置、钻取采样装置处于背阴位置。

67 嫦娥五号在月面开展了哪些科学探测活动？

2020 年 12 月 1 日，嫦娥五号着上组合体在月球正面风暴洋吕姆克山脉以北地区成功着陆，随后顺利进行了月球样品采集。除了采集月球样品外，嫦娥五号还利用多台科学设备在着陆点开展了科学探测活动。

探月三期工程为嫦娥五号任务设立了两项科学目标：一是在着陆区进行现场调查和分析。开展着陆点区域形貌探测和地质背景勘察，获取与月球样品相关的现场分析数据，建立现场探测数据与实验室分析数据之间的联系。二是开展月球样品的分析与研究。对月球样品进行系统、长期的实验室研究，分析月壤的结构、物理特性、物质组成，深化月球成因和演化历史的研究。

为了实现上述科学目标，嫦娥五号探测器携带了月球矿物光谱分析仪（LMS）、月壤结构探测仪（LRPR）、降落相机（LCAM）和全景相机（PCAM）四个科学类有效载荷，并配置了载荷数据处理器、全景相机转台和国旗展示系统三个工程及支撑类有效载荷（见图 1、图 2）。有效载荷获得的探测数据通过定向天线传回地面，该定向天线利用一个双轴驱动机构驱动天线辐射器灵活转动，使外形像锅盖一样的天线始终对准地面。这些设备全部安装在嫦娥五号着陆器上。

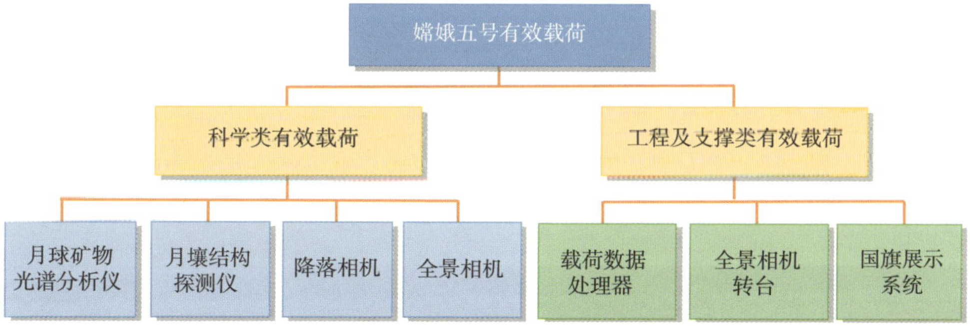

图 1 嫦娥五号探测器的有效载荷组成

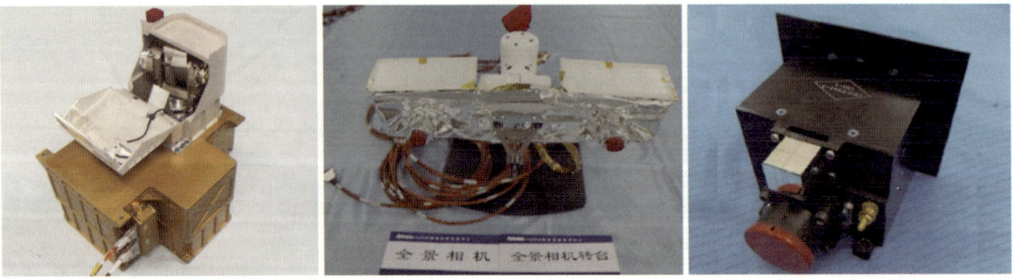

图 2　嫦娥五号有效载荷

左—月球矿物光谱分析仪；中—全景相机和全景相机转台；右—降落相机

月球矿物光谱分析仪的主要任务是对月表物质成分和资源进行勘察，并为选择表取样品采样点提供支持。它是一台用来对月表目标进行反射光谱探测和分析的设备，可以在波长 0.9~3.2 微米谱段进行红外光谱测量，同时可在波长 0.45~0.95 微米谱段获得光谱图像数据；既可以对月表采样区约 3 米 ×3 米区域进行摆扫成像，也可以对准机械臂采样点进行精细光谱成像。利用该设备获得的光谱数据，可以识别和分析月球表面物质的矿物组成，帮助判断岩石类型，辅助开展地层学研究，并可与后期返回样品的实验室光谱进行对比分析，从而为研究月球地质演变、月球岩石－水交互作用、月球的形成过程等提供科学数据支撑。

特别值得一提的是，由于水分子和组成水分子的羟基（OH）在波长 3 微米附近的红外光谱范围具有明显的吸收特征，通过对 3 微米附近的光谱特征数据进行分析，可以为月球找水提供探测证据。月球矿物光谱分析仪对采样区约 2米×2米的区域进行了光谱探测，中国科学家根据光谱数据分析，判断嫦娥五号采样点的月壤和月岩中均含微量的“水”（见图 3）。不过，这里的“水”不是我们在地球上看到或能喝的水，而是指水分子或羟基，它们与岩石或月壤结合在一起形成“结合水”或“结构水”，在加热的条件下才可能析出。

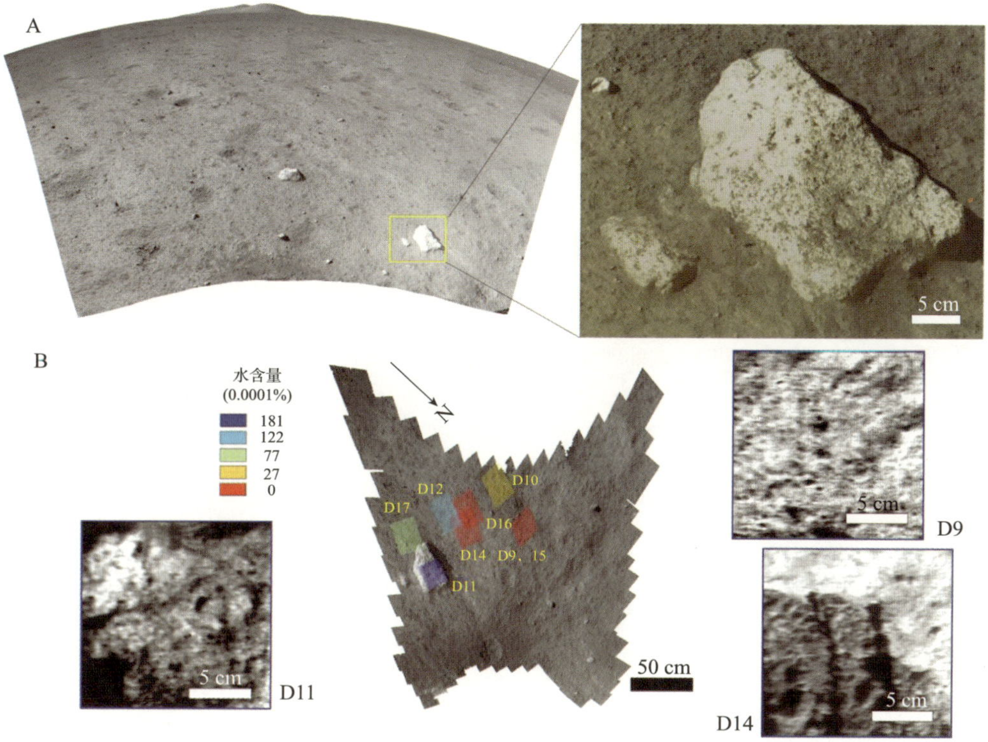

图 3 嫦娥五号发现月球"水"的证据

中国科学家基于月球矿物光谱分析仪的探测数据，在嫦娥五号采样区发现水的证据，月壤水含量在 0.012% 以下，岩石中的水含量约为 0.018%。相当于 1 吨月壤中约有 120 克水，1 吨岩石中约有 180 克水。图 3（A）为全景相机拍摄的采样点图像，月球矿物光谱分析仪对图中的岩石进行了光谱测量；图 3（B）中的彩色矩形代表月球矿物光谱分析仪在 0.45~0.95 微米谱段获取光谱数据的精确探测点以及水含量。

月壤结构探测仪是一台可穿透月球次表层的探测雷达，主要任务是对月球浅层内部结构、月壤厚度进行探测，并为钻取月球样品提供信息支持，其探测深度达 3 米，分辨率达厘米级。它由安装在着陆器底板上的天线阵以及安装在着陆器舱内的电子学箱、电缆组件构成。在进行月球样品钻取过程中，月壤结构探测仪可以对钻头下方的月壤结构和可能存在的月岩进行高分辨率成像，获取的雷达数据经快速处理后，为后续月壤钻取任务提供关键的信息支持，而其获得的雷达探测数据经过后续处理，有助于科学家深化对月壤形成和演化机理的认识。

降落相机安装在着陆器底部,主要任务是在着上组合体动力下降过程中,获取距月面不同距离的着陆区光学图像,并为选择表取样品采样点提供信息支持。降落相机获得的图像将用于分析着陆区地形地貌和区域地质情况。与嫦娥四号的降落相机相比,嫦娥五号降落相机的有效像素有了大幅提升,可以拍摄更高分辨率的月表图像,获得更精细的月表图像数据,供科学家开展科学研究。

全景相机的主要任务是获取着陆区高分辨率月表形貌数据,拍摄国旗展示过程,为选择表取样品采样点提供信息支持。全景相机由相距一定距离的两台相机组成,可对目标进行立体成像,它们安装在着陆器顶部的全景相机转台上,利用转台的左右旋转和上下俯仰,可以实现大视场和上下大范围的全方位拍摄,再通过图像拼接及立体反演,获得采样区的全景立体图像,并与其他科学探测设备互相配合,共同完成采样区域就位探测的科学目标。此外,通过转台转动,全景相机可以对采样过程进行拍照和摄像,从而获得采样过程的图像信息。

嫦娥五号着陆器还配置了载荷数据处理器,用于采集、缓存、处理和传输有效载荷获得的科学探测数据以及其他工程参数,实现对有效载荷的供配电和运行管理,支持科学有效载荷完成探测任务。

68 如何让五星红旗在月球上“飘扬”？

2020年12月3日，嫦娥五号上升器从月面起飞，携带着月球样品成功进入预定的环月轨道。在点火起飞前，着陆器携带的一面五星红旗成功展开。

嫦娥五号展示国旗的方式，与嫦娥三号、嫦娥四号有很大不同。嫦娥三号和嫦娥四号的国旗是喷绘在着陆器和巡视器外表面上的，属于“喷绘版”；而嫦娥五号携带的国旗是通过旗杆来展示的，是真正可悬挂的旗帜，属于“织物版”。这种“织物版”旗帜，在我国探月工程中还是首次使用。

国旗展示系统是一个安装在着陆器舱外的独立系统，由国旗、压紧释放装置、展开机构三部分组成。从运载火箭在地球轨道上抛掉整流罩后，一直暴露在极端恶劣的太空环境中。

国旗是一面用特殊材料制成的五星红旗，展开前以卷轴形式存放，随着展开机构的释放而打开，实现国旗展示。

压紧释放装置在国旗展开前，用于压紧展开机构，使展开机构呈折叠状态；当地面发出展示国旗的指令后，压紧释放装置中的解锁机构利用火工品对压紧状态的展开机构进行解锁，使展开机构打开。

展开机构是用于展开国旗的装置，从装配到着陆器上到国旗展开之前，一直处于折叠压紧状态。当解锁机构对其解锁后，展开机构依靠弹簧打开，实现国旗展示。展开机构固定在着陆器的外面，展开后的金属杆“挂着”国旗，相当于国旗的旗杆。

1. 国旗材料反复挑选

由于太空中的电磁辐射非常强，会使普通织物材料变质，出现褪色、剥落、开裂、丧失拉伸强度等现象；加上月球表面最高温度高达127℃，最低温度低至约−190℃，会使普通织物材料制成的国旗变形、熔化，或者冻裂、分解。这就决定了普通材质的国旗无法在月球上使用。

通过研究发现，单一纤维材料和一般纺织工艺无法满足月面环境的要求。研制团队用一年多时间，挑选了二三十种纤维材料，通过热匹配性、耐高低温等试验，最终选用了以新型高科技合成纤维——高性能芳纶纤维材料为主，采用先进的嵌入式复合纺织加工技术制成了嫦娥五号上的国旗（见图1）。

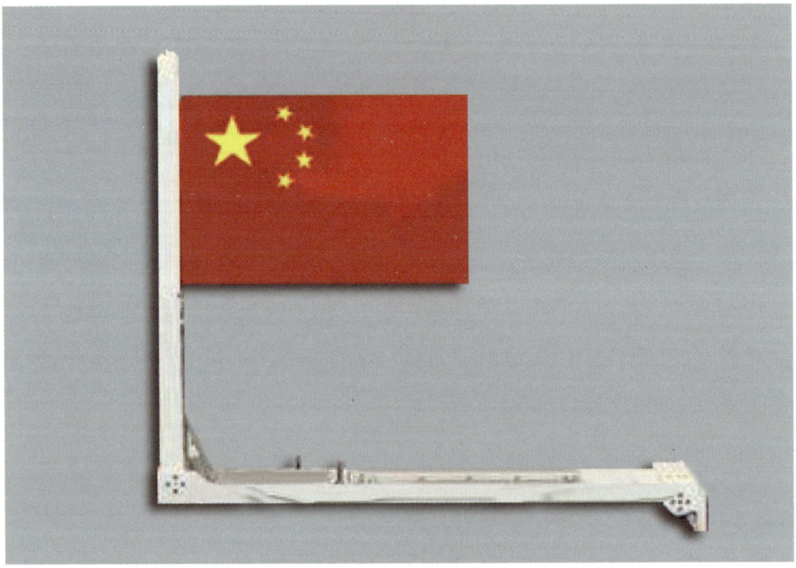

图1　嫦娥五号国旗展示系统

用这种材料制成的国旗与地面上使用的国旗完全不同，既能够适应 −200~200℃的极端温度环境，不会被冻裂和晒化，可顺利展开，又能保证在高强度电磁辐射下长期不褪色，还具有极高的强度和韧性，能够满足在月球环境下长期展示的要求。

2. 国旗尺寸精心设计

嫦娥五号的国旗尺寸为 300 毫米 ×200 毫米，质量只有 12 克。旗面尺寸是研制团队经过精心设计确定的，目的是尽量突出视场效果，使着陆器上的全景相机在拍摄国旗时，拍出的照片和视频既能看到国旗，也能看到着陆器、月表和深空背景。如果国旗太大，则会过多地遮挡背景，使照片无法呈现出丰富的元素；如果国旗太小，则不容易看清楚国旗。

3. 系统质量不足千克

国旗展示系统在折叠状态下长约半米，根据指令解锁打开。研制团队为国旗展示系统设计了多种展开形式，通过高低温试验发现，只有卷轴形式展开的国旗比较平整，不会出现褶皱。

为了控制质量，研制团队对系统结构进行了优化设计，不仅要求材料轻质，还要对设备进行“瘦身”。通过简化系统结构，并尽量将支架做薄、做小，国旗展示系统的质量最终控制在一千克之内。

4. 展开时间不到一秒

保证可靠性是整个国旗展示系统的首要任务。国旗展开包括解锁、支架展开、支架固定等步骤，每个步骤都要工作正常，而且所有步骤必须在一秒钟内完成。如果支架无法在月球上成功展开，国旗展示系统就等于失败。

火工品是国旗展示系统中最基础的一环。国旗展示系统使用的火工品对应用环境十分敏感，尤其在月球恶劣的温差环境下，非常容易失效，必须确保按照地面指令成功起爆、解锁，并通过弹簧使支架展开。面对这一难题，研制团队将火工品放在 −200℃左右的液氮罐里和高温容器里进行反复试验，模拟在月球极大温差环境下的工作情况。

在国旗展示系统中，弹簧是使支架展开的关键装置，在火工品对支架解锁后，弹簧利用变形产生的力打开支架、展开国旗。根据月面工作的特殊要求，研制团队定制了专用弹簧，并多次进行高低温、长期压紧和拉伸试验，以验证极端温度和工作条件对弹簧性能的影响，保证其工作的可靠性。

国旗展示系统使用的支架结构要适应冷热交变、空间辐照、高度真空等恶劣环境，特别要防止冷焊（即两块相互接触的金属在极低温度下粘连在一起）情况的发生。为了使机构能够正常工作，研制团队对所有关键部位都进行了防冷焊处理，以满足太空环境下的工作要求。

经过研制团队的精心选材、认真设计和反复试验，最终确保了“嫦娥五号”国旗展示系统在月球上工作正常，使五星红旗“飘扬”在了月球之上（见图2）。

图 2　嫦娥五号在月球上展示五星红旗

需要说明的是，由于月球上没有大气，五星红旗并不能真正飘扬，研制团队把国旗设计成展开形状，从视觉上看起来，像是随风“飘扬”。

69 携带样品的上升器怎样飞离月球?

着上组合体完成月面采样任务后，上升器的3000牛发动机点火，上升器与着陆器分离，在制导、导航与控制分系统的控制下，进入15千米 ×180千米的目标轨道，准备与在环月轨道上等待的轨返组合体交会对接。月面上升段的起点是月面采样区，终点是目标轨道的近月点。

嫦娥五号上升器月面起飞与从地球上发射航天器相比，有许多不同。一方面，月球引力只有地球引力的1/6，进入环月轨道只需要1.68千米/秒以上的速度，远低于人造地球卫星所需的第一宇宙速度7.8千米/秒，因而对起飞推力要求不高。同时，月球上没有大气，不像在地球上发射时需要整流罩对航天器加以保护。另一方面，从月球上发射上升器，没有发射场、发射塔架及相关设施设备，不能由技术人员在发射前进行现场测试和操作，事先也没有起飞初始基准与起飞平台姿态数据，还有月球重力场分布不均匀等不利条件，这使上升器月面发射面临极为苛刻的条件和严峻挑战，特别要解决如下一些问题。

应对不确定的发射条件。上升器从月面起飞，没有发射塔架或发射平台系统，只能将着陆器作为临时的“发射台”。月球表面环境复杂，着上组合体一旦降落在过度倾斜的坡地或凸起、下凹之处，着陆器可能会处于过度倾斜或不稳定状态，这会给上升器起飞带来很大难度。为了确保成功起飞，一方面在着上组合体下降过程中，通过避障措施寻找理想的平坦落区，给上升器起飞创造有利条件；另一方面，为应对可能出现的不利局面，研究人员经过艰苦攻关，实现即使着陆时落在20多度的斜坡上，仍能确保上升器顺利起飞。2020年12月1日23时11分，嫦娥五号着上组合体成功降落在预选着陆区，测控系统获得的数据显示，着上组合体只倾斜了2°，最终上升器几乎以完美姿态飞离月面。

建立起飞初始基准与起飞平台姿态。与运载火箭在地面发射场发射具备固有的发射位置、姿态以及起飞初始基准不同，上升器在月面起飞准备之前，没有确定的起飞初始基准与起飞平台姿态的数据，而这些数据对月面起飞而言至关重要。这需要上升器的制导、导航与控制（GNC）系统和地面测控系统在起飞之前获得精确的相关数据。由于月球在远离地球的38万千米之外，并且与地球之间的位置关系时刻发生着变化，因而只有具备了先进的技术能力，才能获得所需的精确数据。这些数据将为地面人员确定上升器位置和姿态、起飞前状态设置、飞行方向和飞行参数计算提供依据。

为上升器规划设计最佳飞行路线。上升器从月面起飞后的实际飞行路线，是在起飞之前确定的。地面飞控人员根据着陆器、上升器在月面上的位置和姿态，以及当时环绕月球运行的轨返组合体飞行数据，为上升器计算出最佳的飞行方向和飞行参数，上升器将根据确定的飞行方向和飞行参数，沿一条最佳路线到达15千米 ×180千米的目标轨道。由于远途奔月的嫦娥五号的质量受到限制，因而约800千克左右的上升器携带的推进剂十分有限，这些推进剂不仅要用于上升器月面起飞和上升，还要用于与轨返组合体进行交会对接而实施的轨道机动。所以，这条最佳飞行路线必须是一条最省能量的上升轨道，以使剩余的的推进剂满足后续交会对接的需要。

自主完成月面起飞和上升。从上升器的3000牛发动机点火起飞到发动机关机并进入目标轨道，大约需要6分钟。在这么短的时间内，地面人员几乎来不及进行干预，整个过程主要由上升器的GNC系统进行控制，即使遇到意外情况，上升器也必须自主完成各项操作。由于上升器远在38万千米之外，地月距离带来信号时延，因而地面人员要在上升器起飞之前完成控制指令编制，在起飞准备阶段，由测控系统上传控制指令、注入飞行程序。3000牛发动机一旦点火，上升器必须自主完成整个起飞上升过程。

实现起飞后的快速调整。为了消除起飞平台倾斜的影响，使上升器纵轴垂直于月面，上升器安全起飞大约1秒后需要快速调整飞行姿态。上升器除了配置一台提供主要动力的3000牛发动机外，还配置了20台姿控发动机，以满足调整飞行姿态的需要。从月面上升时，由于月球重力场数据、发动机推力和指向，以及敏感器的测量等都存在一定误差，因而在起飞上升的过程中，GNC系统要像现场指挥官一样，调控星敏感器测量飞行姿态、陀螺仪提供速度和位置数据，各种型号的发动机提供飞行动力并帮助调整姿态，通过星敏感器、陀螺仪等测量系统以及21台空间发动机的互相配合，在飞行中把控方向、调整姿态，不断地进行优化，确保上升器沿设定的飞行路线到达目标轨道。

解决发动机羽流导流和防热难题。运载火箭在地面发射场发射时，发射台下方有一个巨大的导流槽，用于导排发动机尾部喷出的羽流——高温高速燃气流，以防止前冲和反射的高温高速燃气流烧坏发射设施和火箭尾部，导致发射失败。但作为上升器的临时“发射台”，嫦娥五号着陆器不可能像地面发射台那样配置导流槽，且3000牛发动机安装在上升器的底部中心位置，发动机喷管离着陆器顶板仅20厘米，如果不能将羽流导排出去，发动机喷出的火焰羽流会造成灾难，上升器将无法从月面安全起飞。为了应对这一挑战，科研人员巧妙地设计了一个小型导流锥，并在地面开展了反复试验，最终解决了这个难题。上升器点火起飞面临的另一个严峻考验是热防护问题，由于3000牛发动机深嵌在上升器内部，发动机工作时将不断地向四周辐射高温，如不采取防热措施，上升器会被烤坏。为此，科研人员采取了增加隔热屏的热防护方案，以保护上升器免受损坏，确保月面起飞和上升的顺利实施。

把握宝贵的发射时机。不论在地球还在月球，航天器发射都涉及发射窗口问题。与在地球上发射火箭不同，上升器从月面起飞的发射窗口非常窄，以满足上升器与轨返组合体交会的需要，因而必须把握好宝贵的发射机会。由于月球自转周期接近一个月，一旦错过发射机会，要再过一个月才能等到与轨返组合体交会的新窗口，这对上升器而言无异于“判了死刑”，其将在最低可达 −190℃的漫漫长夜中耗尽能量，而绕月等待的轨返组合体也将消耗过量推进剂，从而导致任务失败。因此，上升器从月面准时起飞，事关嫦娥五号采样返回任务的成败。

按照设定的飞行过程起飞上升。着上组合体完成月面采样任务后，上升器开始进入月面起飞上升过程，按照设定的程序，上升器月面起飞上升过程包括起飞准备、垂直上升、姿态调整和轨道射入等阶段，整个过程用时6分钟，如图1所示。

1）起飞准备：主要完成上升器位置和姿态确定、起飞前状态设置、上升器和着陆器机械与热接口解锁、起飞参数装订、电接口分离等起飞准备工作；

2）垂直上升段：3000牛发动机点火，上升器从月面安全起飞，起飞1秒后进行姿态调整，使上升器的纵轴垂直于月面，消除起飞平台倾斜的影响，同时获得目标轨道入轨点的方位角；

3）姿态调整段：按照事先装订的参数调整姿态，获得轨道射入段需要的俯仰角，并获得轨道射入段所需的初始水平速度；

4）轨道射入段：按照制导律飞行，直至到达目标轨道入轨点。

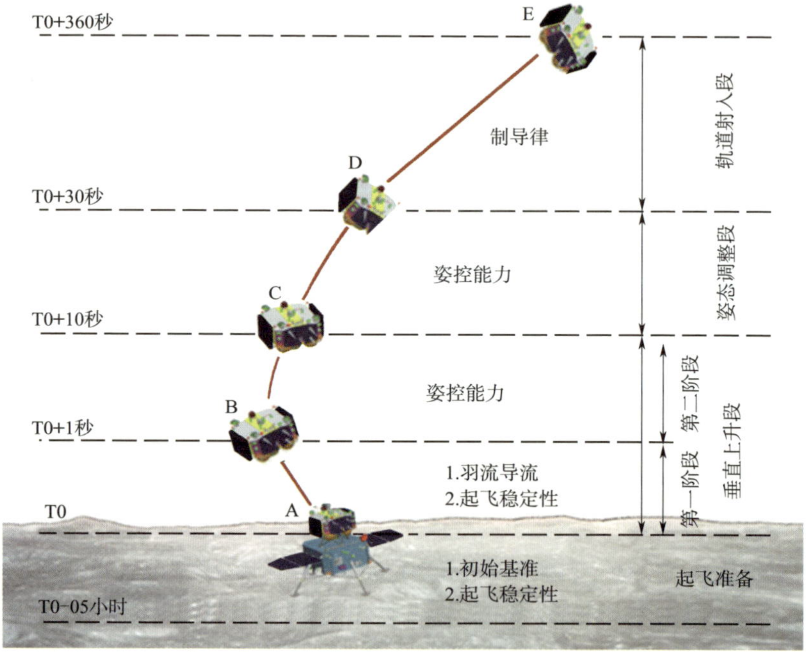

图1 上升器月面起飞上升示意图

相关链接

导流槽

运载火箭从发射场起飞时，发动机尾部喷管瞬间喷出高温高速燃气流，这些高温高速的燃气流会产生强大的冲击波和反射波，能够熔化钢铁，如果导排不畅，将会烧坏发射设施和火箭尾部，导致发射失败。为此，发射台下方建有导流槽，其主要作用就是导排发动机点火时产生的燃气流，防止燃气流返箭造成箭体结构损坏，并通过喷水设施喷水减小燃气流对导流面的冲刷，降低燃气温度，减小发射噪声。运载火箭发射时，大量的水受热汽化而升腾，这就是人们看到火箭周围腾起的巨大烟雾。下图为导流槽导排燃气原理图。

导流槽导排燃气示意图

70 月球轨道交会对接有多难?

嫦娥五号的着上组合体在月面完成月球样品采集后，上升器携带月球样品从月面起飞进入交会对接初始轨道，随后与在环月轨道上等待的轨返组合体进行交会对接，为样品转移提供一个舒适的通道。这是人类航天史上首次在地外天体轨道上进行的无人交会对接。就月球轨道交会对接而言，迄今仅美国在阿波罗载人登月计划中实施过载人航天器月球轨道交会对接。中国载人航天工程曾多次实施神舟号载人飞船、天舟号货运飞船与天宫一号目标飞行器、天宫二号空间实验室以及中国空间站天和核心舱的交会对接，但这都是在距离地球300多千米的地球轨道实现的，与月球轨道上的交会对接有很大不同。中国率先实施月球轨道无人交会对接，面临的挑战是巨大的，其难度主要体现在如下几方面。

地月距离遥远，对接精度要求高。为了给月球样品转移提供精准的通道，嫦娥五号上升器和轨返组合体进行对接时，两个航天器的相对位置误差要控制在5厘米以内，而实现高精度相对位置控制的前提是高精度的测控。我们以往对绕地球运行、距离地面300多千米的飞船进行测控，精度可达厘米级，而对38万千米之外的深空探测器进行测控时，测控精度为千米级。对于嫦娥五号月球轨道交会对接所需的测控精度，必须应对月球引力场导致误差、因月球遮挡导致测控系统无法连续跟踪和测控、交会对接目标非常小，以及没有全球导航系统支持等难题。因此，嫦娥五号在月球轨道上实现高精度交会对接，无疑是一项巨大挑战。

环月轨道受到月球遮挡，测控难度大。在月球轨道上进行交会对接，上升器和轨返组合体要围绕月球飞行，从地面看，航天器绕月球运行一圈有近半圈在月球的背面，这时地面上的测控站看不到它们，因而，地面测控系统对两个航天器进行的测控是不连续的，与载人航天器在地球轨道上交会对接相比，测控难度大大增加。为了应对这个难题，测控系统需要对测控任务进行提前规划，优化测控计划和监视流程，一方面提前向航天器注入必要的延时指令，另一方面设法使关键控制环节处于测控区内，确保对交会对接的可靠支持。

月球引力环境复杂，轨道扰动多。嫦娥五号探测器的交会对接，面临的挑战之一是复杂的引力环境。中国以往的交会对接，都是在距离地球几百千米的地球轨道上实现的。而嫦娥五号探测器要在月球轨道上进行交会对接，航天器所面临的引力环境有很大不同。月球的重力异常现象以及非球形引力等因素，对围绕月球高速飞行的两个航天器的运行轨道会产生扰动，直接影响地面对航天器的控制精度，尤其在两个航天器的相对位置误差要控制在5厘米以内的情况下，在月球轨道上进行交会对接，需要克服月球引力场的不利影响。

航天器质量差异大，速度不能有偏差。嫦娥五号进行交会对接时，轨返组合体的质量大约为2.3吨，上升器的质量仅400千克，两个航天器的质量差异很大，一旦速度控制稍有偏差，发生两器碰撞，就会像大球撞小球，上升器有可能被撞飞，导致对接失败。为了防止这种情况，一方面，轨返组合体作为主动方追逐上升器，通过精确控制轨返组合体的速度，逐渐减小两个航天器的相对速度，直到两器接触时相对速度降至0米/秒，避免碰撞；另一方面，研究人员为嫦娥五号专门研制了新型抱爪式对接机构，在轨返组合体追上上升器并以相同速度飞行过程中，对接机构从后面伸出抱爪牵住上升器，然后压紧抱爪实现对接，就像是母亲伸出双臂揽住孩子然后再拉紧孩子贴到自己身上一样。

快速完成对接，确保一次成功。嫦娥五号的月球轨道交会对接受制于月地返回窗口，如果不能一次成功，因地月位置关系发生变化，导致错过月地返回窗口而无补救机会；同时，航天器的能源和热控支撑时间非常有限，交会对接不能耗时过长，必须在规定时间内一次完成，这对嫦娥五号交会对接任务提出了极大挑战。2020年12月6日，嫦娥五号上升器与轨返组合体仅耗时21秒完成了两器对接，1秒捕捉、10秒校准、10秒夹紧，一气呵成，可谓惊心动魄。

嫦娥五号月球轨道交会对接任务艰巨复杂，主要通过轨道器GNC系统以自主控制方式解决面临的诸多难题。轨道器GNC系统由敏感器、控制器和执行机构组成。为了成功实施交会对接，研究人员为轨道器的GNC系统配置了微波雷达、激光雷达、交会对接光学成像敏感器等测量敏感器，并在上升器上安装了与这些敏感器对应的合作目标，用于精确测量两个航天器之间的距离、相对速度、角度等数据。除此之外，轨道器和上升器上还装有若干太阳敏感器、星敏感器、陀螺组合件、加速度计组合件等各类敏感器，配置了各种发动机或推力器，用于姿态和轨道控制，以确保嫦娥五号交会对接任务顺利实施。

相关链接

微波雷达

嫦娥五号交会对接微波雷达，是执行交会对接任务的关键设备之一，由安装在对接机构上的雷达主机和安装在上升器上的应答机组成，如下图所示，具备测距、测速、测角、通信四项功能。当轨返组合体与上升器相距约100千米时，微波雷达开始工作，实时提供两个航天器之间的相对距离、速度、角度等重要信息，引导两器安全接近；当两器相距20米时，可将上升器对接机构的锁定圆面半径缩小至几厘米，为精准对接提供保证。在两个航天器相距100千米至200米时，微波雷达还为其提供双向通信功能，实现遥控指令和遥测参数的双向传输，是这一阶段两器之间信息传递的唯一手段。

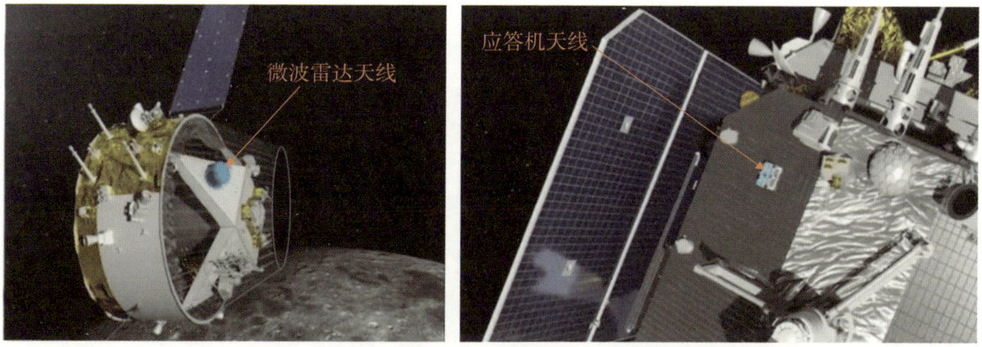

嫦娥五号月球轨道交会对接示意图

71 嫦娥五号怎样实施环月轨道交会对接?

嫦娥五号着陆器和上升器完成月面采样后，上升器从月面起飞进入环月轨道，与月球轨道上等待的轨返组合体进行无人交会对接，从而将月球样品转移给返回器，由返回器携带月球样品返回地球。在嫦娥五号采样返回任务中，月球轨道交会对接是实现月球采样返回的关键环节之一，决定着嫦娥五号任务的成败。

交会对接是指两个航天器在轨道上会合，并在轨道上以相同的速度实现结构上连成一个整体的过程。“无人交会对接”，一是“交会”，指两个航天器在预定的时间同时到达某个位置，实现轨道的相交会合；二是“对接”，指在轨道上会合的两个航天器利用对接机构连接成一个整体；三是“无人”，指利用地面远程控制＋飞行器自主控制的方式来实现交会对接。嫦娥五号进行无人交会对接是为了将样品容器转移到返回器之中。

要想完成交会对接，首先要使两个航天器进入同一个轨道面，然后进入便于交会对接的轨道，最后逐渐接近，实现对接。在两个航天器不断接近的过程中，一个航天器作为目标航天器，另一个作为追踪航天器，追踪航天器从目标航天器后下方追逐并渐渐逼近目标航天器。通过对两个航天器的控制，将追踪航天器逐渐引导到目标航天器附近，最终实现两个航天器的对接。在嫦娥五号上升器与轨返组合体进行的交会对接中，上升器作为“目标航天器”，轨返组合体作为“追踪航天器”。

嫦娥五号探测器于2020年11月24日从文昌航天发射场成功发射，11月28日进入环月轨道，11月30日探测器的轨返组合体与着上组合体在200千米高度的环月圆轨道分离，随后开始为交会对接进行准备；着上组合体降落在月面执行月球样品采集任务，采样任务完成后，上升器携月球样品于12月3日23时10分从月面起飞，进入环月轨道，与轨返组合体进行交会对接；12月6日轨返组合体与上升器成功对接，并将月球样品转移给返回器，以便返回器将样品送回地球。从轨返组合体进行交会对接准备，到完成月球轨道交会对接和分离，整个过程分为6个阶段，即轨返组合体调相段、远距离导引段、近距离自主控制段、对接段、对接组合体运行段、分离段。

轨返组合体调相段。主要目标是通过对轨返组合体运行轨道的调相控制，实现轨返组合体飞行轨道调整，使其进入满足交会对接需求的预定轨道。从2020年12月1日到3日，轨返组合体在环月轨道上先后实施4次轨道机动，最终进入距离月面200千米、轨道倾角30°（与月球赤道面夹角）的环月圆轨道。此后，从月面起飞的上升器将以这个轨道为目标轨道，进入与轨返组合体相同的轨道面。

远距离导引段。主要目标是上升器携带月球样品从月面起飞后，通过多次远距离导引——即上升器执行地面测控系统注入的变轨指令，分别进行提高近月点高度、修正轨道面偏差、圆化轨道等动作，最终导引进入与轨返组合体共面同心的圆轨道，并位于轨返组合体前上方。上升器从月面起飞后，首先进入15千米×180千米的环月椭圆轨道，随后执行4次远程导引以调整轨道，于12月4日到达预定位置，其轨道高度比轨返组合体轨道高10千米、空间位置领先轨返组合体约50千米（见图1）。轨返组合体作为主动飞行器自由漂移逼近上升器，微波雷达开机，轨返组合体逐渐捕获上升器，转入自主控制段。在此过程中，地面测控系统需对上升器和轨返组合体进行轨道确定，根据飞行轨道参数计算上升器变轨参数，注入给上升器。

近距离自主控制段。轨返组合体作为采取主动行动的追踪航天器逐步逼近上升器，上升器作为被动的目标航天器“迎接”轨返组合体，最终使两器的距离缩小至零。在这个过程中，轨返组合体利用测量设备，获得两飞行器相对位置、速度、姿态、姿态角速度信息，由轨道器上的GNC子系统控制发动机进行轨道机动，从初始瞄准点——轨道高度低于上升器约10千米、空间位置位于上升器后方50千米，逐步逼近上升器，直至两器之间的距离减小至0米、相对速度降至0米/秒。自主控制段分寻的段、接近段、平移靠拢段等三个步骤实施（见图2），整个过程大约持续3个多小时。第一步是将两个航天器的相对距离从50千米缩小至5千米，同时减小高度差，并且轨返组合

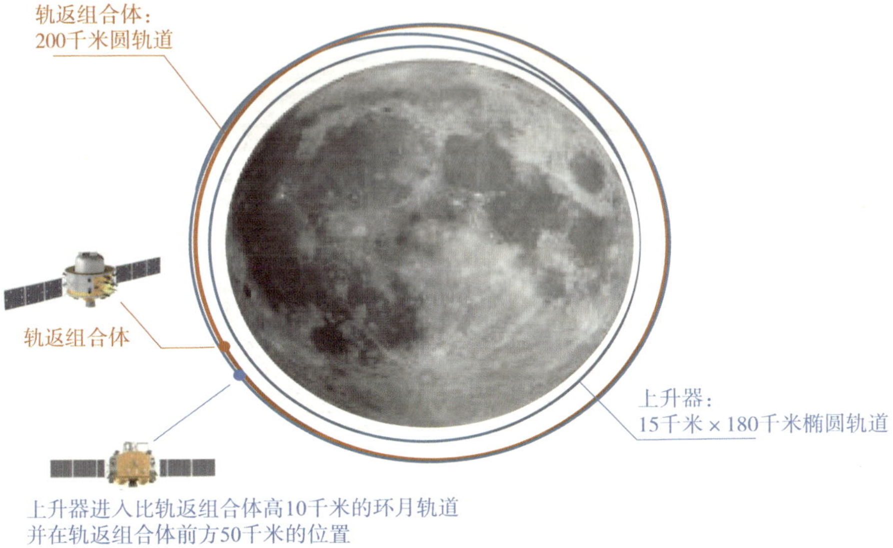

图 1　远距离导引段结束时两个航天器的相对位置示意图

体在距离上升器 5 千米的停泊点进行状态检查。第二步是将相对距离从 5 千米缩小至 100 米，并使轨返组合体达到与上升器相同的轨道高度，途中在 1 千米和 100 米的停泊点进行状态检查。第三步是将两个航天器的距离从 100 米缩小至 0 米，两个航天器的相对速度逐步减小直至降为 0 米 / 秒，在这一步骤中，轨返组合体在自主控制和地面跟踪下，以设定的状态向上升器平移靠拢（见图 3），途中在 15 米停泊点进行状态检查。

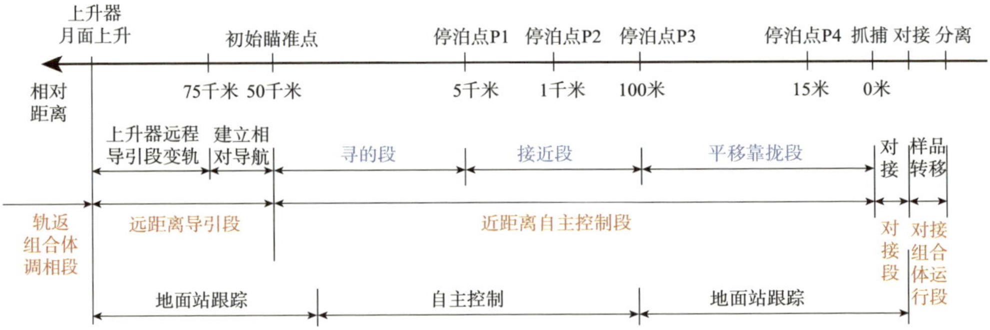

图 2　嫦娥五号月球轨道交会对接过程示意图

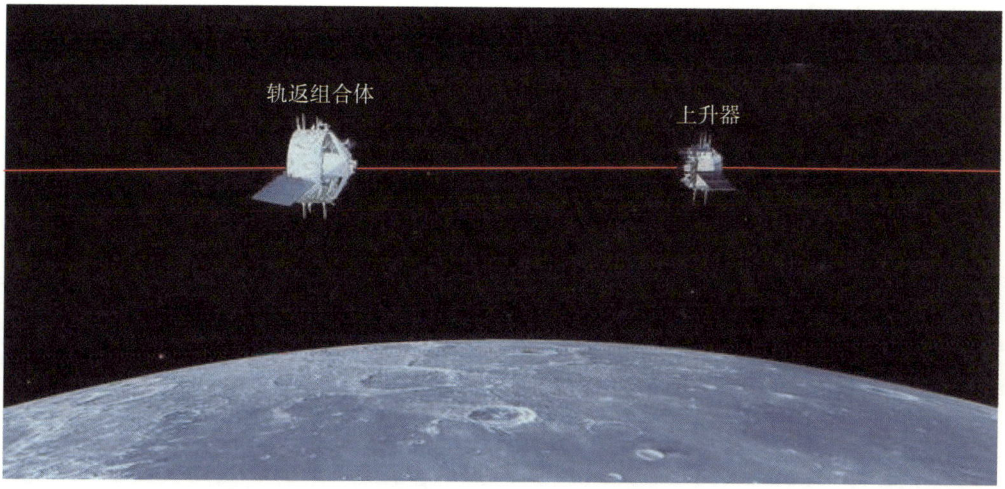

图3　轨返组合体逐渐向上升器靠拢

对接段。主要任务是利用轨返组合体和上升器上的对接机构完成目标飞行器的捕获，实现两个航天器在结构上的刚性连接。对接操作由抱爪式对接机构完成，该机构由安装在对接与转移机构上的三套抱爪和三个安装在上升器上的锁柄组件组成。在对接过程中，三套抱爪分别抓捕和锁紧上升器上的三个锁柄，从而完成对接（见图4）。对接过程在国内地面站共视测控弧段内进行。

对接组合体运行段。主要任务是利用样品转移机构将月球样品密封封装装置从上升器转移至返回器中。这段飞行是在轨返组合体与上升器保持连接的状态下进行的，对接组合体飞行过程中，由轨道器完成对接组合体的姿态控制。样品转移过程在国内地面站共视测控弧段内进行（见图4）。

分离段。当地面确定样品转移成功后，实现轨返组合体与上升器及对接机构分离（见图5）。

嫦娥五号在环月轨道上进行的交会对接，从距离上看，是两个航天器由远及近、最终连接为一体的过程；从控制方式上看，先由地面测控系统实施轨道调相和远距离导引，其后通过轨道器的制导、导航与控制（GNC）系统进行自主控制，最后100米采用自主控制和地面跟踪的过程；从控制精度上看，

图 4　轨返组合体与上升器完成对接示意图

图 5　轨返组合体与上升器及对接机构分离示意图

是一个由粗到精的控制过程。期间，GNC 系统需要不断地进行敏感器测量、姿态确定、相对导航信息处理、制导律解算等一系操作，并通过多次轨道机动，缩小两个航天器之间的相对距离。为了顺利完成交会对接任务，GNC 系统配置了 2 台微波雷达、1 台激光雷达以及交会对接光学成像敏感器等各种敏感器，以实现整个交会对接阶段的相对测量；还配置了 2 组惯性测量单元（IMU）用于惯性测量，配置了 3 台星敏感器实现姿态确定；并采用先进的控制器和双组元推进系统、动量轮等，实施轨道机动和姿态调整。

相关链接

停泊点

嫦娥五号轨返组合体为自己设置了 4 个停泊点，停泊点分别位于与上升器相距 5 千米、1 千米、100 米和 15 米的空间位置。每到一个停泊点，轨返组合体都将进行停泊观察，以确定自身与上升器的姿态和状态，交会过程是否按照预期的方案进行，并进行快速计算和必要的精准调整。每一次停泊观察都是轨返组合体对最终靠近上升器的时间和位置的精确把握。

72 在交会对接过程中轨道返组合体与上升器如何实现可靠连接?

航天器在空间进行的对接，是指在轨道上会合的两个航天器利用对接机构连接成一个整体。比如中国神舟号载人飞船与天宫一号目标飞行器对接、神舟号载人飞船与中国空间站天和号核心舱对接等。在嫦娥五号月球采样任务中，携带月球样品的上升器须在环月轨道上与轨返组合体进行对接，把月球样品从上升器转移到返回器，然后由返回器送回地球。因此，交会对接工作是嫦娥五号月球采样任务成败的关键环节之一。

我国在载人航天工程中曾多次实施交会对接任务，参与对接的航天器质量在 8 吨左右（如神舟号飞船、天宫一号目标飞行器）或 8 吨以上（天舟号飞船、天和号核心舱），采用“异体同构周边”式对接机构实现对接。这种对接机构属于碰撞式对接机构，两个航天器在对接过程中需进行碰撞接触，在接触中对接机构完成连接、锁定、拉紧对接面，最终锁死两个对接面，完成对接。这个对接过程类似于火车车厢对接，两节车厢通过碰撞使挂钩连接在一起。我国载人航天工程采用的这种对接方式，适宜大质量航天器之间的对接，对接后可在两个航天器之间形成通道，让航天员和货物通过，但在碰撞过程中会产生较大的冲击能量，因而对接机构须具备吸收冲击能量的功能。

与我国载人航天工程中的航天器对接不同，嫦娥五号进行交会对接时，轨返组合体的质量大约 2300 千克，上升器的质量仅 400 千克，相差近 6 倍，一旦两器发生碰撞，上升器有可能被撞飞，导致对接失败。我国载人航天工程所用的对接机构和对接方式不适宜嫦娥五号对接任务，因此，科研人员研制了适合嫦娥五号空间对接的新型对接机构——抱爪式对接机构（见图 1）。

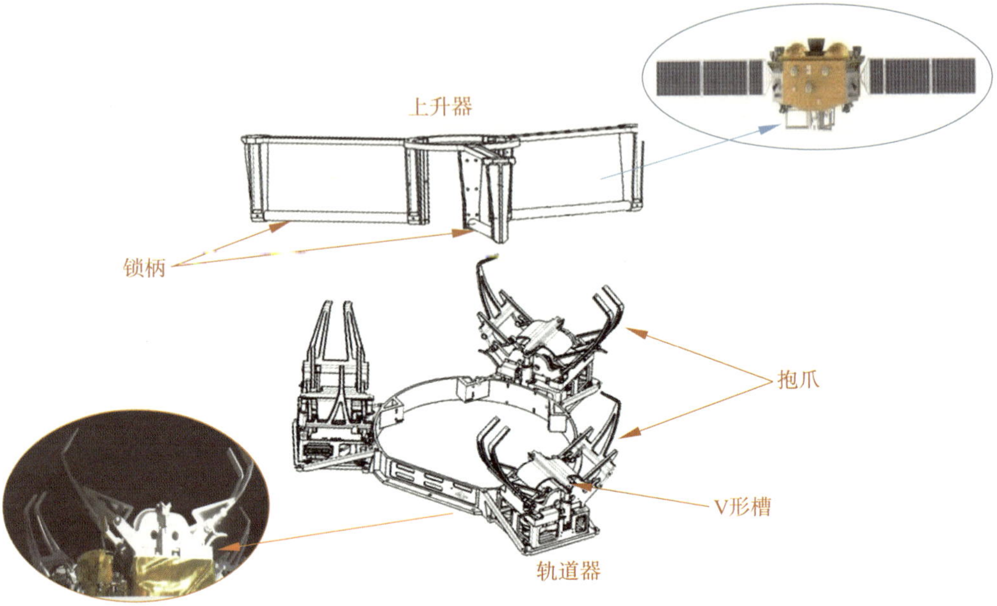

图 1　抱爪式对接机构示意图

抱爪式对接机构由安装在对接与转移机构上的 3 对抱爪和安装在上升器上的 3 个锁柄组件组成（见图 2），3 对抱爪为主动件，3 个锁柄为被动件。在实施对接前，对接与转移机构与轨道器刚性连接在一起（见图 3）。在轨返组合体逼近上升器的过程中，抱爪机构处于张开状态。当轨返组合体与上升器的相对位置和姿态满足对接初始条件后，对接机构与样品转移分系统接收 GNC 分系统的对接捕获指令，三套抱爪执行收拢动作，抱爪揽住上升器上的 3 个锁柄，形成包围锁柄的闭合空间，实现对上升器的捕获；随后，抱爪继续收拢，将 3 个锁柄分别紧压在 3 个 V 形槽中，并在这个过程中进一步消除位置误差，完成定心操作和校正，保证轨返组合体与上升器的位置中心对正；最后，完成锁紧并实现可靠连接，从而为样品容器的转移建立通道。在对接过程中，抱爪与锁柄的运动过程如图 4 所示。抱爪抓捕和压紧过程，就像母亲伸出双臂揽住孩子，然后再把孩子拉向自己紧贴到身上一样。采用这种对接方式，避免了两个航天器的碰撞，为成功对接提供了保障。

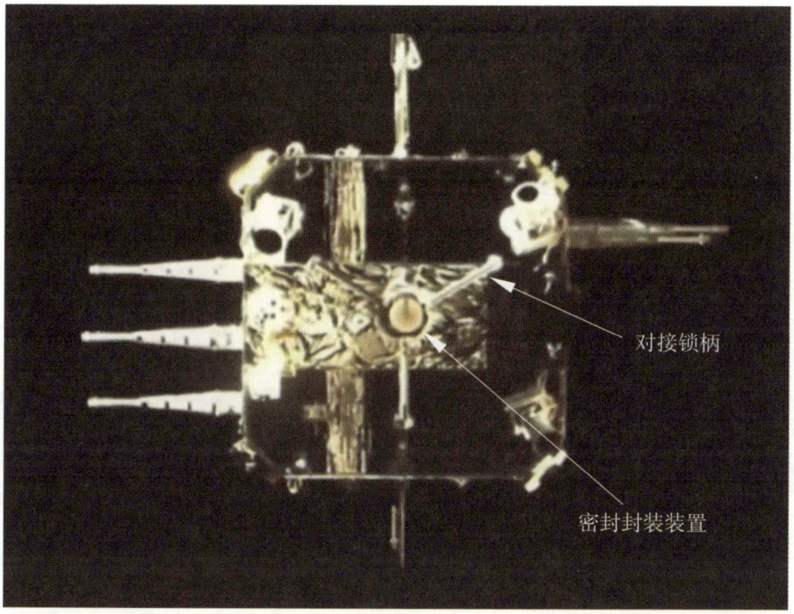

图 2　嫦娥五号上升器图片清楚地显示出三个锁柄和月球样品密封封装装置

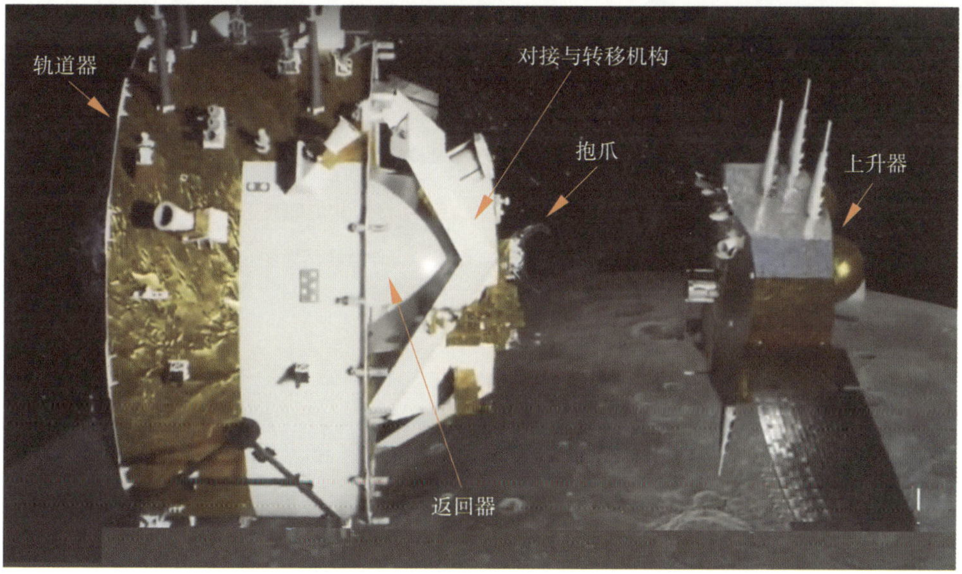

图 3　嫦娥五号的对接与转移机构与轨道器连接在一起

采用抱爪式对接机构除了防止碰撞外，还要为月球样品转移提供精准的通道，因而对对接后的位置精度和对中性提出了极高要求，要求对接精度达到毫米级。为此，抱爪式对接机构采用星形构型周向布局，3 套相同的抱爪按 120° 间隔均布在轨道器对接与转移机构的端面上，3 套相同的锁柄组件同样按 120° 间隔均布在上升器端面上。抱爪式对接机构上设置了 V 形槽，通过 V 形槽定心以确保两个航天器对接后的位置精度。单个抱爪机构可以实现 3 个自由度约束（包含 2 个平移自由度和 1 个转动自由度），通过 3 套抱爪约束自由度的交叉式配置，实现了两个航天器之间的 6 自由度定位，保证了高精度对接。

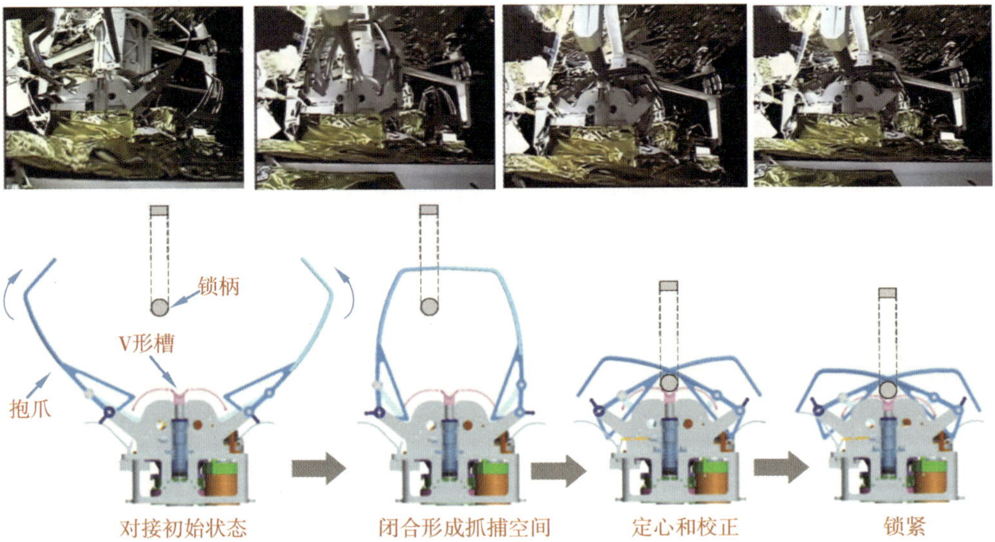

图 4　嫦娥五号抱爪式对接机构工作过程示意图

73 如何将样品从上升器转移到返回器？

月球样品采集后，被封装在密封封装装置内。要想把月球样品送回地球，首先上升器要把密封封装装置从月面带到环绕月球的轨道，在环月轨道上实现与轨返组合体的交会对接，然后将密封封装装置转交给返回器，最后由返回器携带密封封装装置返回地球。月球样品转移指的就是把盛装月球样品的密封封装装置从上升器转移至返回器的样品容器舱中，并关闭样品容器舱舱门的过程（见图 1）。

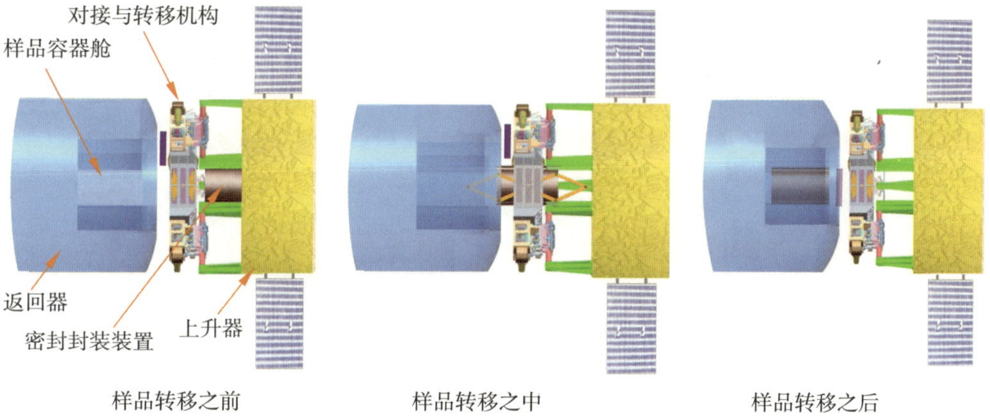

图 1　月球样品转移示意图

在实施样品转移之前，携带月球样品的密封封装装置位于上升器顶端，返回器上的样品容器舱设置在返回器的前端，位于返回器内部。上升器和返回器是两个独立的飞行器，如何将密封封装装置从上升器转移至返回器的样品容器舱呢？

首先，要建立一条转移通道，这项工作由交会对接完成。上升器和轨返组合体完成月球轨道交会对接后，两个航天器连接在一起，建立了密封封装装置从上升器到返回器的转移通道。密封封装装置的转移行程为 626 毫米，这条通道长度要满足样品转移行程要求。这条通道上有两个微小弯曲，即转移通道上存在两个中心偏差。一个是上升器与轨道器在对接过程产生的中心偏差，这个偏差量极小，最大为 0.5 毫米，相当于 5 张白纸叠在一起的厚度。另一个偏差缘于轨道器与返回器的结构安装偏差，此偏差最大达 6 毫米，与一颗玉米粒的厚度差不多。

其次，要解决密封封装容器转移通道的移动问题。半米多的转移通道虽然只是“一步之遥”，但是密封封装装置自身没有动力，只能依靠轨道器上的转移机构来实现这半米多的跨越。对于转移机构来说，这可是相当长的行程。

怎样才能顺利通过这“相当长”的行程呢？航天工程师们想到了尺蠖（一种毛毛虫）。仿照尺蠖的运动方式，提出了一种仿尺蠖大展收比接力式转移机构，也称连杆－棘爪转移机构。棘爪用于抓住密封封装装置，通过连杆机构的反复伸展和收缩运动，就可以实现密封封装装置的移动。这种机构轻巧灵活，转移行程达到机构初始长度的 4.6 倍（见图 2）。

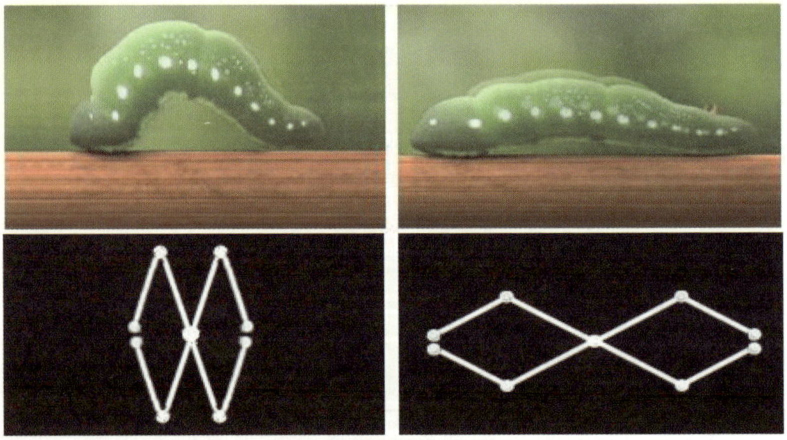

图 2　尺蠖爬行与连杆机构伸缩

一套连杆－棘爪转移机构类似一只小尺蠖，由连杆机构、3 对棘爪以及驱动机构等组成。3 对棘爪就像小尺蠖的 3 对共 6 只小爪子，分别分布在转移机构的前端、中间和后端（见图 3）。安装在转移机构连杆前端的棘爪，在转移机构连杆伸展后抓住密封封装装置，在连杆收缩时，将密封封装装置拉向返回器的样品容器舱；连杆中间棘爪机构与密封封装装置接触，起到止回作用，防止密封封装装置反向移动；连杆末端的棘爪，在连杆收缩后抓住密封封装装置，在连杆伸展时，将密封封装装置推向返回器的样品容器舱。通过前端棘爪的拉、末端棘爪的推，将密封封装装置送入返回器的样品容器舱，实现样品转移。

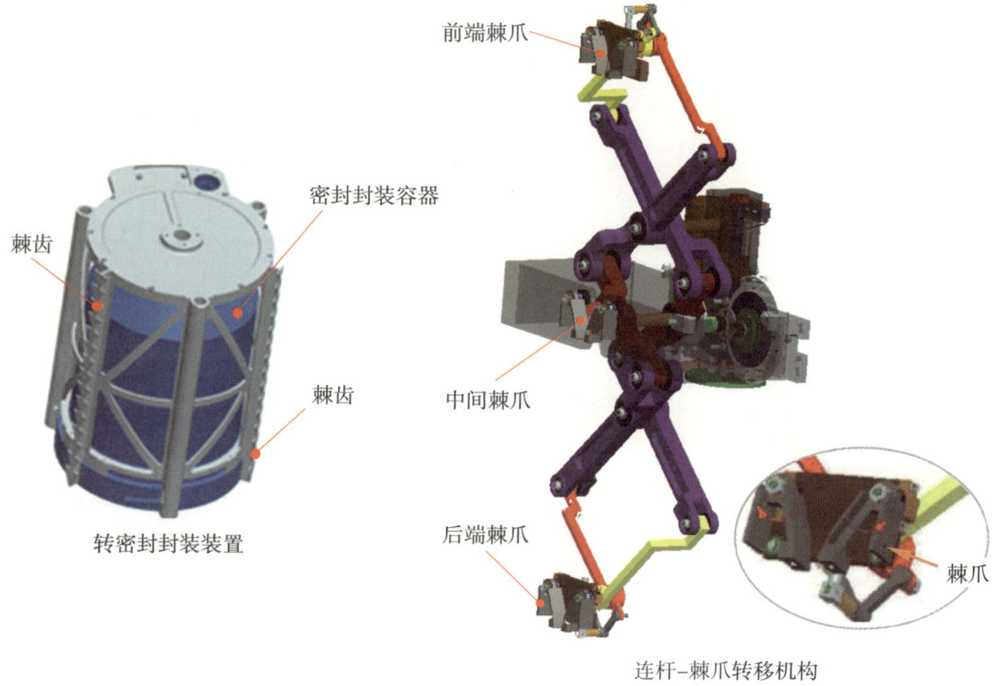

图3　转移机构与样品容器

月球样品转移前，小尺蠖蜷缩着身体；进行样品转移时，“小尺蠖”同步伸长身体，通过前端棘爪牢牢抓住密封封装容器上的下端棘齿，随后上升器上的密封封装装置连接机构解锁，接着“小尺蠖”收缩身体，拉动密封封装装置向着返回器的样品容器舱转移，完成密封封装装置的第一次移动。“小尺蠖”再次伸展身体，中间棘爪起止回作用，前端棘爪伸过密封封装装置；随后转移机构再次收合，前端棘爪抓住密封封装装置顶端，再次将密封封装装置拉向返回器的样品容器舱，完成密封封装装置的第二次移动。“小尺蠖”第三次伸展身体，此时后端棘爪抓住密封封装装置，在连杆伸展过程中，将密封封装装置推入返回器的样品容器舱，密封封装装置通过样品容器舱内的止回棘爪机构止回，随后“小尺蠖”收合，完成密封封装装置第三次移动。接着，“小尺蠖”进行第四次伸展，后端棘爪再次推动密封封装装置，将其推至目标位置，进行锁紧；然后转移机构第四次收合，转移任务完成。最后，收回导轨，关闭返回器的样品容器舱舱门，样品转移过程结束。转移机构先后完成了四次样品移动，使密封封装装置移动了 626 毫米，从上升器转移到返回器。样品转移过程如图 4 所示。

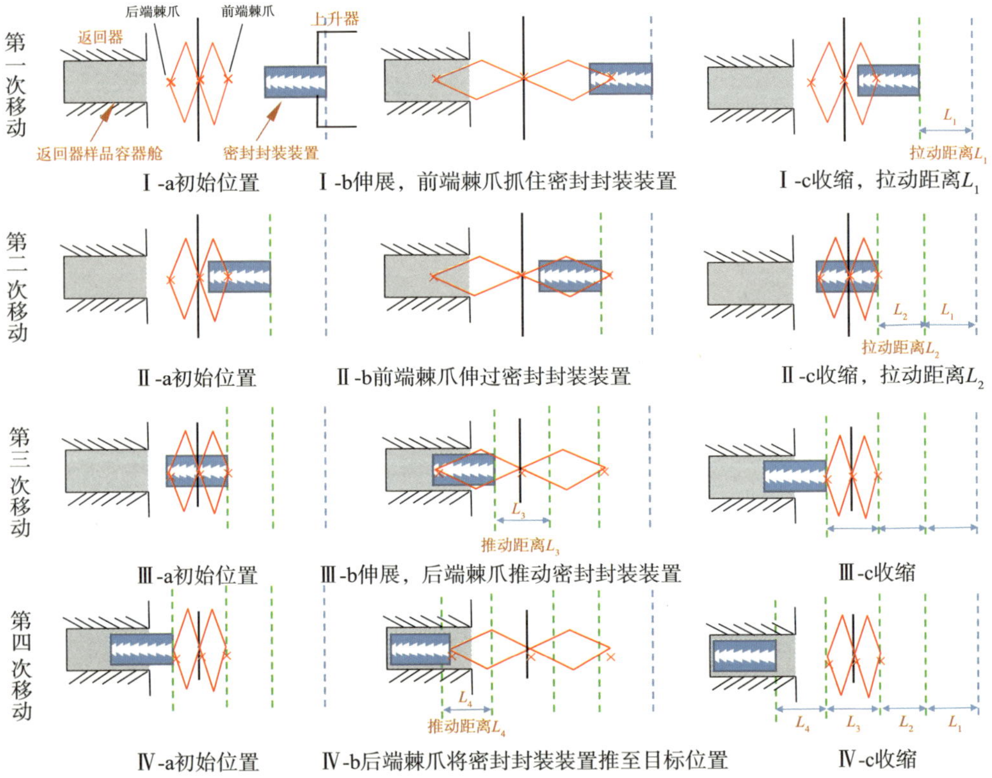

图 4　样品转移过程示意图

为了保证可靠转移，在转移通道上布置了三套连杆－棘爪转移机构，三套机构按 120° 均匀分布，相互独立、互为备份（见图 5），从而实现转移功能的冗余。在正常情况下，两套转移机构同时工作可完成月球样品转移；即使出现故障，单套机构也能完成转移任务。

图 5　嫦娥五号采用了三套连杆 – 棘爪转移机构

为了让“尺蠖”的爪子牢牢抓住密封封装装置，航天工程师们设计了棘齿和棘爪机构（见图 6）。棘齿安装在密封封装容器外侧，棘爪机构安装在转移机构的前端、中间和后端，棘齿与棘爪机构配合可确保“尺蠖”的爪子能牢牢抓住密封封装装置。

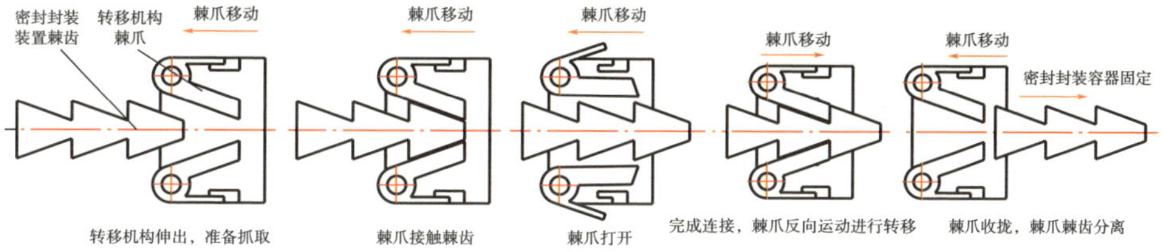

图 6　棘齿和棘爪机构工作原理

密封封装装置移至返回器的样品容器舱之后，还需要关闭样品容器舱的舱门（见图 7）。在样品转移之前，舱门是打开的，一旦密封封装装置进入样品容器舱并到达目标位置，并且转移机构回到收合位置，舱门随即关闭。返回器样品容器舱舱门采用单轴电机驱动方式关闭，金属舱门上安装了舱门防热盖，通过舱门防热盖等防热装置，可以对月球样品容器进行防热密封保护，确保再入地球大气层时抵御极端高温。

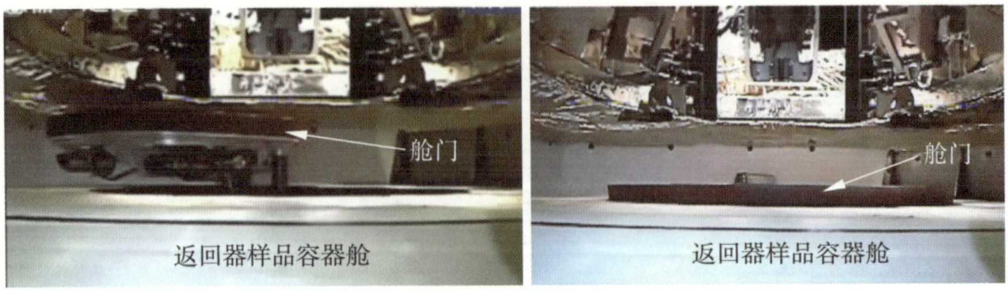

图7　样品转移完成后关闭样品容器舱舱盖

74 从月球返回地球如何防热?

在探月工程三期，返回器从月球返回地球过程中，以接近 11 千米 / 秒的速度再入地球大气层，高速再入大气层后因气动加热导致返回器外部温度急剧升高，尽管返回器采用半弹道跳跃式返回以缓解防热压力，但返回器仍要经受 3000℃左右的高温，返回器大底前端的气流温度甚至超过 10000℃（见图 1）。面对这种极端高温和热冲击环境，解决防热问题就成为嫦娥五号探测任务成功与否的关键因素之一。

我国曾经多次执行返回式卫星和飞船返回舱再入地球大气层并返回地球的任务。与返回式卫星或飞船返回舱相比，嫦娥五号返回器在再入返回过程中面临的气动力、热环境更加严酷，迎接的挑战更加严峻。

图 1　高速再入返回器气动加热示意图

一是返回器从环月轨道返回地球，再入返回速度接近 11 千米 / 秒，远高于飞船返回舱从近地轨道再入返回 7.8 千米 / 秒的速度；热流密度峰值达到 5.5 兆瓦 / 米 ^{2}，是飞船返回舱的 4 倍；最大加热量为 715 兆焦 / 米 ^{2}，是飞船返回舱的 2 倍多；与近地轨道返回相比，月球返回时烧蚀与气流冲刷更严重，对防热材料的防热与耐气流冲刷能力要求更高。

二是返回器采用跳跃式半弹道再入方式，从120千米高度再入地球大气层，不仅气动加热时间更长，而且返回器防热结构表面要经历第一次再入大气层时的高温、跳出大气进入太空后的低温，以及第二次再入大气层的高温，这种高温—低温—高温历程导致的热冲击，不仅要求防热结构具有更优异的隔热性能，还要具备更好的防止因热冲击导致防热层表面开裂的能力。

三是返回器比飞船返回舱小得多，面积仅为飞船返回舱的1/4，结构质量仅为飞船返回舱的14%，这使返回器的防热系统质量占比更小，因而对其防热系统的轻量化要求更高。

四是返回器尺度小，质心和气动外形变化对气动力影响大，因而返回器在气动加热过程中，对烧蚀外形控制要求更高。

由于上述原因，我国在返回式卫星和神舟飞船任务中采用的防热系统，无法直接满足嫦娥五号返回器月地高速再入大气层防热、隔热与轻量化的要求。为此，科研人员必须针对月地高速再入返回飞行器研制新的防热系统。

在航天器再入返回采用的防热系统中，烧蚀防热方案是得到广泛使用的有效方法。在这种防热方案中，将具备防热能力的功能材料——烧蚀防热材料胶接覆盖在再入航天器（或返回器）金属壳体外表面形成烧蚀防热层，当航天器再入大气层时，烧蚀防热层在热流作用下发生分解、熔化、蒸发、碳化、升华等多种吸收热能的物理和化学变化（即烧蚀），借助材料自身的质量烧蚀消耗带走大量热能，从而防止热量传入再入航天器内部。烧蚀防热材料除了具有高烧蚀热特性以吸收热能外，还要具备低热导率特性，使其获得更好的隔热能力；同时还有优异的热物理性能，从而在气动加热环境下能够保持再入航天器气动外形的完整性。

为了满足再入航天器对防热系统的轻量化要求，需要防热材料的密度尽可能低，由此低密度烧蚀防热材料应运而生。这是一类密度范围在0.2~1.0克/厘米^{3}的轻质烧蚀防热材料，最典型的如蜂窝增强低密度烧蚀材料。例如，我国在载人航天工程牵引下，针对神舟飞船返回舱开发了H88和H96两种蜂窝增强低密度烧蚀材料，它们以玻璃钢蜂窝格子作为增强支撑结构，以苯基硅橡胶作为树脂基体，并在其中掺杂石英短纤维、酚醛微球、玻璃微球等轻质功能填料，通过整体工艺灌注到蜂窝格子中，从而制备蜂窝增强低密度烧蚀材料。其中，玻璃钢蜂窝作为增强相起支撑作用和抵抗气流冲刷作用，树脂基体在气动加热过程中通过烧蚀吸收热能并通过质量耗散带走热量，轻质功能填料用来降低密度和热导率，同时具有保证材料表面抵抗气流冲刷的能力。

在嫦娥五号任务中，科研人员为返回器开发了满足防热、隔热与轻量化要求的三类 7 种低密度烧蚀防热材料。三类烧蚀防热材料包括新型碳硅复合蜂窝增强低密度烧蚀材料、新型混杂连续纤维增强轻质烧蚀材料以及 MDQ 材料。

返回器使用的新型碳硅复合蜂窝增强低密度烧蚀材料，包括 FG7、HC5、FG5 和 FG4 四种材料，它们是在 H88 和 H96 烧蚀材料的基础上开发的新型碳硅复合蜂窝增强低密度烧蚀材料，但采用了不同的材料配方。四种防热材料按照返回器不同的热流区域防热需要分别设计，密度和防热性能有所不同，除 FG7 的密度为 0.7 克 / 厘米 ^{3} 外，其他三种材料的密度不大于 0.5 克 / 厘米 ^{3}。其中，FG5 和 FG4 用于返回器侧壁背风面的中低热流区，FG7 和 HC5 用于在返回器防热大底的高热流区（见图 2）。这些材料的防热性能优异，例如，5 厘米厚的 FG7 和 HC5 材料在进行烧蚀试验时，表面温度达到 2400℃，烧蚀 33 秒后，最高背面温升仅 85℃。

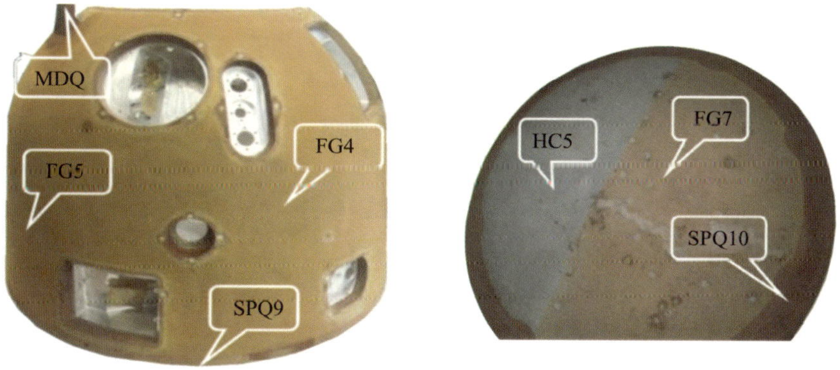

图 2　返回器低密度树脂基烧蚀防热材料分布

返回器使用的新型混杂连续纤维增强轻质烧蚀材料包括SPQ9和SPQ10。这类烧蚀材料是以石英纤维、玻璃纤维和功能纤维编织而成的二维织物为增强相，以酚醛树脂基体和添加大量酚醛微球、玻璃微球、陶瓷粉体等轻质功能填料制备预浸料，采用模压工艺加工成型，从而制备的轻质烧蚀防热复合材料。其中，耐高温石英纤维作为支撑骨架可抵御再入时的短时高热流密度、强气流冲刷，低熔点的玻璃纤维用作长时间、相对较低热流密度条件下的熔融粘合剂，功能纤维参与烧蚀分解，提高烧蚀分解防热效率；树脂基体通过烧蚀吸收热能并通过质量耗散带走热量。SPQ9和SPQ10材料的密度分别为0.9克/厘米^{3}和1.0克/厘米^3，它们均用于高热流区域。SPQ9用于制备侧壁舱盖与拐角环（见图3）、伞舱盖边缘防热环；SPQ10用于承受高热流、大剪力的大底拐角区域。

图3　用SPQ9材料制备的返回器拐角环

返回器采用的MDQ材料是在我国载人飞船采用的MD2防热材料基础上，通过增加熔点较高的空心硅基纤维并添加空心填料研制的一种轻质烧蚀防热材料，用于返回器的侧壁稳定翼。

在返回器防热系统研制中，除了开发新型防热材料外，科研人员在返回器防热设计上做了大量工作，提出了七种防热材料按需分区变密度、变厚度、相邻区域烧蚀动态匹配设计方法。返回器的前端、侧壁和大底均采用承力-防热复合式结构，即内部为铝合金承力结构，外部粘接烧蚀防热结构。在再入返回过程中，前端、侧壁的迎风面、背风面以及大底的迎风面、背风面和拐角环等区域的热流环境均不同，需要开展理论计算和大量试验，以确定整器防热系统方案，并为不同区域选择相应的烧蚀防热材料，既满足苛刻的热环境要求，又满足轻量化设计方案，还要满足返回器烧蚀外形控制要求。经过数百件次烧蚀试验，科研人员从几十种防热材料配方中，为返回器的不同区域选择了7种防热材料，从而实现了返回器再入返回的防热要求（见图4）。

图4　返回器防热材料烧蚀后的情况

除此之外，科研人员还对返回器的局部区域开展专门的防热设计，比如对泄压阀开孔、姿控发动机舱盖、天线舱盖和伞舱盖安装缝隙、大底分离垫块等部位进行局部防热设计，并采取相应的防热措施，以确保各部位的烧蚀状态不会影响气动外形、不产生明显的热流扰动，缝隙和突起处不出现过热等问题。

75 返回器如何穿越黑障区?

当返回式卫星、载人飞船、深空探测器的采样返回器等再入航天器，从太空高速返回地球大气层时，因气动加热导致极端高温，在一定高度区域，高温使返回航天器周围形成等离子鞘套。此时，因等离子鞘套对电磁波具有屏蔽作用，电磁信号既进不去，也出不来，再入航天器与地面的通信联络处于中断状态，这个中断联络的区域就是黑障区。黑障区一般出现在地球上空35~80千米的区域。黑障现象给再入航天器返回地球时的实时通信和再入测量造成困难。

嫦娥五号返回器在再入大气层过程中，采取半弹道跳跃式再入方式，两次进入大气层，出现两次黑障现象，每次3分钟左右。为了保障嫦娥五号返回器顺利穿越黑障区，测控系统采取了有效的应对措施。

一方面，地面控制中心提前向返回器注入延时控制指令，相当于给它一个“锦囊”，进入黑障区之后再打开，使返回器进入黑障区后仍可沿预先设计的弹道飞行。另一方面，地面测控系统通过外测——利用雷达、光学等地面测量设备对返回器进行轨道测量，在返回器进入黑障区前，获得精确的位置和速度参数；在返回器出黑障区后，实现快速捕获跟踪，从而使返回器始终在测控系统的掌握之中。

嫦娥五号轨返组合体在沿月地转移轨道飞行过程中，在距地球约5000千米处，返回器与轨道器在大西洋上空分离，位于非洲的纳米比亚测控站对返回器进行测控。在抵达120千米高度第一次再入点前，利用部署在东非肯尼亚的马林迪测控站进行接力；在东非索马里以东的印度洋海域布设了远望三号测量船，通过船载雷达和光学测量设备，获取返回器再入过程包括第一个黑障区的飞行轨迹。考虑到返回器第一次出黑障区后，弹道散布的范围可能比较大，利用能够覆盖返回器正常弹道偏差范围的两套新研制的跟踪测量设备——布设在巴基斯坦卡拉奇航天测控站的宽波束引导设备和布设在西藏阿里地区的车载多波束设备，快速捕获跟踪第一次出黑障区的返回器，并根据返回器的飞行状态，为其能否成功跳起并弹出大气层提供判据。此后，利用位于新疆、青海、甘肃和内蒙古等地的雷达和光学测量设备，监视返回器二次再入大气层前后的飞行状态，精确测量二次再入大气层以及第二个黑障区的飞行轨迹，进而解算返回落点，确保返回器顺利穿越黑障区并安全着陆。嫦娥五号返回器再入返回段的测控站点分布如图 1 所示。

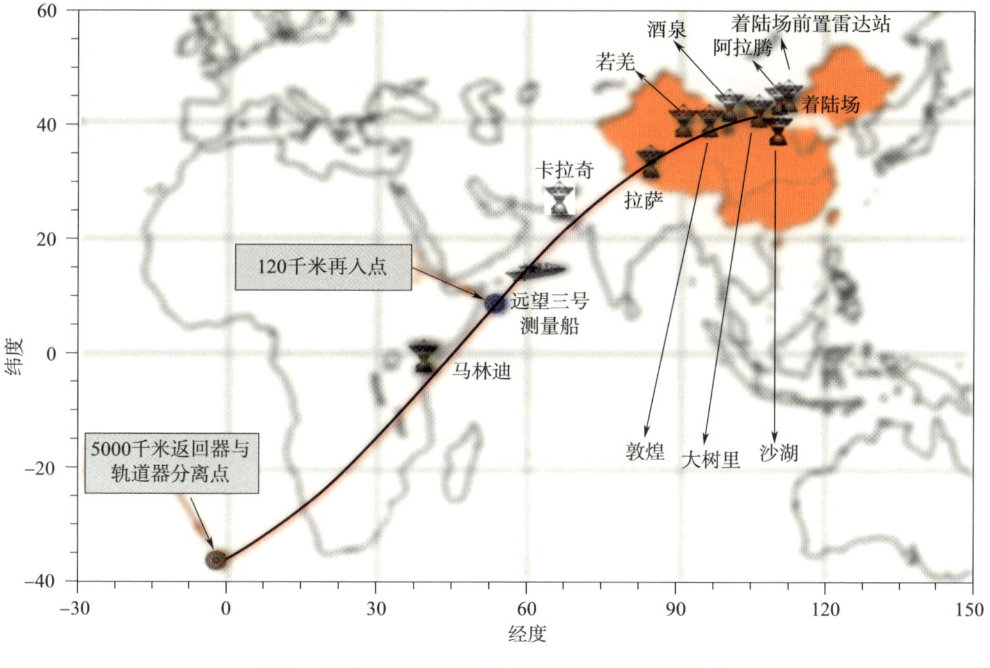

图 1　嫦娥五号返回器再入返回段测控站点分布图

在测控系统中，远望三号测量船主要通过三套功能不同的设备，共同完成返回器在黑障区的测量任务。一是 S 频段统一测控设备，它采取超前模式，在返回器进入黑障区前的 100 秒窗口期，提前向返回器发送调姿指令；二是光电经纬仪，负责对返回器进行光学跟踪；三是单脉冲雷达，负责接受等离子鞘套的反射信号，既然电磁波穿透不了等离子鞘套，那就利用等离子鞘套的反射波进行跟踪。就这样，远望三号测量船就像在黑暗中放风筝一样，紧紧牵着返回器在黑障区飞行，并像接力赛一样，把接力棒顺利递交到下一个测控站手中。

相关链接

黑障是怎样形成的？

再入航天器返回地球大气层的时候，飞行速度极高，可以达到声速的十几倍到几十倍，使再入航天器前端形成一道很强的激波。由于再入航天器头部周围激波的压缩和大气的黏度作用，使高速飞行航天器的动能大量转化为热能，这个过程也称气动加热。气动加热导致的极高温度，使贴近航天器表面的气体和航天器表面材料的分子被分解和电离，形成一个等离子层，这个包裹着航天器的等离子层称为等离子鞘套。由于等离子体具有吸收和反射电磁波的作用，电磁波难以穿过，因此这个等离子体鞘套就成为一个电磁波屏蔽层。此时，来自地面的无线电信号无法到达航天器舱内，航天器也无法向外发送信号，导致地面无法与航天器联系，这种情况就称为“黑障”。

76 月球样品在到达地球过程中会被污染吗?

2020 年 12 月 17 日，嫦娥五号探测器的返回器，携带着月球样品成功返回地球，标志着中国探月工程第三阶段任务圆满完成。在执行嫦娥五号采样返回任务过程中，如何保证返回地球的月球样品不被污染，成为人们高度关注的问题。为此，科研人员采取了一系列措施，确保月球样品在采样、封装、运输、开舱等过程中不被污染。

1. 确保采样和封装过程不被污染

为了保证样品能够维持原态，科研人员通过地面试验，确保所有与月球样品接触的材料或装置不会污染样品。比如，初级封装容器、密封封装装置、取芯软袋、采样器等，不会在月球高真空、高温等环境下因出现材料释气或挥发而污染样品；经过灭菌等净化处理，不会将地球上的生物或化学成分带给月球样品。以盛装月球样品的密封封装容器为例，在嫦娥五号探测器发射前，首先要对容器内部进行真空除气、灭菌等净化处理，然后利用符合要求的橡胶圈对该装置进行径向一次密封并锁紧盖体，防止地面大气污染密封封装容器。着上组合体在月球表面着陆定位后，通过电机驱动盖体动作，解除一次锁紧及橡胶圈径向密封，打开盖体，等待装入钻取和表取月球样品。

2. 通过二级密封封装确保返回地球时不被污染

与月球表面高真空环境不同，地球表面有厚厚的大气层，大气中不仅有气体成分，还漂浮着各种固体颗粒。如果月球样品在返回地球的过程中接触到这些物质，就会造成污染。为此，探测器利用月球样品密封封装子系统来解决这一难题。

嫦娥五号的样品密封封装子系统采用二级封装方式。按照工作程序，在完成钻取采样后，钻取样品通过整形进入钻取初级封装容器，完成钻取样品的初级封装，然后将钻取初级封装容器转移到密封封装装置中；随后，在表取采样过程中，将表取样品装入表取初级封装容器中，完成表取样品初级封装，然后再将表取初级封装容器转移密封封装装置中。完成上述操作后，密封封装装置关闭盖体，完成二级封装，实现真空密封。图 1 为钻取初级封装容器和表取初级封装容器向密封封装装置转移完成后的示意图。月球样品的初级封装和二级密封封装均在月面真空环境下进行，不会出现污染情况；在月面真空环境下进行密封封装后，容器内部自然就处于真空状态；完成密封封装后，月球样品在从月球到地球的整个过程中，始终处于真空环境中，与外界完全隔绝，直到返回地面并在月球实验室解封装置中解封。

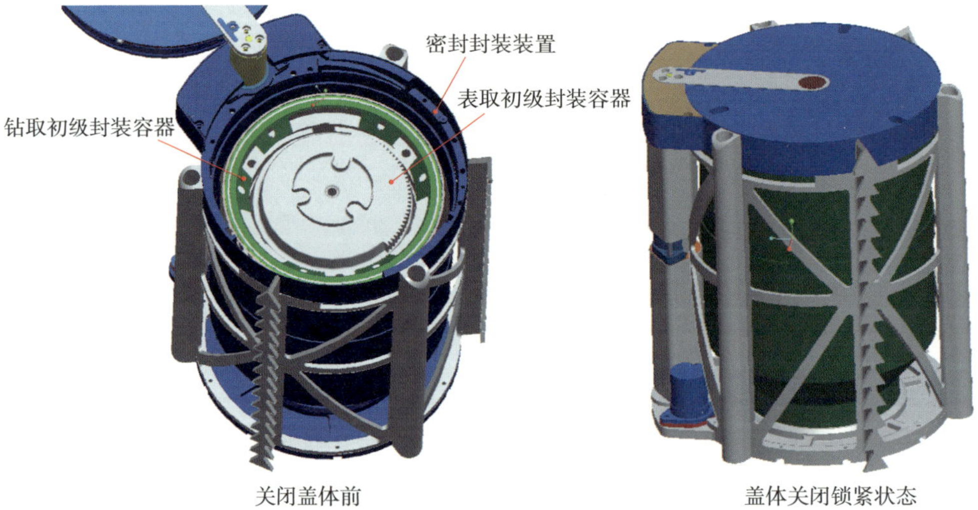

图 1　钻取、表取初级封装容器向密封封装装置转移完成示意图

钻取初级封装容器形状为卷筒状（见图 2），外径约 157.5 毫米，可以放入密封封装装置中；内径约 112.2 毫米，其空腔体可以容纳表取初级封装容器。钻取样品以取芯软袋螺旋盘绕方式装在卷筒状容器的外壁和内壁之间。表取初级封装装置由表取初级封装容器、口盖以及漏斗、电机、传动装置、升降装置等部件组成（见图 3），初级封装容器被形象地称为“小罐子”，用于盛装表取样品，漏斗、传动装置等其他部件用于帮助装入样品、关闭口盖等各种操作。

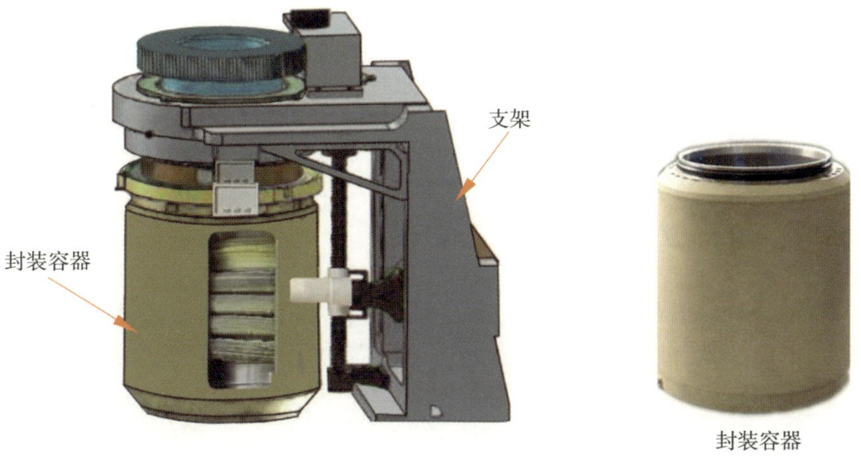

图 2　钻取初级封装容器示意图

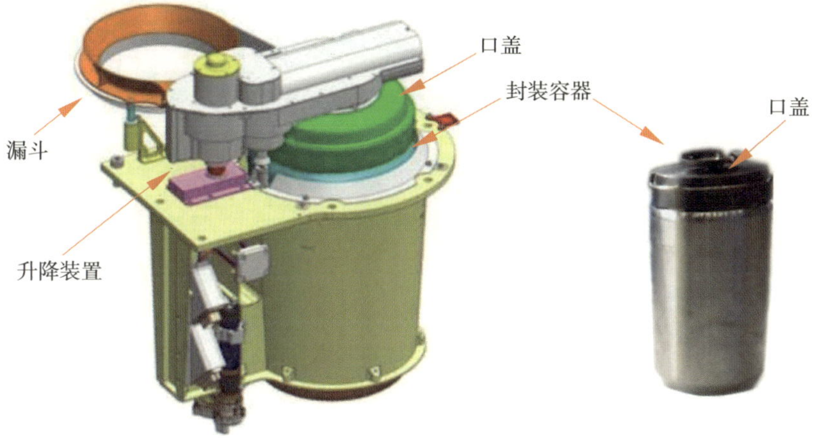

图 3　表取初级封装装置示意图

密封封装装置由密封装置（包括密封封装容器、主体框架、盖体组件、开合机构组件）和控制单元组件等组成，采用钛合金和铝合金制成，如图 4 所示。为了防止地球大气对样品产生污染，该装置必须达到极低的密封漏率要求，为此设计了基于硅橡胶密封圈的一次密封和金属挤压的二次密封的密封方案。钻取和表取初级封装容器装入密封封装容器后，电机驱动盖体关闭，然后利用火工品作动机构驱动盖体向下运动，硅橡胶圈与密封封装容器形成硅橡胶圈径向密封，同时密封封装容器刀口刃入盖体密封材料（银铟合金），形成刀口挤压密封（见图 5），从而完成月球样品的锁紧及真空密封。采用二次密封方案，使该密封封装装置的一次密封漏率为 5×10^{-6} 帕·米^3/秒，二次密封漏率低于 4.5×10^{-9} 帕·米^3/秒，解决了样品返回地面过程中的污染防护难题。

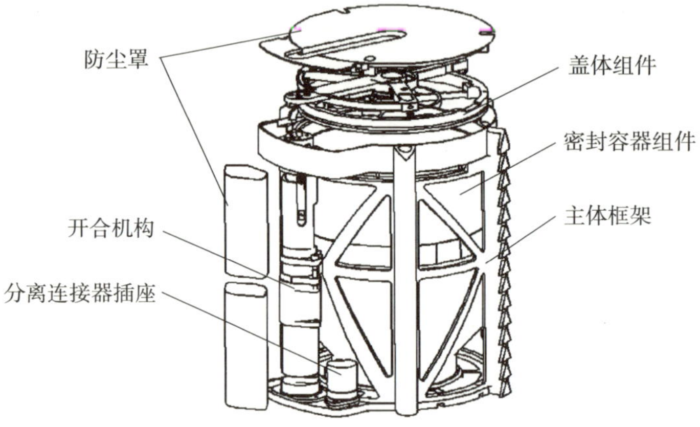

图 4　密封封装装置组成示意图

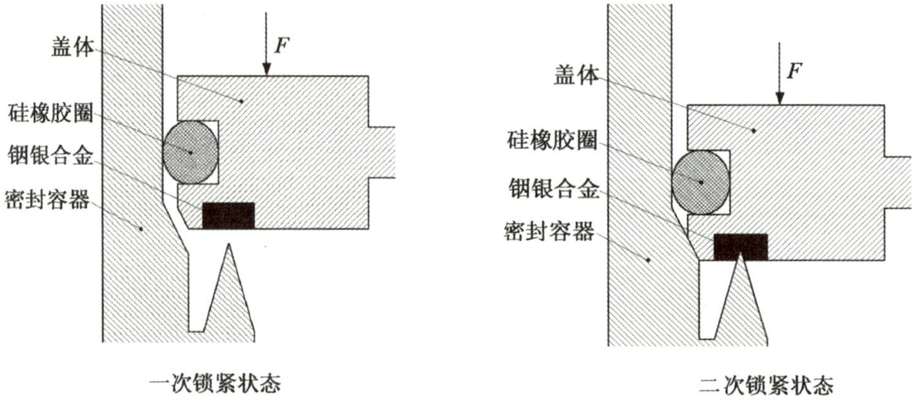

图 5　刀口金属挤压密封结构示意图

3. 在特定条件下进行样品密封容器解封

为满足月球样品解封、取出、存储、制备与处理过程中不受地球大气污染的要求，探月工程地面应用系统专门建立了月球样品存储、处理与制备实验室，实验室内的洁净度达1000级。盛装月球样品的密封封装装置返回地面后，转移给探月工程地面应用系统，在月球样品实验室进行安全解封，取出月球样品。样品解封（即打开密封封装装置盖体）是在无水、无氧、无有机气体、真空度优于 5.0×10^{-2} 帕的真空解封舱中自动完成的，可确保解封过程不会污染样品；完成解封后，在干燥的高纯氮气条件下取出月球样品，由于氮气为惰性气体，不会与月球样品发生化学反应，因而可以保证样品维持原始状态。为了确保高纯氮气环境，舱内压力相对于外部维持正压。此后，月球样品将在氮气环境下进行处理、存储，以及用于科学研究。

为了保证月球样品维持原始状态，除了要防止样品遭受污染外，还要防止月球样品受到温度因素的影响。在月球样品返回地球的过程中，如果环境温度变化超出允许范围，有可能破坏月球样品的原始状态。为此，返回器中密封封装容器的温度必须控制在−25~55℃，即使在返回器进入地球大气层的过程中，因气动加热使返回器外表面温度高达3000℃左右，密封封装装置仍须保持在设定的温度范围内。与月球环境温度变化范围（−190~127℃）相比，密封封装容器的温度变化很小，因此可确保月球样品不受温度影响。

第五章
火箭发射

77 发射嫦娥一号为什么首选长三甲火箭?

2007 年 10 月 24 日，伴随着巨大的轰鸣声，长征三号甲火箭拔地而起，在西昌卫星发射中心成功将中国首颗月球探测卫星嫦娥一号送入太空，使中国成为世界上第五个发射月球探测器的国家，中国由此开始开展深空探测活动，这是中国航天史上的第三个里程碑（见图 1）。

发射月球探测卫星必须依靠运载火箭，为什么首选长征三号甲火箭发射嫦娥一号呢？这里面要综合考虑多种因素，特别是以下三方面。

一是运载火箭需具备足够大的运载能力，能使月球探测器获得足够的速度，并达到要求的轨道高度。长征三号甲火箭是三级液体火箭，是中国为更好地发展卫星通信事业和开拓国际发射市场而研制的中型高轨运载火箭，可以直接将有效载荷送入地球同步转移轨道。长征三号甲火箭立项初期，在充分继承长征三号等运载火箭成熟技术的基础上，重新研制了低温推进剂三子级，突破了动调陀螺四轴平台、氢氧发动机、冷氦增压系统以及低温氢气源双摆伺服机构等四大关键技术，同时还采用了数字化、小型化的控制系统和低温推进剂利用系统等先进技术。

图 1　长征三号甲火箭发射嫦娥一号月球探测卫星

长征三号甲火箭全长 52.52 米，地球同步转移轨道运载能力 2.6 吨，运载火箭一子级、二子级直径 3.35 米，助推器直径 2.25 米，采用四氧化二氮和偏二甲肼作为推进剂。三子级直径 3.0 米，采用液氢液氧低温推进剂，具备二次点火能力，可以对有效载荷进行大姿态调姿定向，并可满足卫星定向和起旋等特殊要求。嫦娥一号重 2.35 吨，而经适应性改进后的长征三号甲火箭同步转移轨道运载能力达到了 2.65 吨。总之，通过适应性设计改进后，长征三号甲火箭的运载能力、入轨精度等性能完全可以满足月球探测任务需求。

二是运载火箭具备高可靠性。长征三号甲火箭自 1994 年首发后，取得了全部成功的发射纪录，2007 年年底被中国航天科技集团公司授予金牌火箭称号，截至 2007 年 6 月已发射 14 发，成功率为 100%，在航天发射市场享有很高的声誉。同时，为发射嫦娥一号，火箭研制团队对长征三号甲火箭进行了适应性改进，如控制系统平台加激光惯组的主从冗余技术、箭载计算机使用

3 CPU 冗余，控制系统关键部件都采用了冗余技术，实现了系统级冗余；还采用了远距离测发控技术，达到了集中控制、统一管理、信息资源共享的一体化设计，提高了火箭发射的安全性；全面开展了可靠性增长工作，整体提升了飞行的可靠性。

三是长征三号甲火箭与嫦娥一号具有较高的适配性。长征三号甲火箭于 1986 年立项研制，最初是为发射东方红三号通信卫星量身定做的。东方红三号卫星是地球同步轨道卫星，由长征三号甲火箭将其送入要求的地球同步转移轨道，此后在地面测控系统的控制下，经过多次轨道机动，进入地球同步轨道，在赤道上空指定位置定点。而嫦娥一号也是以东方红三号卫星平台为基础设计研制的，也有很强的轨道机动能力，可以保证自身从地球同步轨道转向奔月轨道的需要。嫦娥一号要求发射的过渡轨道与地球同步转移轨道十分接近，运载火箭及相应的地面测控系统都经过多次发射东方红三号及其改型卫星的考核，完全可以将嫦娥一号发射到所要求的轨道。而且长征三号甲是成熟型号，与之相应的，如发射场、地面跟踪与测量系统等均具有良好的现实基础。

在长征三号甲火箭基础上，中国按照系列化、通用化、组合化的思路，又研制了长征三号乙和长征三号丙火箭，形成了具备合理运载能力梯度的长征三号甲系列火箭，填补了中国中型高轨运载火箭型谱空白（见表 1），使中国航天进入空间的能力得到提升，可以更好地适应国内外航天发射市场的需要。

表 1　长征三号甲系列火箭运载能力

火箭构型	标准地球同步转移轨道最大运载能力 / 吨	标准轨道参数
长征三号甲	2.6	轨道倾角 28.5° 近地点 200 千米 远地点 35786 千米
长征三号乙	5.5	
长征三号丙	3.8	

参考文献

[1] 龙乐豪.我国探月工程运载火箭选型问题探讨[J].中国工程科学，2002，4（9）：31-36.

[2] 吴伟仁.奔向月球[M].北京：中国宇航出版社，2007.

[3] 《世界航天运载器大全》编委会.世界航天运载器大全[M].北京：中国宇航出版社，2007.

78 发射嫦娥二号的长三丙火箭与长三甲火箭有何不同?

嫦娥一号选用长征三号甲火箭发射，嫦娥二号则是用长征三号丙火箭发射的。长征三号丙火箭是在长征三号甲火箭和长征三号乙火箭基础上研制的三级液体推进剂捆绑式运载火箭，主要任务是发射地球同步轨道卫星，可以进行多星发射或发射其他轨道的卫星（见图 1）。

图 1　长征三号丙运载火箭

选用长征三号丙火箭发射嫦娥二号，主要是因为嫦娥二号起飞质量达到了 2.48 吨，而且要直接进入地月转移轨道，使用长征三号乙火箭会浪费运载能力，而长征三号甲运载能力又不足，所以长征三号甲系列火箭家族中的三弟长征三号丙火箭就义不容辞地披挂出征了。

长征三号丙火箭与长征三号甲火箭首先是构型不同。长征三号丙火箭是中国首枚非全对称的火箭，全长 54.84 米，是以长征三号甲火箭为芯级，在二、四象限捆绑两个助推器组成的。相较长征三号乙火箭，取消了两个助推器和助推器上的尾翼，同步转移轨道运载能力达到了 3.8 吨。由于构型带来的变化，火箭的气动特性、发射弹道、姿控设计、载荷设计、分离设计、环境条件等都要重新衡量、考核。由于外形的非全对称性，长征三号丙首先要面临箭体飞行平衡问题的考验。火箭设计师反复分析研究，对一级尾段进行了重新设计，突破一级尾段结构适应尾翼及助推器安装设计技术，实现了捆绑两枚助推器，并在一级安装两枚尾翼的要求。通过长征三号丙火箭的研制，中国在非全对称火箭研制上取得了多项技术突破，为非全对称运载火箭总体设计摸索出了一套有效的设计方法。

另一项重要的不同是，长征三号丙与长征三号甲的发射轨道不同，它是中国第一个将有效载荷直接送入地月转移轨道的火箭。不同于长征三号甲火箭，长征三号丙直接将嫦娥二号发射到近地点高度 200 千米、远地点高度近 380000 千米的地月转移轨道，嫦娥二号可以直接奔月，这样嫦娥二号在 7 天后即可进入工作轨道。而长征三号甲火箭是将嫦娥一号先发射到地球附近的过渡轨道，嫦娥一号需要环绕地球过渡轨道飞行多天后才能进入地月转移轨道，再经多次调整进入奔月轨道，14 天后才进入工作轨道。用长征三号丙火箭将嫦娥二号探测器直接送入地月转移轨道，可以大大减少探测器进行变轨操作的推进剂消耗，从而延长探测器的使用寿命。

另外，嫦娥一号入轨远地点高度只有 5100 千米，而嫦娥二号远地点高度近 380000 千米。对于地月轨道来讲，地球和月球的相对位置是不断变化的，入轨点的位置也不一样，这就对火箭的入轨精度控制提出了更高要求。火箭弹道设计师经过大量的科学计算，精确地确定了运载火箭的变轨时机，又通过对嫦娥二号的入轨精度和推进剂剩余量进行精细的分析，最终确定了最符合工程实际的发射轨道。针对非全对称构型火箭，姿态控制系统设计复杂程度大幅增加，首次采用三通道交联解耦的控制方式，即俯仰、偏航、滚动三个通道的控制可以独立进行，极大地提高了运载火箭的适应性。

2010 年 10 月 1 日，长征三号丙火箭发射探月工程二期的先导星嫦娥二号，火箭飞行约 25 分钟后，将嫦娥二号送入近地点高度 200 千米、远地点高度 380000 千米的地月转移轨道，标志着我国成功突破了地月转移轨道发射技术，也使嫦娥二号到达工作轨道的时间较嫦娥一号大为缩短。

中国还为探月三期试验飞行器发射研制了长征三号丙增强型火箭，与长征三号丙基本型相比，加强了火箭一级和助推器，比长征三号丙基本型长 1.5 米，运载能力由 3.8 吨增加到 3.9 吨。其使用双惯组加复合制导，二级发动机采用了长征二号 F 火箭使用的中国可靠性最高的发动机，为探月工程试验任务提供了更强的运载能力和更高的飞行可靠性。另外，长征三号丙增强型火箭采用了天基测量技术，通过天基中继星向地面传输火箭飞行的实时数据，对飞行中的火箭进行了全程实时测控；采用高码率传输技术，可增加测量点，提高数据传输速度，增大数据传输量，进一步降低测控盲区。

参考文献

［1］ 刘建忠，李聃．长征三号丙运载火箭［J］．中国航天，2008（8）：11-13.
［2］ 刘立东，张亦朴，李聃．长三甲系列火箭发射研制技术［J］．导弹与航天运载技术，2019（4）：8-10.
［3］ 宋丽芳．昂首向天阔步行［J］．中国航天，2010（10）：17-18.
［4］ 徐峰．全力突破火箭发射的关键技术［J］．国防科技工业，2010（10）：58-60.

79 长三乙火箭发射月球探测器做了哪些改进?

长征三号乙火箭是以长征三号甲芯级捆绑4枚液体推进剂助推器构成的三级液体推进剂运载火箭（见图1）。其芯级基本上与长征三号甲火箭相同，助推器及其捆绑结构则与长征二号F捆绑火箭基本相同。长征三号乙火箭有标准型和改进型两种，其标准地球同步转移轨道运载能力分别为5.1吨、5.5吨，改进型的主要变化是对芯一级和助推器分别加长1.5米和0.8米，提高了运载能力。

图1　长征三号乙运载火箭

嫦娥三号的质量达到3.7吨，比嫦娥二号重1.2吨多，所以选择了起飞质量约为600吨、高轨道运载能力更强的长征三号乙增强型火箭发射。它对火箭的入轨精度要求也更高，是嫦娥二号的3倍多。为了确保嫦娥三号月球探测器完美奔月，火箭研制人员开展了六大技术攻关，其中包括提高入轨精度、提高运载能力、提升安全性和可靠性、量身打造嫦娥座椅、现场直播飞行过程，特别是突破了多窗口轨道发射技术等。

发射月球探测器的精度要求是对运载火箭系统的巨大考验。经过反复验证，确定采用双激光惯组加卫星导航修正的复合制导技术，保证了入轨的高精度；为了提高运载能力，火箭大部分单机产品都背负了严格的减重指标，气瓶贮箱防晃板减轻了30千克，减重贡献最大；为了保证安全可靠完成发射，从质量检测到新技术验证，再到专家复核复算，都采用了几近苛刻的高标准，从元器件到单机，优中选优，仅总检查就进行了35次；因为嫦娥三号要在月球上软着陆，为了保证它稳定舒适地“坐”在火箭上，设计师们专门为它量身定做了一个高支架座椅；在此之前，设计师仅能通过观看模拟动画和参数确定火箭飞行状态，通过图像技术的应用，使设计师可以实时直观地看到火箭的飞行状态，普通观众通过电视画面也能清楚地看到火箭飞行中的几次分离过程。

除上述技术之外，多窗口发射技术是长征三号乙火箭的一大突破。探测器的发射要选择合适的发射时机，允许探测器发射的时间范围称为发射窗口。发射窗口的确定需考虑内部和外部多种因素，如探测器的运行轨道、探测器的工作条件、天体运行条件、空间碎片规避、地面跟踪测控通信和气象要求等因素，再经综合分析计算得出合适的发射窗口。由于太阳、地球和其他星体的相对位置在不断变化，即使发射同一型号、同一轨道的航天器，发射窗口也是不固定的。月球探测工程总体对嫦娥三号任务提出的发射要求是要保证连续3天有两个发射窗口，这次发射窗口是通过对一年的时段进行搜索后确定的。火箭设计师们进行了大量运算和逐日搜索，最终找到了位于12月上旬的连续3天，并在每天确定了两个发射窗口，3天共6个。每天的第1个窗口宽度都是4分钟，错过第一个后再等50分钟，可进入第2个发射窗口，宽度为1分钟。这种多窗口、窄窗口的设置是史无前例的，也对轨道设计提出了非常高的要求。3天6个窗口，对应6条轨道，每条轨道都要全力以赴做好准备，涉及的硬件和软件都做了充分的验证，任何一种状态，随时都可以实现发射。

火箭发射时一般都瞄准第1窗口，在发射场各系统密切配合下，长征三号乙火箭成功穿越了既有发射史上的最窄窗口，将嫦娥三号完美送入预定轨道，顺利踏上奔月之旅，而且还节省了推进剂，为探测器的后续工作提供了更多动力。

火箭发射每一个载荷都没有相同的轨道，每次飞行任务都有崭新的挑战。与发射嫦娥三号相比，发射嫦娥四号的长征三号乙有哪些改进呢？据悉，有65项改进，主要体现在发动机、控制系统、测量系统、箭体结构和地面设备上，特别是采用了多窗口、窄窗口发射，低温加注后可推迟24小时发射和地月转移轨道高精度入轨等三大关键技术。

嫦娥四号月球探测器每天有两个发射窗口，但两个窗口的宽度都很窄，第1个发射窗口有效宽度为2分钟，约46分钟后进入第2个发射窗口，窗口宽度1分钟。为了确保火箭可以在发射窗口要求时间内准时发射，适应两天4个窄窗口的发射需求，研制团队对轨道设计和产品可靠性都进行了改进，一方面采用了适应多窗口、窄窗口约束的轨道设计技术；另一方面对火箭主要分系统和重要单机采取了可靠性设计和冗余改进，确保满足窄窗口发射约束。

嫦娥四号探测器仅两天的发射窗口期，对火箭的适应性提出了前所未有的挑战。一旦错过两天的发射窗口，再次组织发射，要推迟半年。为此，火箭系统开展了“低温加注后推迟24小时发射技术”的研究，确保了火箭完成液氢、液氧低温推进剂加注后，在保持连接器不脱落状态下，可以推迟24小时发射。通过这一技术创新，火箭在低温加注后可以适应2天内多个窗口的发射要求，这在国内尚属首次。

设计成如此窄的发射窗口，也是为了保证嫦娥四号任务发射的精度要求。相比嫦娥二号、嫦娥三号的远地点轨道380000千米，嫦娥四号轨道的远地点高度达到420000千米，对火箭入轨精度要求更高。为此，采用卫星导航和惯性导航相结合，通过滤波算法去除干扰等措施，突破了地月转移轨道高精度入轨技术，实现了准时发射，精确入轨。2018年12月8日，长征三号乙火箭圆满地把嫦娥四号月球探测器送入预定轨道，较嫦娥三号任务设计入轨精度提高了 30% 以上，为中国实现人类首次在月背开展着陆与巡视探测奠定了基础。

参考文献

[1] 李聃．长征三号乙运载火箭［J］．导弹与航天运载技术，2005（3）：3-8.

[2] 中国运载火箭技术研究院新闻中心．长三乙火箭成功发射嫦娥四号月球探测器，人类首次执行月球背面软着陆和巡视探测任务［EB/OL］．calt.spacechina.com/n482/n741/c14757/content.html. 2018-12-8.

[3] 长征三号乙火箭做了哪些改进［EB/OL］．中国广播网，2013-11-30.

[4] 刘立东，张亦朴，李聃．长三甲系列火箭发射研制技术［J］．导弹与航天运载技术，2019（4）：8-10.

80 发射嫦娥五号的“胖五”为什么有这么大的运载能力?

完成探月三期任务的嫦娥五号月球探测器质量达到8.2吨，是嫦娥四号的两倍，当时中国的在役火箭运载能力都达不到要求，所以需要研制运载能力更大的新一代运载火箭。

长征五号火箭（见图1）是中国新一代运载火箭中起飞质量最大、技术跨度最大、运载能力最大的火箭。起飞质量约为870吨，具备近地轨道25吨级、地球同步转移轨道14吨级的运载能力，我国空间站建设、探月工程三期以及火星探测都离不开长征五号系列大推力火箭。由于它近20层楼高，芯级直径达5米，身宽体胖，力大超群，人们送给它一个形象的昵称——“胖五”。

图1　长征五号整装待发

要想增大火箭的运载能力，一是靠增大发动机推力，二是靠加大火箭结构。

“胖五”有这么大力气，首先归功于赋予它冲天能量的火箭发动机。“胖五”芯一级是两台推力为 50 吨级的 YF-77 氢氧发动机，4 个助推器各使用两台推力为 120 吨级的 YF-100 液氧煤油发动机；芯二级是两台 YF-75D 氢氧发动机，它们都是环保高效的液体火箭发动机。50 吨级的 YF-77 发动机是中国自主研制的首台大推力、地面点火启动的氢氧火箭发动机，代表了中国氢氧发动机技术的最高水平，填补了中国大推力氢氧火箭发动机的空白。它采用化学推进剂中能量最高、燃烧产物零排放的液氢液氧，真空推力是现役氢氧发动机的 9 倍。120 吨级的 YF-100 发动机是中国首台自主研制的、采用高压补燃循环方式的大推力液体火箭发动机，它的研制成功，使中国成为继俄罗斯之后第二个掌握高压补燃液氧煤油发动机全部核心技术的国家。8 台 YF-100 发动机加上 2 台 YF-77 发动机使“胖五”全箭起飞时总推力达到 1060 吨。那么一台 120 吨液氧煤油发动机的威力到底有多大呢？专家打了个比方，它产生的最高压强达 500 个大气压，能把黄浦江的水打到 5000 米高。芯二级 YF-75D 发动机，是中国首次采用闭式膨胀循环的氢氧发动机，也是目前中国比冲性能最高的火箭发动机，推力室再生冷却通道单位压降下的换热功率等指标达到国际先进水平。

由于发动机采用的都是无毒无污染的推进剂，“胖五”成为我国新一代绿色环保型火箭，不仅不会污染环境，而且较常规推进剂的火箭运载能力更高，实现了研制初期就定下的“以人为本，安全可靠，绿色环保”的设计理念。

再来说说“胖五”的结构。研制更大火箭，要么让火箭“长高”，要么“长胖”。在火箭直径一定的情况下，火箭越来越高，级数越来越多，长细比越来越大，就会削弱结构强度，还会给姿控系统设计及火箭运输带来许多麻烦。因此，攻克火箭大直径问题，让火箭“胖”起来就成为长征五号火箭研制的关键难题。长征五号火箭在总体设计时采取了捆绑助推器、大直径箭体结构等方案，主要目的是将火箭长细比控制在合理的范围内。在国内首次采用了 5 米直径箭体结构，因为火箭规模增大后，若仍采用现有的 3.35 米直径箭体结构，即使采用捆绑助推器的方案，火箭的长细比仍较大，目前国内外运载火箭长细比一般不超过17，美国猎鹰9火箭长细比最大达到19.1，由表1可见，长征五号火箭被称为“胖五”名副其实。这是火箭设计师综合考虑各种因素，以运载能力最大化为优化目标，经过优化设计得到的最佳方案。而且运载火箭少一级，意味着可靠性成倍提高。长征五号火箭采用的大直径少级数技术极大地提高了可靠性，这也是国际上新一代大型火箭的共同特点。

表1　国内外典型在役火箭长细比

型号	长度/米	最大直径/米	长细比
德尔它4H（美国）	71.7	5.08	14.1
猎鹰9（美国）	70.0	3.66	19.1
安加拉A5（俄罗斯）	55.4	4.1	13.5
阿里安5（欧洲）	55.5	5.46	10.2
H-2A（日本）	53	4	13.3
长征二号丙	43.027	3.35	12.8
长征二号F	58.3	3.35	17.4
长征三号乙	56.33	3.35	16.8
长征七号	53	3.35	15.9
长征五号	56.97	5	11.4

长胖之难还在于让火箭胖而不笨，火箭箭体结构越轻越好。在火箭总体设计中，设计师对每1千克的质量都锱铢必较，减轻箭体结构质量就可多装推进剂，多将有效载荷送入轨道。为了给箭体减重，设计师经过智能剪裁、优化结构、更换材料、创新工艺等措施，最终成功为火箭减重。“胖五”800多吨的身体内，约90%是推进剂，所以推进剂贮箱是“减肥”大户。为此采用强度高、质量轻、耐腐蚀的全新贮箱和壳体新材料——2219铝合金，壳体最薄的地方只有2毫米，内部用环框和桁条进行加强，实现了虽薄如蝉翼，却坚不可摧。

胖而不笨，还体现在设计师给“胖五”选择的气动外形上。它的整流罩采取了冯·卡门曲线设计，可以有效地减小气动阻力，减轻载荷影响；助推器采取斜头锥设计，与芯级优美衔接，通过设计获得了最合理的外形、最小的气动阻力、最有效的传力方式，各分系统互相协调，长征五号火箭的外形因而圆润饱满，体现了一种自然和谐之美。

人们喜爱“胖五”，更是因为“胖五”背后体现的是国家的科技实力和制造能力，是我国向航天强国、科技强国迈进的坚实一步。

参考文献

[1] 李东，王珏，何巍．长征五号运载火箭总体方案及关键技术［J］．导弹与航天运载技术，2017（3）：1-5.

[2] 李平岐，何巍，杨云长．液体运载火箭长细比设计研究［J］．宇航总体技术，2019（3）：12-18.

[3] 倪伟．长征五号运载火箭设计理念全解读［N］．中国航天报，2016-11-04.

[4] 陆琦．“胖五”威武［N］．中国科学报，2016-11-04（3）.

81 “嫦娥”探月从哪里出征?

如同飞机启航要从飞机场出发一样，火箭载着嫦娥奔赴太空前，需要在一个特定的场所开展一系列与火箭发射相关的活动，这个场所就是航天发射场，它也是嫦娥探月征途的起点。

中国目前有4个大型航天发射场，分别是酒泉卫星发射中心、太原卫星发射中心、西昌卫星发射中心和文昌航天发射场。目前除嫦娥五号外，其他嫦娥探测器都在西昌卫星发射中心发射。

西昌卫星发射中心，位于四川西昌市北面的山区，东经102°、北纬28.2°。始建于1970年，于1982年交付使用，1984年1月发射了中国第一颗通信卫星。由测试发射、指挥、测量控制、通信、气象和勤务保障6个分系统组成，主要担负地球同步轨道（GTO）卫星发射任务。

测试发射分系统的基本任务是完成探测器、运载器的测试与发射，主要由技术区和发射区组成。探测器要在技术区的卫星测试厂房进行卸车转载、装配、各种测试和储存，并在卫星加注间进行推进剂加注，完成与接口支架对接，然后装入洁净的密封容器，由专车转运至发射区。运载火箭各级经铁路运输到技术区，在火箭转载间卸车，再转入测试厂房进行组装、测试和储存，之后转运到发射区。

发射区目前拥有3号和2号两个发射工位。3号工位于1982年建成，目前主要用于发射长征三号甲火箭（也可发射长征二号丙火箭）。为适应世界航天科技发展趋势，2006年在原址上进行了重建，成为目前世界上最先进的火箭发射塔之一。3号工位为一塔形式，高85.5米，塔上的12层工作平台可以180度旋转，塔顶上的吊车用来完成火箭、卫星的起竖、对接和吊装；塔底有一个支撑火箭的发射台和一个能耐高温、高速气流冲刷的导流槽。2号工位于1990年投入使用，为两塔制，包括活动勤务塔和固定脐带塔等，早期用于发射长二捆火箭与长征三号甲火箭，目前主要用于发射长征三号乙和长征三号丙火箭。

在发射区，火箭要开展吊装、起竖与对接，开展分系统测试和总检查。在塔上部的航天器操作区（封闭的洁净区）进行嫦娥探测器与火箭的对接、整流罩合罩，开展器箭总检查，测试评审通过后，为火箭加注推进剂，最后择机发射。

指挥分系统的任务是制定、实施试验方案，收集、处理信息，指挥所有参试单位协同工作，并接受上级的指令。

其他分系统的主要任务分别是：测量控制分系统主要承担火箭一、二级飞行段的跟踪测量和安全控制，开展火箭飞行外弹道参数测量、遥测参数接收和火箭安全控制；通信分系统主要是提供指挥联络工具、测量信息通路和为发射任务提供时间统一勤务；气象分系统主要是提供中短期气象预报、雷电等灾害天气及最低发射气象条件的实时监测与预报；勤务保障分系统主要是为发射任务提供必需的技术支持和基础保障，如通用设备加工修理、仪器仪表计量校准、推进剂筹供、运输调度、电力保障、医疗救护和特种防护等。

月球探测工程是中国航天史上第三大里程碑，为确保首发成功，嫦娥一号卫星的发射准备时间相对较长一些。西昌卫星发射中心依据30多年的经验，重新整合工作流程，将大部分的测试项目，放到火箭在发射塔上竖起后进行。除了对分系统匹配测试外，大规模的总检查就有4次，确保火箭无故障上天。

图 1　西昌卫星发射中心

嫦娥一号发射，考虑到月球运行到与地球相对距离最短以及卫星与月球交会入轨的较佳时机，每月适宜发射的时间只有一次，每次发射窗口为 35 分钟。如果错过时机，下次发射要在一个月后才能进行。为保障探月工程总目标的实现，西昌卫星发射中心实施了上百个发射场技术改造项目，实现了火箭、航天器的远距离测试发射控制，综合发射试验能力不断攀升，为绕月探测卫星“首发成功”提供了有力保障。

在成功发射嫦娥一号后，发射场系统对相关设备设施进行了改造，包括更新测量雷达、更新遥测系统、改造光学仪器、优化加注系统等在内的技术改进达上百项。

参考文献

[1]　吴伟仁 . 奔向月球 [M]. 北京：中国宇航出版社，2007.
[2]　《世界航天运载器大全》编委会 . 世界航天运载器大全 [M]. 北京：中国宇航出版社，2007.

82 嫦娥五号探测器为什么在文昌航天发射场发射？

在建设文昌发射场之前，我国已建有酒泉、太原和西昌三大航天发射场，分别承担不同型号火箭和卫星的发射任务。随着中西部地区经济的发展，传统的航落区选择越来越困难。另外，发射嫦娥五号探测器的长征五号运载火箭，是中国新一代运载火箭中运载能力最大的，采用了5米直径芯级，内陆的公路、铁路运输条件均无法满足要求。从发射空间站、月球探测器等大型航天器的角度，为了最大程度地发挥火箭的运载能力，理论上发射场的纬度越低、越靠近赤道越好。在多种因素的衡量之下，文昌就成了建设我国第四个、专用于新一代运载火箭发射场的不二选择。

航天发射场的发展和建设与航天技术的发展、航天任务的要求密切相关，要综合考虑多方面的因素：

地理位置。指发射场的经度和纬度，其中纬度是选择发射场的重要因素。纬度越低，越有利于运载器获得较大的初速度，提高运载能力。

自然条件。主要包括地理环境、地质条件、地形地貌、气候条件和生活条件，一般建在人口较少且自然灾害、极端天气少的地区，以利于发射场设施布局、建设和维护。

航区安全性。各射向任务飞行轨迹要避开人口密集区域和重要的工业设施等，避开他国领土、领空，便于选择火箭残骸和整流罩落区。

交通条件。尽可能选择在公路、铁路、水路或航空交通运输条件便利的地方，利于航天器、运载器及其相关设备和人员、物资的运输。

另外，还要考虑环境保护、地面测控布站要求和航天器返回要求，以及社会经济发展情况等，可见航天发射场的选址是非常复杂的系统工程。

早在20世纪70年代，海南就曾经作为建设航天发射场的选址方案之一，只是限于当时的国际安全形势，选择了内陆的西昌。1988年年底，我国的探空火箭发射场在海南建成，它也是中国发射亚轨道火箭的测试基地。文昌航天发射场于 20 世纪 90 年代中期开始酝酿评估，2009 年 9 月正式动工，2014 年 10 月基本建成。2016 年 6 月，随着长征七号火箭发射成功，文昌航天发射场正式投入使用。

文昌作为航天发射场的后起之秀，有三大突出优势。首先是纬度低，发射效率高，火箭发射时可借助地球自转接近赤道位置的优势获得较大线速度，减少推进剂消耗，延长航天器的在轨寿命。其次是运输便捷，背靠清澜港码头，大型火箭可通过海运抵达发射场，解决了大直径火箭的运输难题。另外，射向范围广，覆盖 90°~175°，朝向南太平洋，主射向上安全性好，火箭残骸和整流罩落区容易选择。

表 1　中国航天发射场

航天发射场	地理位置	发射的在役运载火箭型号
酒泉	40.6°N，99.9°E	长征二号丙 / 丁，长征二号 F，长征四号乙 / 丙
太原	37.5°N，112.6°E	长征二号丙 / 丁，长征四号乙 / 丙，长征六号
西昌	28.1°N，102.3°E	长征二号丙 / 丁，长征三号甲系列，长征四号乙 / 丙
文昌	19.2°N，109.5°E	长征五号系列，长征八号，长征七号系列

作为我国的第一个低纬度濒海发射场，文昌航天发射场承担中国空间站建设、火星探测以及探月三期月球探测器等重大航天发射任务，扣除天气原因和地面设备设施的维护保养时间，文昌航天发射场年均可利用发射日高达 240~270 天，可满足空间站核心舱和两颗大型航天器并行测试要求。与内陆三大航天发射场配合，形成战略布局合理、高低纬度配合、沿海内陆结合、多射向范围综合的航天发射体系，大大提升了我国航天综合发射能力。

文昌航天发射场由我国自主设计建设，绿色生态环保，集成了我国航天测发领域最前沿、最先进技术，标志着我国已跨入世界大吨位火箭发射行列，实现了航天发射任务一体化指挥管理，在我国航天领域率先实现了信息系统国产化，核心技术自主可控。根据新一代运载火箭发射需要，实现了低温推进剂大流量加注、大流量储运技术突破，同时实现了“新三垂一远”的测试发射模式，减少了发射区工作时间。针对海南地区高温高湿高盐雾、强降雨强台风强雷暴的气候特点，攻克了地基止水、建筑抗风防风、防腐防雷一系列工程施工技术难题，建设了现代化的发射塔架。围绕建设世界一流航天发射场战略目标，文昌航天发射场将致力于打造综合发射能力强，安全性、可靠性和信息化程度高，利于对外开放和国际合作，带动科普旅游与区域经济发展和生态环保的世界一流的发射场。

参考文献

[1] 周凤广，徐克俊．戈壁天港［M］．北京：中国宇航出版社，2011.
[2] 张泽明．我国航天器发射场工程设计回顾与展望［J］．中国工程科学，2007，9（4）.
[3] 张国宝．海南文昌航天发射场决策往事［J］．中国经济周刊，2016（25）：2.
[4] 崔吉俊．航天发射试验工程［M］．北京：中国宇航出版社，2010.

83 长征五号如何转运到发射工位?

航天发射前，巍峨的火箭要乘着为它量身定制的座驾，从总装测试厂房安全平稳地转运到发射工位。转运，也叫转场，火箭的转运是航天爱好者颇为关注的热点，只有到这一刻，一直深藏不露的大火箭，才能让期待已久的人们一睹它完整而真实的英姿。

转运前，嫦娥五号探测器和长征五号火箭首先在技术区的厂房内吊装对接。长征五号火箭采用了一种全新的“新三垂一远”的测试发射模式，在继承酒泉载人航天发射场的“三垂一远”发射模式基础上，除了火箭和飞船（航天器）在技术区总装厂房内的发射台上，直接进行垂直状态下的吊装、组装和检测，通过轨道直接转运到发射区外，更为先进的是火箭和航天器转运过程中保持与地面设备的技术状态、连接状态不变，到发射区后不再需要重复连接接口和状态恢复，直接进入发射前的功能测试和联合测试，因此在发射工位上的准备工作和时间大为减少。

探测器在航天器加注厂房内完成推进剂加注、充气、合整流罩等一系列工作后，器罩组合体经元宝车转运到长征五号火箭垂直总装厂房，与已经在发射台上组装完毕的长征五号火箭垂直对接。之后，探测器、火箭与地面之间建立各种气、电、机械等接口，完成状态设置和加电测试后，参加火箭系统的第三、四次联合总检查。在箭上火工品安装、整流罩空调系统状态切换等相应的转场前准备工作完成后，耸立于发射平台上的器、箭联合体就完成了技术区的全部工作，即将前往发射区，参加点火发射前的最后一个阶段的准备工作。

用于承载长征五号火箭的大型火箭发射平台，是我国最新研制的规模最大、承载能力最强、系统最复杂、技术最先进的大型活动发射平台，长近 30 米，宽 20 多米，加上脐带塔高近 70 米，上表面积达 700 多平方米，平台自重达

2000 吨。

大型活动发射平台最大的变化，在于将脐带塔与活动发射平台合二为一，首次将地面发射支持系统的气液连接器、供气系统、发动机排氢燃烧系统、地面瞄准系统等多个子系统集于一身，将原本配置在发射塔上的上百台设备统一集成在一个活动发射平台上。火箭在转运过程中，背靠高高的脐带塔，气、液、电、信号各种管路、线路一直保持着与火箭的连接状态；同时，由于转运时的箭地接口状态保持不变，保持火箭测试工作的连续性，缩短了发射区的工作周期，提高了测试效率和可靠性。

从技术区到发射区，有 2.8 千米长的路程。为了保证火箭和航天器的安全转运，对转运时机、气象条件、转运速度等都有特殊要求。我国航天人独创的“12 点调平技术”实现了长征五号火箭的自动调平，精准的速度控制与定位技术则保证了发射平台、火箭和航天器组合体这个“庞然大物”的稳定可靠。经过初始的加速，平台以 25 米 / 分钟的速度向发射区缓缓行进。在到达发射场坪后，经过 3 次减速，在离发射点 10 毫米左右，触发定位块后速度由 0.8 米 / 分钟降为 0，自动停车，实现一次定位。若一次定位精度不够，二次定位能让发射平台按照 10、15、20、25 毫米的 4 个档位前后移动，实现毫米级定位。如此精准的定位靠的是由 16 台电机控制对应的 8 对轮组，实现在两条平行轨道上的启动、加速、匀速、减速以及停车功能，达到 0.8~30 米 / 分钟的无级调速。平台的定位精度达 5 毫米，保证火箭轴线能与发射点重合，火箭位置与要求的大地经纬度重合，从而实现精准发射。

参考文献

［1］ 李东，王杰，何巍，等．长征五号运载火箭总体方案及关键技术［J］．导弹与航天运载技术．2017（3）．

［2］ 刘涵．国产大火箭活动发射平台的三个之最［N］．中国航天报，2015-06-27（2）．

第六章
测控回收

84 如何利用地球卫星测控网实现对嫦娥一号探月卫星的测控?

在实施绕月探测工程之前,我国大部分卫星距离地面都在4.2万千米以内,个别卫星离地面的最远距离也就8万千米,都属于“近程”测控的范围。在绕月探测工程中,嫦娥一号卫星距离地面最远可达约40万千米,是地球同步轨道卫星距地面距离的10倍以上,属于“远程”测控范围。远程测控给原有的航天测控网带来了极大挑战。

在嫦娥一号任务时,我国还没有建设深空测控设施,受到当时绕月探测工程研制周期和投入经费限制,也不允许新建具有大口径天线的深空测控设备。当时,工程总体经过论证,确定以已有地球轨道卫星测控系统为基础,通过适当的升级改造和补充建设,来满足嫦娥一号任务的测控需求,并可以适当开展国际联网合作。因此，地面测控系统只能在已有测控设备的基础上进行技术挖潜和改进，来解决40万千米的远距离测控难题。

根据最初的天地一体化测控系统设计，地面测控系统考虑将当时国内天线口径最大的3套S频段统一测控系统（Unified S-band，USB）设备用于嫦娥一号任务的S频段测控支持，分别是喀什测控站、南宁测控站和远望三号测量船上的12米口径USB设备。在嫦娥一号卫星初样研制阶段，星上S频段测控全向发射天线的技术指标无法达到设计要求，导致天地下行链路无法满足最初设计的任务要求。为了解决这一问题，测控系统在经费有限的情况下，提出了设计建设18米接收天线与原有USB上行链路配合使用的方案。最终，工程总体决策在国内建设两套18米口径S频段接收天线，与原有USB系统配合使用。同时，为了扩大测控覆盖率，在上行测控链路余量满足任务要求的情况下，测控系统决定调整原来使用喀什测控站和南宁测控站的总体设计方案，将18米接收天线分别建在喀什测控站和青岛测控站，与原有的喀什12米USB和青岛10米USB组成联合系统，如图1和图2所示。

图1　参加嫦娥一号任务的喀什12米USB和18米接收天线

图 2　参加嫦娥一号任务的青岛 10 米 USB 和 18 米接收天线

针对 40 万千米的远距离测控要求，嫦娥一号卫星的星载测控设备采用了“全向与定向天线结合、发射机功率增强、遥测信息速率可变、遥测信道卷积编码”等多项技术措施；地面测控系统在 USB 设备的基础上，采用了“增配 18 米接收天线系统、USB 窄带跟踪测量技术、遥测信道卷积译码”等多项技术措施，共同提高天地链路性能，以满足任务要求。

针对嫦娥一号任务测定轨需求，测控系统首次将射电天文观测网的甚长基线干涉（Very Long Baseline Interferometry，VLBI）测量系统引入到测控系统，称为 VLBI 测轨分系统，采用了 USB+VLBI 综合测定轨技术，提高测定轨精度。嫦娥一号任务时的 VLBI 测轨分系统包括新疆乌鲁木齐 25 米天线、北京密云 50 米天线、云南昆明 40 米天线和上海佘山 25 米天线，乌鲁木齐至上海的基线长度为 3249 千米，乌鲁木齐至昆明的基线长度为 2477 千米，昆明至佘山的基线长度为 1920 千米。该系统利用嫦娥一号卫星发射的下行 X 频段专用信标和 S 频段测控信号，实现对卫星空间角位置的高精度测量。VLBI 作为天文测量系统在数据传输和数据处理方面采用的是事后处理方式，通常在进行测量两周后才能提供处理后的时延和时延率结果。为了能够满足在地月转移阶段中途修正和近月制动前后的快速短弧段测定轨需求，对 VLBI 的信息传输和数据处理系统进行了改造，将其升级为准实时测量系统，升级后的系统实现了在对目标进行测量后 10 分钟内，将测量处理结果传送到北京航天飞行控制中心。

嫦娥一号卫星任务的地面测控系统以我国现有的 S 频段航天测控网为主，辅以 VLBI 天文测量系统组成，任务的指挥控制中心是北京航天飞行控制中心。为了进一步提高测控覆盖率和系统可靠性，我国航天测控网与欧洲空间局（ESA）开展了测控合作，此外还使用了智利大学圣地亚哥站，形成了“国内测控站（船）+ 国外测控站”的全球布站方案，使嫦娥一号卫星的测控覆盖率达到了 98% 以上。用于嫦娥一号卫星任务的 S 频段地面站（船）主要包括位于中国西部的喀什 USB 站、东部的青岛 USB 站和布设在西太平洋海域的远望号测量船，ESA 在南美洲法属圭亚那的库鲁 15 米 S 频段测控站、澳大利亚西部新诺舍的 35 米深空站，以及智利大学的 9 米 USB 站，负责完成对卫星发射段、调相轨道段、地月转移轨道段、月球捕获轨道段和环月轨道段等各个飞行阶段的测距、测速、遥测和遥控任务。嫦娥一号任务测控系统布局如图 3 所示。

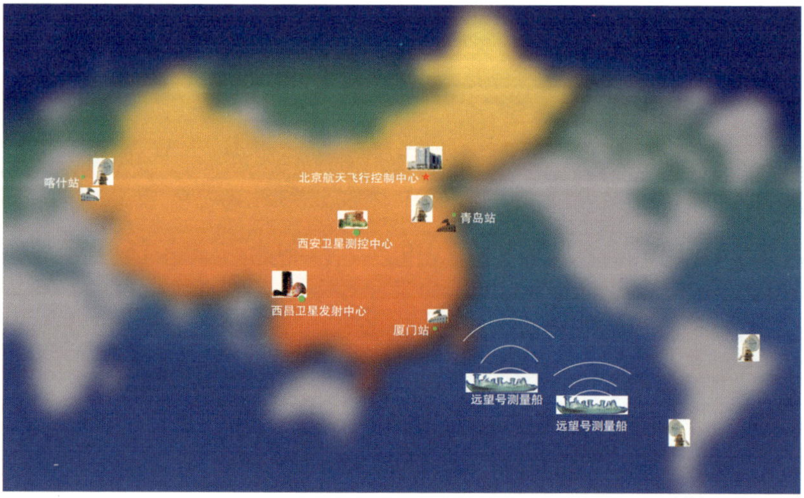

图 3　嫦娥一号任务测控系统布局

参考文献

[1] 李海涛，张波，董光亮，等.保驾导航的地面测控系统[J].航空知识，2008(1).

[2] 董光亮，李海涛，郝万宏，等.中国深空测控系统建设与技术发展[J].深空探测学报，2018(2)：99-114.

85 在地球上怎么为嫦娥进行精确导航?

为了确保嫦娥探测器能够从地球飞到月球，并被月球捕获进入环绕月球飞行的轨道，就需要地面的测控站与嫦娥探测器上所载的测控合作目标配合，获取嫦娥探测器相对于地球的速度、距离和角度位置信息，并利用所获取的数据来确定其飞行轨道。

传统的航天器跟踪定位基于地面测控站的测距和多普勒测速技术。测距的基本原理是通过测量地面站和探测器之间无线电信号的往返延时，利用计算公式，得到地面站和探测器间的单向距离。测速的基本原理则是著名的多普勒效应。就像高速行驶的火车鸣笛驶来时，声音会越来越尖锐，频率不断升高；但当火车远去时，声音频率就会降低一样，声音频率发生了变化，被称为“多普勒频移”。探测器在太空中运行时，和地面站之间存在着相对运动，因此探测器信号就会产生多普勒频移。通过测量频移，就可以进一步换算出探测器相对地面站的径向速度了。

在短弧段定轨中，必须要有角度测量信息，才能够与距离信息联合，较为准确地确定卫星的空间位置。USB 在测轨方面具有测距、测速和测角功能，但对于 40 万千米远的轨道，USB 测角精度相当于 100 多千米的空间位置误差，无法使用。甚长基线干涉（VLBI）测量是具有非常高的角度分辨率的天文观测系统，我国 VLBI 网能够对射电源最高实现 0.02″ 的测角精度，但它仅能够确定目标的方位，无法确定其空间三维位置。综合上述系统的优势，将 USB 的测距、测速能力和 VLBI 的高精度测角能力结合起来，共同承担探月任务的测定轨任务。

VLBI 是一种射电干涉技术，它通过无线电波干涉的方法，将间隔数百乃至数千千米长度基线两端的口径较小的射电望远镜，合成为巨大的综合孔径望远镜，其等效直径为望远镜之间的最长基线长度。通过延长基线，VLBI

能获得极高的分辨率，是目前分辨率最高的天文观测技术。VLBI 系统最早用于天文观测，主要用来对射电星的研究，原理如图 1 所示。

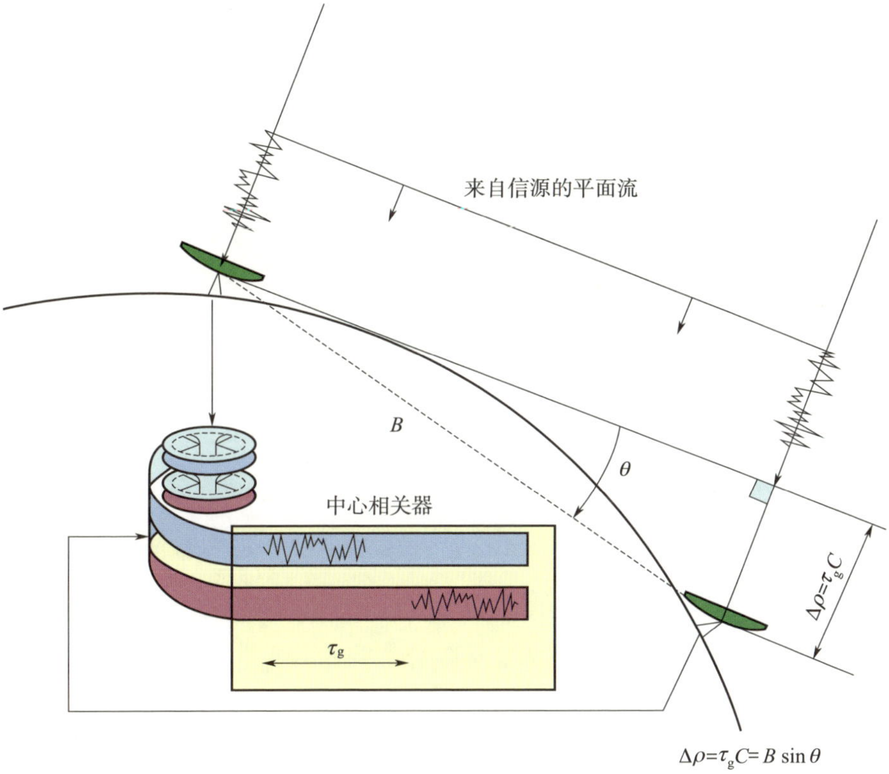

图 1　VLBI 测量原理图

位于长基线两端的两个测量站同时接收来自射电源（类星体）的类似白噪声信号，经放大、超外差接收、数字化、时间标记后记录到记录器，通过相关处理记录信号得到信号的同一波前到达两测量站的时间延迟 τ_g，从而得到射电源相对基线的角位置。

USB-VLBI 综合测量体制就是利用 USB 设备对卫星进行测距测速，利用 VLBI 设备对卫星进行干涉测量获得高精度角度信息（实际测量值为卫星下行信号到达不同测量站的时延和时延率），通过建立月球轨道动力学模型，USB 与 VLBI 测量数据的融合加权处理和参数估计技术，实现对远距离平缓轨道的短弧段定轨、月球捕获快速定轨和绕月轨道的高精度定轨。USB-VLBI 综合测量工作原理如图 2 所示。

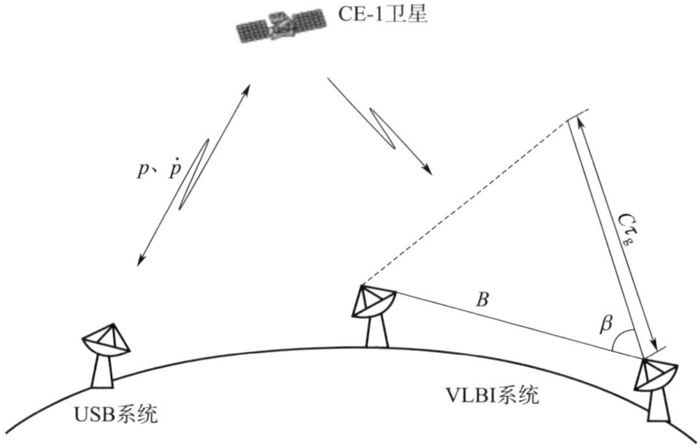

图 2　USB-VLBI 综合测量工作原理示意图

测控系统中的 VLBI 测轨分系统由位于北京、上海、昆明和乌鲁木齐的 4 个观测站以及位于上海天文台的 VLBI 数据处理中心组成。VLBI 测轨分系统通过不同位置的两个或多个观测站同时接收探测器下行信号，来获取探测器的角位置信息。观测站将获取的原始信号采集记录后实时传送到 VLBI 数据处理中心，可在一分钟内完成数据处理，获得最终的观测量。我国 VLBI 测轨分系统的观测效果，其观测分辨率可等效于一台直径超过 3000 千米的超级望远镜。它获取的高精度测角数据，对探测器横向的位置和速度有较好的约束，通过与测距、测速等外测数据相结合，有效提高了定轨精度。

参考文献

[1]　李金岭，张津维，刘鹂，等. 应用于深空探测的 VLBI 技术 [J]. 航天器工程，2012，21（2）：62-67.

[2]　李海涛，周欢，郝万宏，等. 深空导航无线电干涉测量技术的发展历程和展望 [J]. 飞行器测控学报，2013，32（6）：470-478.

86 嫦娥二号为什么要开展X频段测控试验?

嫦娥一号卫星任务中，地面测控系统依托我国已有的S频段航天测控网，并辅以VLBI测轨分系统圆满实现了S频段测控支持。按照空间数据咨询委员会（CCSDS）建议，近地测控频率分配如表1所示，深空测控频率分配如表2所示。

表1 近地测控上、下行链路频率分配

频段	上行频率 / 兆赫兹	下行频率 / 兆赫兹
S	2025~2110	2200~2290
X	7190~7235	8450~8500
Ka	22550~23150	25500~27000

表2 深空测控上、下行链路频率分配

频段	上行频率 / 兆赫兹	下行频率 / 兆赫兹
S	2110~2120	2290~2300
X	7145~7190	8400~8450
Ka	34200~34700	31800~32300

美国国家航空航天局（NASA）深空网在20世纪60年代开始采用S频段对以“水手号”为代表的深空探测器实施测控；20世纪70年代中期，深空航天器开始采用S/X双频下行链路；1989年，实现了X频段上行链路能力。从20世纪90年代麦哲伦号金星探测任务开始，NASA发射的多数深空航天器都采用X频段作为测控频段。NASA从卡西尼号土星探测任务，开始使用更高的Ka频段进行高速数据下行传输和无线电科学测量。

自1993年确定开始建设S频段航天测控网以来，中国已经建成了分布世界各地的，包括陆上固定站、活动站和海上测量船在内的几十个USB（S

频段统一测控系统）测控站 / 船。目前已经投入使用的国内固定 USB 测控站有喀什站、东风站、渭南站、青岛站、厦门站和南宁站，国外测控站有巴基斯坦卡拉奇站、纳米比亚站、智利圣地亚哥站，两套国内车载 USB 机动站，远望号测量船队的船载 USB 站（目前在役的有远望 3 号、5 号、6 号和 7 号四艘测量船），同时利用 ESA 天线及链路设备合建了马林迪站。其中陆上固定站天线口径有 9 米、10 米和 12 米三类，活动站天线口径为 5.5 米，海上 USB 天线口径为 12 米。所有 USB 测控站由西安卫星测控中心所属网管中心统一指挥调度。USB 测控站与网管中心协同工作，共同构成了中国 S 频段航天测控网。

更高的工作频率是提高深空测控远距离通信性能和测量精度的有效手段。首先，天线增益与工作频率的平方成正比，尽管提高频率会增大传播损耗，但从天线增益提高带来的好处足以抵消传输损耗的增加。其次，利用 X 频段进行测控，相比于 S 频段还能够使地面对航天器的速度测量精度大幅提高。此外，随着移动无线通信领域在 S 频段的广泛使用，无线电干扰源将越来越多，使得这一频段不再适合于高灵敏度的深空测控应用。

与 S 频段测控相比，在 X 频段目标运动引起的无线电波多普勒频率动态范围和多普勒频率变化率将增大 4 倍，信号频率随时间变化增大这一特性增加了信号捕获的难度，因此在相同信噪比条件下，X 频段信号比 S 频段信号更难捕获。

综上所述，X 频段或更高的工作频段在深空测控领域具有更大的优势。我国在 20 世纪 90 年代通过实施载人航天工程建立了 S 频段航天测控网，用于所有近地航天任务。进入 21 世纪以来，通过月球探测工程的带动，规划建设了具备 X 和 Ka 频段能力的深空测控网，用于月球和深空探测任务的测控支持。

嫦娥二号月球探测卫星作为探月工程二期先导星，主要试验探月工程二期部分关键技术，深化科学探测。“试验 X 频段深空测控技术，初步验证深空测控体制”是嫦娥二号工程的主要目标之一。为了确认 X 频段测控的可行性，在嫦娥二号卫星上设计配置了X频段应答机和测控天线（见图1），新建了X频段18米口径天线地面测控站，在嫦娥二号卫星各飞行阶段开展了相关技术试验，验证了X频段测控体制和性能。

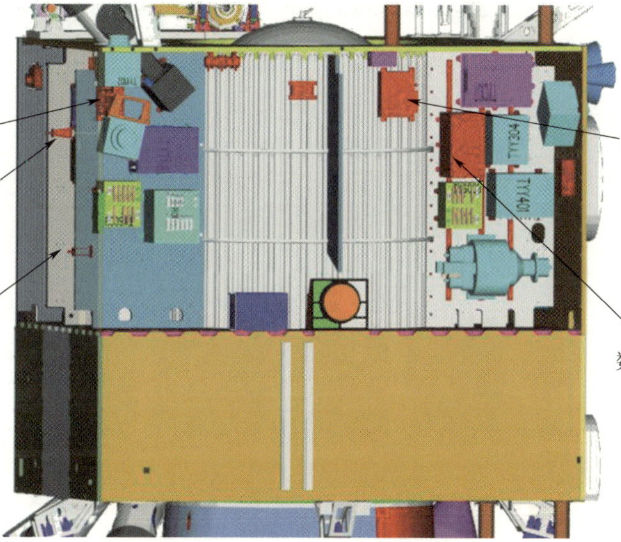

图1　嫦娥二号星载X频段测控系统配置

为了对我国首次采用的X频段测控体制进行验证，在嫦娥二号卫星的地月转移段和环月飞行段各进行了多次试验，开展X频段功能性验证试验以及X频段测距测速+DOR测定轨试验，试验系统由嫦娥二号卫星和位于青岛和喀什的两套18米X频段测控设备以及4个VLBI观测台站组成。X频段功能性验证试验的目的是验证X频段遥控遥测与测距测速功能的正确性，其中，上行遥控码速率分别设置为1字节/秒，125字节/秒和7.8125字节/秒，测距主音分别设置为100千赫兹和500千赫兹。试验结果表明，在各类上行码速率条件下，地面站发送遥控指令正确，卫星接收和执行指令正常；地面站能够正确接收和解调X频段卫星遥测数据；在测距主音为100千赫兹或500千赫兹时，设备的测距测速功能正常。

X频段测距测速+DOR测定轨试验的下行载波加调DOR侧音信号，测距主音设置为500千赫兹，综合利用X频段测距测速+DOR信号进行嫦娥二号卫星测定轨。通过事后精密定轨结果对测量数据进行残差分析（见图2）。通过嫦娥二号工程在轨技术试验，充分验证了在深空测控领域，采用更高的频段进行测控具有明显的优势。试验结果表明：在相同信噪比条件下，与S频段相比，X频段测速精度由厘米量级提高到毫米量级；测距精度由5米提高到1米；干涉测量时延精度由5纳秒提高到1纳秒。X频段测控技术在工程中的成功试验，为后续月球和深空探测任务将X频段作为主用工作频段奠定了坚实的技术基础。

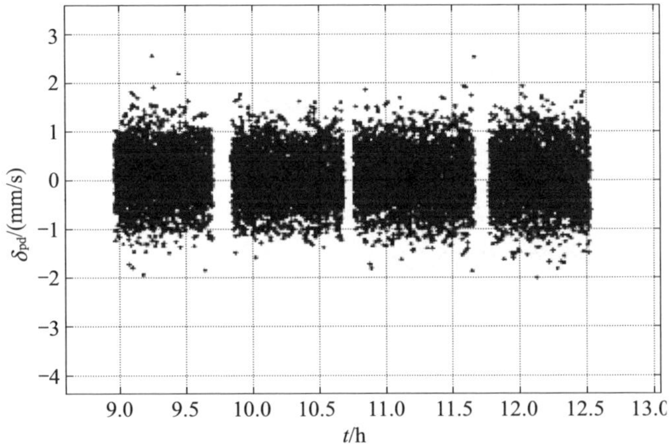

图2　青岛站X频段测速残差图

参考文献

［1］　吴伟仁，李海涛，董光亮，等．嫦娥二号工程X频段测控技术［J］．中国科学：技术科学，2013，43（01），20-27.

［2］　吴伟仁，黄磊，节德刚，等．嫦娥二号工程X频段测控通信系统设计与试验［J］．中国科学：信息科学，2011，41（10），1171-1183.

87 嫦娥探测器如何把探测数据传回地球？

我们开展月球探测任务的目的之一就是实现科学探测，那么科学家们如何才能在如此遥远的距离实现科学探测呢？这就要依靠探测器上搭载的科学探测载荷获取探测数据，然后传送到地面。科学家们在地面通过解译科学探测数据来最终完成科学探测任务。

通常，科学探测数据量都比较大。比如，嫦娥一号卫星于2007年10月24日在西昌卫星发射中心成功发射，2009年3月1日受控落月于东经52.36°、南纬1.50°的丰富海区域，在轨运行494天，比预期一年的工作寿命延长4个多月，一共取得了1.37TB的原始科学探测数据。嫦娥三号探测器共搭载了8台有效载荷，其中，着陆器上搭载了地形地貌相机、降落相机、极紫外相机、月基光学望远镜，巡视器上搭载了全景相机、测月雷达、粒子激发X射线谱仪和红外成像光谱仪。据统计，2013年12月2日—2016年6月30日，嫦娥三号探测器共计开展了32个月球白昼的科学探测工作。截至2016年6月30日，地面应用系统归档嫦娥三号各类数据共计7.07TB。其中，原始数据1.97TB。

科学探测信息经过探测器处理转化成宜于向地面传输的数字化信息。每天探测器上存储这些信息的存储器容量高达几十吉字节，为了实现远距离传输这些大容量信息，需要将数字信息调制到宜于远距离传输的发射频率2吉赫兹以上，传输速率高达几兆字节/秒。为了接收远距离发送的高速率探测信息，与测控的空间全向覆盖不同，一般航天器上都采用具有更高增益的定向天线并配上大功率发射机，地面则需配置大口径天线的地面接收站。图1和图2所示分别为嫦娥一号和嫦娥三号定向天线的布局。嫦娥一号采用的是S频段两自由度可转动的高增益抛物面天线，用于环月期间科学探测有效载荷数据传输和星上遥测数据传输，最高传输码速率为3兆字节/秒，在环月轨道的正常运行模式中，该天线将指向并跟踪地球；嫦娥三号着陆器的X频段定向天线净增益为 +20 dBi（±3.5° 范围内），数传调制方式采用 BPSK，数传码速率最高为 2.5 兆字节 / 秒。

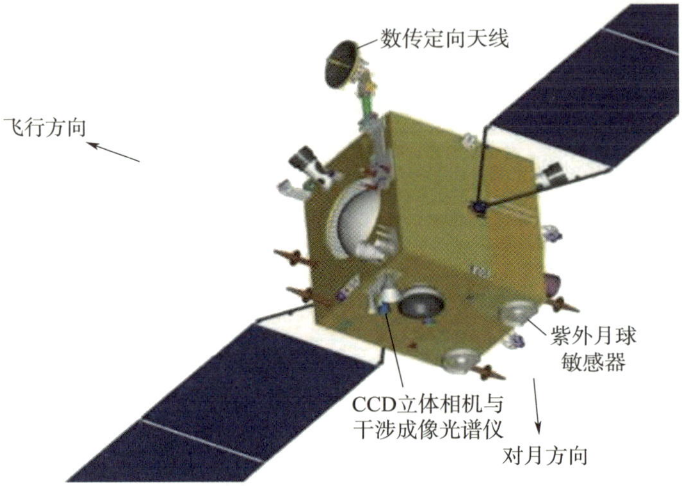

图 1　嫦娥一号数传定向天线布局

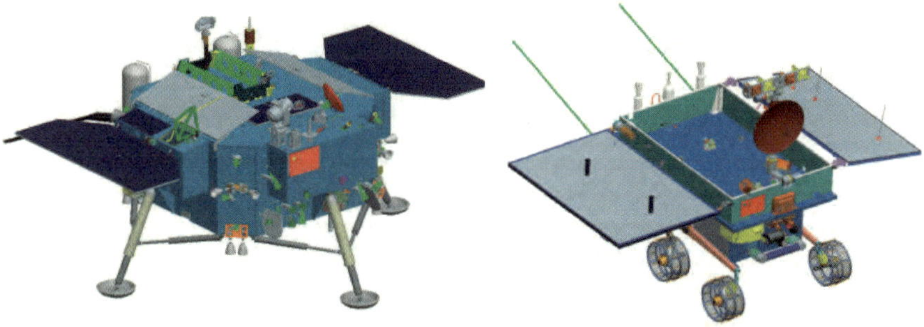

图 2　嫦娥三号着陆器和巡视器的数传定向天线布局

在嫦娥一号探测器在轨运行时，立体相机获取的 CCD 原始图像数据就是在卫星上被打包成遥测源包，通过虚拟信道组帧，进行 RS 编码、加扰码、加同步码后，形成完整的传输帧，通过嫦娥一号卫星的测控数传分系统，经数传定向天线以 3 兆字节 / 秒的码速率发送给地面接收天线。位于北京密云 50 米天线和云南昆明 40 米天线的数据接收地面站（见图 3 和图 4）接收到嫦娥一号发送的数传信号后，首先要将接收到的微弱信号放大，然后变频为 70 兆赫兹中频信号，进入地面站的基带处理系统。基带接收机对探测器信号进行同步、解扰码和译码后，生成原始数据。其处理过程实际上是星上数据/信号处理的逆过程，主要经历信号和基带数据处理、信道处理、辐射校正、几何校正和光度校正，生成二级数据产品，用于图像镶嵌和制图。两个地面站的原始数据还需要进行排序、优选和拼接，通过解包后得到探测仪器获得的有效科学数据，用于进一步的数据预处理。

图 3　北京密云 50 米天线

图 4　昆明凤凰山 40 米天线

参考文献

[1] 孙泽洲，张廷新，张熇，等．嫦娥三号探测器的技术设计与成就［J］．中国科学：技术科学，2014，44（4）：331-343.

[2] 欧阳自远，李春来，邹永廖，等．嫦娥一号的初步科学成果［J］．自然杂志，2010（5）．

[3] 张巧玲．“嫦娥三号”任务及其初步科学成果［J］．中国科学院院刊，2017（1）：85-90.

[4] 李春来，刘建军，任鑫，等．嫦娥一号图像数据处理与全月球影像制图［J］．中国科学：地球科学，2010，40（3）：294-306.

88 我国的深空测控网是什么样的?

深空测控网是特指专门用于深空航天器测控和数据传输的专用测控网。其特点是配有大口径抛物面天线、大功率发射机、极高灵敏度接收系统、信号处理系统以及高精度高稳定度时间频率系统，能完成对距离地球200万千米以远深空航天器的测控任务。为了克服地球自转影响，实现对深空航天器的连续测控覆盖，深空测控网的布局通常是在全球范围内经度上间隔约120°布站，这样就可以确保对距离地球表面3万千米以上的航天器进行连续测控。图1为美国国家航空航天局（NASA）深空网布局对不同轨道高度航天器的测控覆盖示意图。

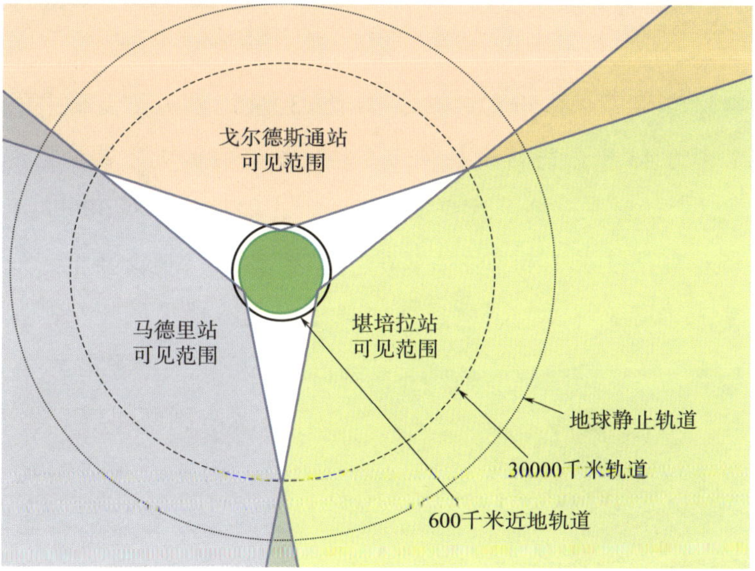

图1 NASA深空网布局对不同轨道高度航天器的覆盖示意

目前，我国深空探测网是包括佳木斯、喀什和阿根廷三个深空测控站在内的全球布站的深空测控网，具备支持各类月球和深空探测任务的多频段遥测、遥控、数据接收和跟踪测量等功能，对深空航天器的测控覆盖率达到了

90%以上（见图2），各项技术性能指标达到国际先进水平，是目前世界上功能完备、全球布局的三大深空测控网之一。北京航天飞行控制中心作为中国月球与深空探测任务的操作控制中心，负责完成深空探测任务全过程的操作控制和运行管理工作。

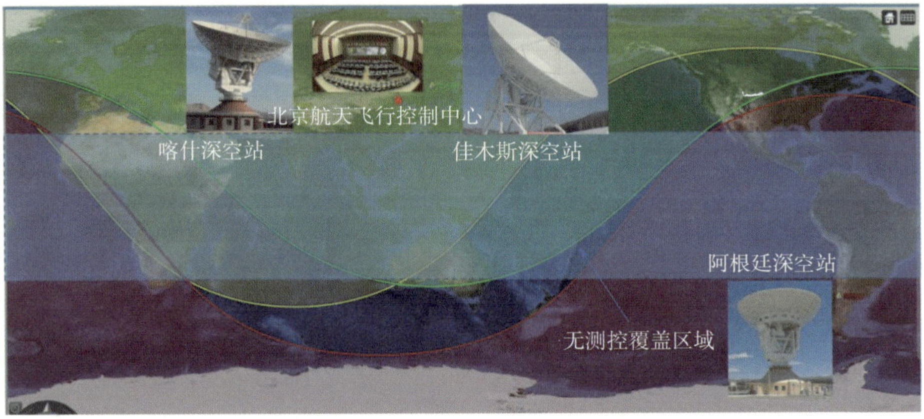

图2　中国深空测控网10°仰角测控覆盖示意图

佳木斯深空站（北纬46°29′37″，东经130°46′12″），位于中国黑龙江省佳木斯市东南约45千米的桦南县境内。站址所处的区域，属于完达山支脉的低山丘陵地区，地势东北高、西南低，周边低山的海拔都在300米至400米，与山谷的相对高程差在100米左右，66米口径的天线布设其中，形成了较好的遮蔽条件，如图3所示。该地区气候属温带大陆性季风气候，春季干旱风大少雨，夏季温热多雨，秋季降温急剧多早霜，冬季寒冷漫长。因此，在该站建设了一套具备S/X双频段测控能力的66米深空测控设备（综合考虑气象等因素暂未考虑Ka频段），于2013年建成并投入使用。

图3　佳木斯深空站66米测控设备

喀什深空站（北纬 38°26′34.7″，东经 76°43′40.3″），位于新疆维吾尔自治区喀什市以南约 130 千米的莎车县境内。站址所处的区域位于昆仑山北麓、帕米尔高原脚下，塔克拉玛干沙漠西缘。站址西南方向是连绵高耸的昆仑山脉，周边的山峦与站址的高差也都在 100 米以上，遮蔽条件良好。该区域属温带大陆性干燥型气候，四季分明，气候干燥，日照时间长，水分蒸发量大。因此，在该站建设了一套具备 S/X/Ka 三频段测控能力的 35 米深空测控设备，于 2013 年建成并投入使用（见图 4）。

图 4　喀什深空站 35 米测控设备

阿根廷深空站（南纬 38°11′28.90″，西经 70°8′58.20″），位于南美洲阿根廷西部内乌肯省萨帕拉市以北约 80 千米，站址所处的区域，位于南美洲巴塔哥尼亚高原的北缘，地势由西向东逐步降低。站址西面是高耸的安第斯山脉，周边的群山环绕，与站址的高差也都在 200 米以上，遮蔽条件良好。该区域气候介于温带大陆性气候和高原山地气候之间，有温季和干季之分。夏季热和大部分晴天，冬季寒冷和部分多云，全年干燥和多风。因此，在该站建设了一套具备 S/X/Ka 三频段测控能力的 35 米深空测控设备，于 2017 年建成并投入使用（见图 5）。

图 5　阿根廷深空站 35 米测控设备

2011年下半年，喀什35米和佳木斯66米深空测控设备基本建成，初步具备全功能测控和数传能力。此时，嫦娥二号卫星已完成各项既定的工程和科学探测目标，并于2011年8月25日到达了日地拉格朗日L2点（简称日地L2点），开展了为期10个月的科学探测；喀什35米和佳木斯66米两套深空测控设备从2011年10月开始为嫦娥二号卫星提供测控支持，期间先后检验了其对深空探测器的S频段遥控、遥测、数传和干涉测量数据采集等功能，验证了双向测距、测速数据和天线指向控制等精度，对相关技术指标进行了系统测试，并顺利支持了嫦娥二号在2012年12月13日国际上首次近距离飞越探测编号4179的图塔蒂斯小行星的再拓展任务。之后喀什35米和佳木斯66米深空测控设备一直负责嫦娥二号卫星的测控支持，最远跟踪嫦娥二号卫星至约7000万千米，最终因卫星下行信号消失，与地面失去了联系。

嫦娥三号探测器于2013年12月2日发射，14日安全着陆在月球虹湾着陆区，实现了中国首次在地外天体上进行原位和巡视探测。从2013年12月开始，喀什35米和佳木斯66米两套深空测控设备正式参加嫦娥三号任务。其间，两套深空测控设备首次利用X频段完成了嫦娥三号探测器地月转移、环月、动力下降、月面工作段的各项测控任务，期间获取的双向和三向测距测速、差分单向测距、同波束干涉测量等数据为高精度测定轨、动力下降轨迹监视和探测器月面绝对和相对位置确定等提供了高精度的测量数据。

2017年年底，阿根廷35米深空测控设备建成并在2018年5月21日发射的嫦娥四号鹊桥中继星任务正式投入使用，与国内喀什35米和佳木斯66米深空测控设备共同为鹊桥中继星提供了S频段测控支持，这也是中国深空测控网首次全网执行测控任务。2018年12月8日，嫦娥四号探测器成功发射，深空测控网的全部3个深空站为探测器任务提供了全程X频段测控通信支持。2019年1月3日，嫦娥四号探测器成功着陆于月球背面的预选着陆区——冯·卡门撞击坑，成为世界第1个在月球背面实现软着陆和巡视探测的航天器，并实现了世界上首次月球背面航天器与地球之间的中继通信。嫦娥四号任务首次全面检验了深空测控网全网协同工作和稳定可靠运行、多频段与多目标联合测控等能力，为深空测控网后续对更远深空探测器提供测控支持奠定了坚实的技术基础。

参考文献

[1] 吴伟仁，李海涛，李赞，等．中国深空测控网现状与展望［J］．中国科学：信息科学，2020，50（1）：87-108.
[2] 董光亮，李海涛，郝万宏，等．中国深空测控系统建设与技术发展［J］．深空探测学报，2018，5（2）：99-114.

89 如何实现月球背面与地球之间的测控通信联络？

由于探测器在月球背面无法与地面站直接进行通信，根据嫦娥四号月球背面软着陆探测任务的需求，嫦娥四号任务中专门研制了一颗月球中继通信卫星——鹊桥，搭建地月之间的鹊桥，为嫦娥四号探测器软着陆于月球背面提供中继通信保障。

2018 年 5 月 21 日，鹊桥中继星由长征四号丙运载火箭在西昌卫星发射中心成功发射，星箭分离后，太阳能电池帆板、伞状抛物面天线顺利解锁展开，卫星建立了正常飞行姿态。2018 年 5 月 25 日晚，经过 4 天多的飞行，鹊桥中继星到达月球附近，在距月面约 100 千米处成功实施了近月制动，四台 20 牛轨控发动机点火 912 秒后正常关机，顺利进入月球至地月 L2 平动点的转移轨道。6 月 14 日，中继星通过捕获控制，最终进入绕地月 L2 平动点运行的 Halo 使命轨道，并在该轨道上长期稳定运行，为月球背面的嫦娥四号着陆器、巡视器与地面站之间提供前向 / 返向的实时和延时中继通信。中继星与地球、月球的轨道关系如图 1 所示。

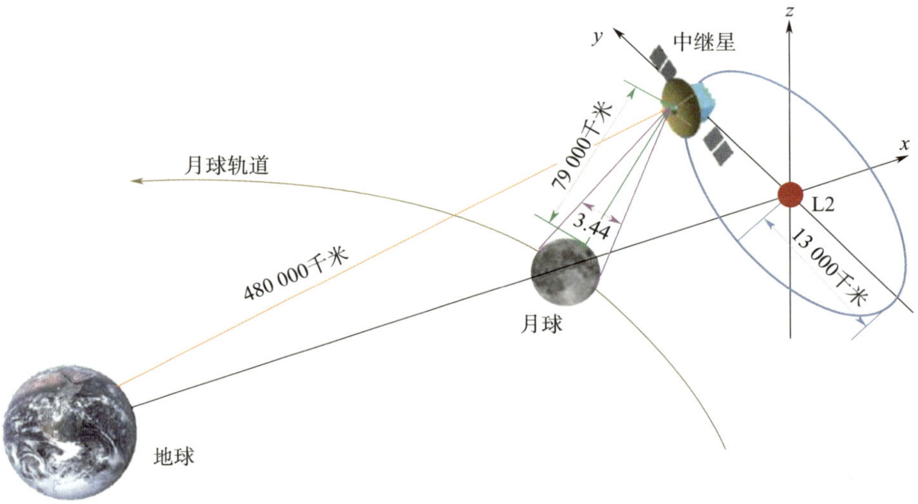

图 1　中继星与地球、月球的轨道关系

鹊桥中继星具备对地测控数传与对月中继同时工作的能力。为避免发生干扰，对各通信链路频率进行兼容性设计。对地测控和数传采用 S 频段统一载波体制，配置低增益螺旋天线和中增益螺旋天线。对月中继采用口径 4.2 米的伞状抛物面天线，如图 2 所示，发射时收拢，入轨后展开，收发共用。

图 2　鹊桥中继星带有一个口径 4.2 米的伞面天线

中继星与着陆器、巡视器及地面站之间的中继通信链路示意图如图 3 所示。前向链路信号由中继星发送，着陆器 / 巡视器通过全向天线接收，调制方式为 PCM/PSK/PM。着陆器返向链路信号由着陆器全向天线、中增益天线或定向天线发送，中继星接收。巡视器返向链路信号由巡视器全向天线或定向天线发送，中继星接收。着陆器全向天线、中增益天线和定向天线 3 种返向链路分别对应低、中、高三档码速率。返向链路调制方式为 BPSK。动力下降过程中，着陆器与中继星之间除建立 X 频段全向前 / 返向中继链路传输遥控遥测信号外，还通过中增益天线异频发送降落相机的图像数据至中继星，并由中继星转发至地面。月面工作期间，着陆器和巡视器各自均采用全向天线接收中继星转发的前向遥控信号，中继星可同时发送两个频点，即可同时控制着陆器和巡视器；根据指令控制，着陆器和巡视器各自分别通过全向天线或定向天线发送返向数传信号（含遥测和科学探测数据），中继星可同时接收着陆器与巡视器的返向链路。为了降低中继星转发噪声的影响，提升中继通信性能，鹊桥中继链路采用了再生转发体制，有效消除噪声积累，在保证同样通信质量的情况下，减少了发射功率和卫星的体积质量。

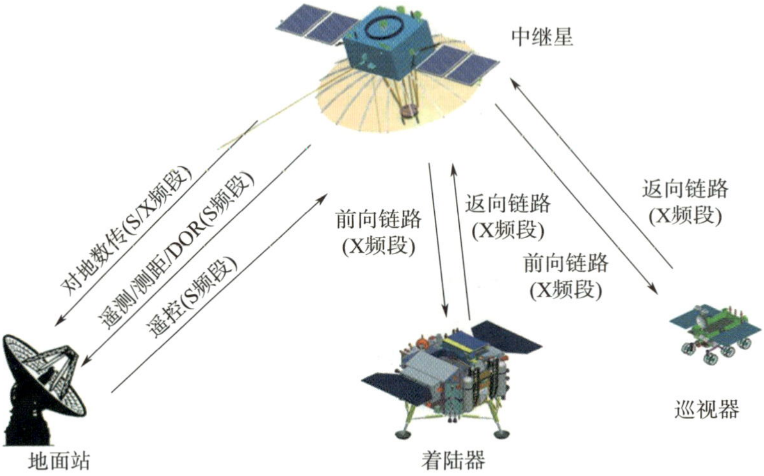

图 3　中继星实现地月信号传递链路示意图

该中继星是世界首颗运行于地月拉格朗日 L2 点的月球通信卫星，它在地、月、星之间建立了三条链路——对月前向链路、对月返向链路以及对地数传链路，这三条链路能实现鹊桥中继星与嫦娥四号探测器的双向通信，以及与地面的双向通信，成功保障了嫦娥四号实现月球背面软着陆，为嫦娥四号着陆器和玉兔二号月球车的科学探测工作提供地月中继通信支持。2019 年 1 月 3 日，在鹊桥中继星的支持下，嫦娥四号探测器成功着陆于月球背面的预选着陆区，巡视器与着陆器成功分离，鹊桥中继星传回了落月过程的图像和世界第一张近距离拍摄的月背影像图，并支持着陆器和巡视器完成了后续的月面行走、科学载荷开机等任务，提供了稳定可靠的中继通信保障。

参考文献

[1] 叶培建，孙泽洲，张熇，等. 嫦娥四号探测器系统任务设计[J]. 中国科学：技术科学，2019，49（2）：124-137.

[2] 吴伟仁，于登云，王赤，等. 嫦娥四号工程的技术突破与科学进展[J]. 中国科学：信息科学，2020，50（12）：1783-1797.

[3] 张立华，熊亮，孙骥，等. 嫦娥四号任务中继星“鹊桥”技术特点[J]. 中国科学：技术科学，2019，49（2）：138-146.

90 如何实现嫦娥五号任务多目标测控支持?

在嫦娥五号任务中，测控系统主要以我国近地航天测控网、深空测控网、再入返回测量链为主，辅以VLBI测轨分系统，并开展了必要的测控国际联网（见图1），共同完成全任务过程的测控支持。我国深空测控网的3个深空测控站和3个18米测控站悉数登场，全力以赴支持探月工程收官之战。

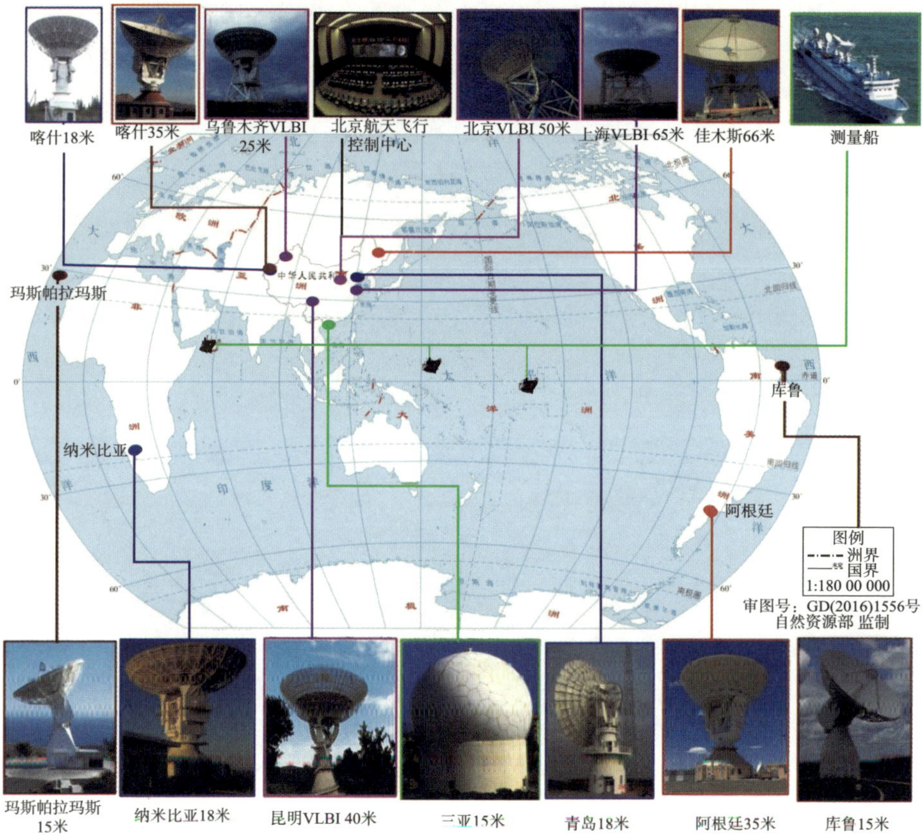

图1 嫦娥五号任务测控系统布局示意图

在环月飞行段着上组合体与轨返组合体实现分离后，需要确保对着上组合体和轨返组合体双目标的同时测控。为了满足这一需求，统筹考虑两个组合体目标的测定轨精度和遥控指令上注要求，对可用测控资源进行了合理调配：由佳木斯深空站66米、喀什深空站35米和阿根廷深空站35米三套深空测控设备（见图2）承担对着上组合体的X频段测控任务；由青岛站、喀什站和纳米比亚站三套18米测控设备（见图3）承担对轨返组合体的X频段测控任务；VLBI测轨分系统（分布见图4）在该阶段的观测目标为着上组合体。VLBI具有较高的测角精度，对航天器横向的位置和速度有较好的约束，通过与测距、测速等外测数据相结合，可有效提高环月飞行目标的定轨精度，从而确保着上组合体两次变轨的测定轨精度。在关键的交会对接段，测控系统需要利用有限的测控资源确保上升器和轨返组合体各自的测定轨精度。嫦娥五号任务的交会对接是上升器作为目标，轨返组合体主动对接上升器，因此对上升器的测定轨精度要求更为迫切。为了满足上述要求，在上升器月面上升后，3个深空站和VLBI测轨分系统将全部用来跟踪上升器，而3套18米测控设备全部用来跟踪轨道器，这种测控站资源分配方式可以满足交会对接段远程导引交班点定轨精度要求（轨返组合体和上升器相距50千米处为交班点，在此之前为远程导引段，需要依靠地基测控保证；在此之后为近程导引段，由探测器自主完成交会对接）。

图2　佳木斯深空站66米、喀什深空站35米和阿根廷深空站35米深空测控设备

轨道器与返回器分离前，需要精确确定轨返组合体的飞行轨道，从而确保返回器导航初值注入的精度，测控系统设计了三站接力测量的方式，利用阿根廷35米深空站、国际联网的欧空局玛斯帕拉玛斯15米站和纳米比亚18

米站对轨返组合体分时接力进行双向测距测速，从而满足轨道精确测量需求。三站接力的含义就是将 3 小时的测控弧段均匀分配给上述 3 个测控站，利用三个测控站的三角几何状分布（见图 5），在时间域上实现测量几何的有效改善，使得定轨精度大大优于单站持续跟踪 3 小时。

图 3　青岛站、喀什站和纳米比亚站 18 米测控设备

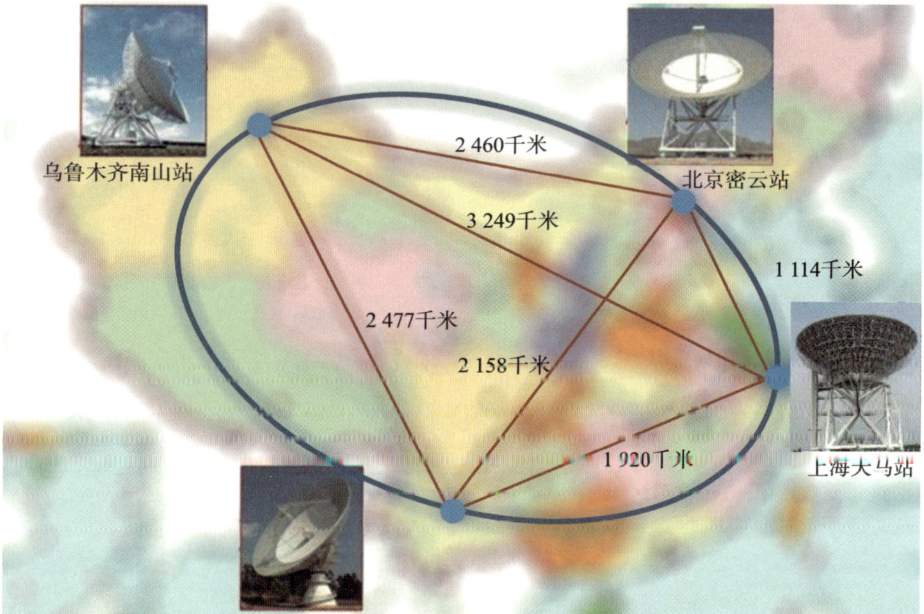

图 4　VLBI 测轨分系统观测站分布

图 5　三站接力测量示意

参考文献

[1]　黄磊，李海涛．嫦娥五号任务复杂多目标条件下的测控支持．知乎网 我们的太空，2020-11-25.

91 如何构建护卫嫦娥五号回家的高速再入测控链?

嫦娥五号轨返组合体在环月轨道等待飞行后，踏上归途进入月地转移轨道，经三次中途修正，在距地球约5000千米高度处，返回器与轨道器分离。最终，返回器采用半弹道跳跃再入方式进入大气层，最终在内蒙古四子王旗预定着陆区着陆，然后将样品送至地面实验室开展研究。

首先简要介绍一下再入回收段的基本过程,建立对返回过程的直观认识。

再入回收段是整个任务最后一个关键飞行阶段，持续时间约40分钟，返回器将于南大西洋上空5000千米高度与轨道器分离，并在索马里以东海域上空120千米高度首次进入大气层，经过最低点后起跳，随后再入大气层（见图1）。

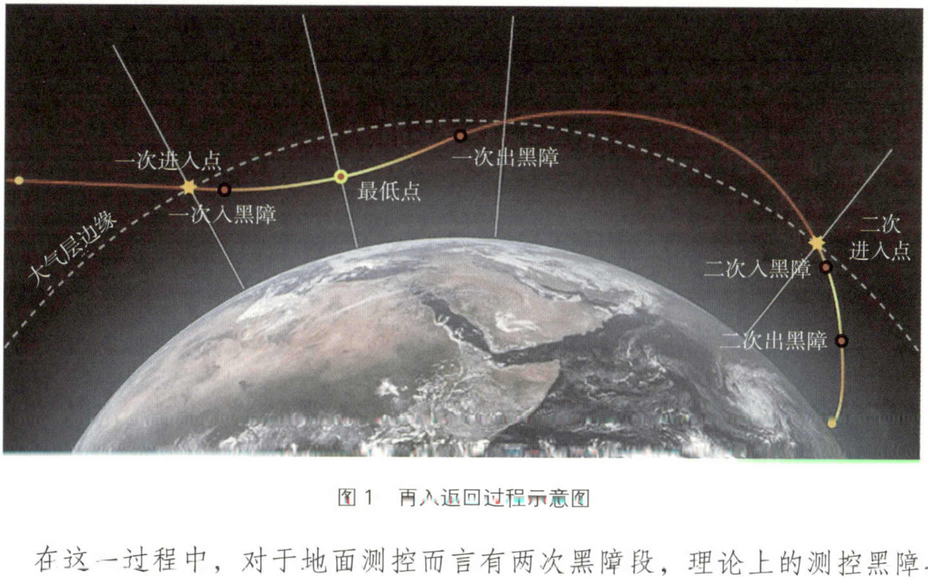

图1 再入返回过程示意图

在这一过程中，对于地面测控而言有两次黑障段，理论上的测控黑障段如图2和图3所示。在如此短暂的时间内，关键事件密集，返回器测控设备的布设则尤为关键，对于保障可靠跟踪测控具有重要作用。该如何布设测控设备呢?

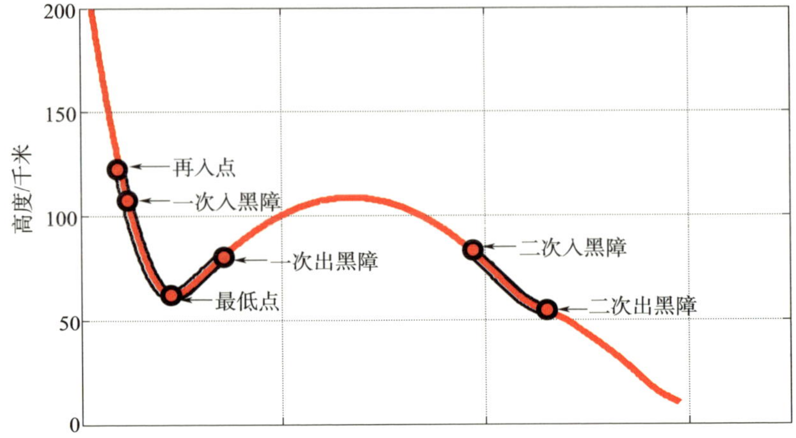

图 2　再入返回过程示高度曲线

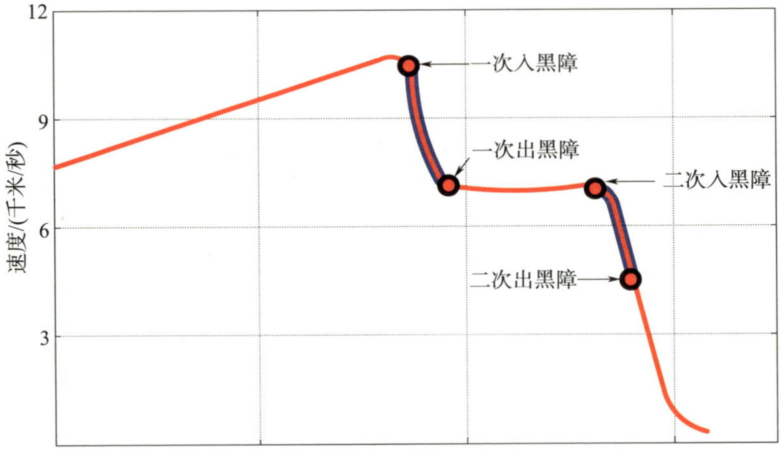

图 3　再入返回过程示速度曲线

为了实现高速再入的返回器的可靠跟踪与测控，需要构建连续覆盖的测控链，首先要覆盖第一次再入过程，确保这一关键段的跟踪测量，并为后续测站提供引导。这一段测控区域恰巧位于印度洋西北部的阿拉伯海区域，那么通过在该海域合适位置布设一艘远望号测量船，利用船上的雷达和光学设备监视返回器飞行状态，实现对第一次再入过程的跟踪测量，为判断返回器在第一次再入过程是否成功起跳提供数据依据。

对于陆上测控设备，通常需要根据返回弹道确定对返回器可见测控站的区域分布。为了保证陆上测控设备正常工作，需要满足最低工作仰角要求，通常为了保证对返回器的跟踪时间，可以将工作仰角设置为更高的值。最终选取布置在巴基斯坦卡拉奇，青藏高原阿里地区的宽波束/多波束测控设备及在沿返回弹道的新疆、青海、甘肃和内蒙古等地布设雷达和光学测量设备构成连续跟踪测量链，从而实现返回过程在国内段的全程覆盖。不但能够对返回器首次出黑障后实现快速可靠捕获，还能对返回器二次再入前后飞行状态、二次再入轨迹进行精确测量，进而对其返回落点进行精确预报，为尽早实现对返回器的搜索回收提供有力支持。

最终，在嫦娥五号任务实施过程中，测控系统在索马里以东的印度洋海域布设了远望三号测量船，利用光学测量、雷达测量获取一次再入过程的飞行轨迹。考虑到返回器一次出黑障后的弹道可能的散布范围较大，在卡拉奇站布设了宽波束引导设备和在西藏阿里地区布设了车载多波束设备负责，返回器一次出黑障后的捕获跟踪。卡拉奇宽波束引导设备的捕获范围达到了18°，阿里地区车载多波束设备的捕获范围达到了20°，均能够覆盖返回器正常弹道偏差下的散布范围。之后，将由布设在新疆、青海、甘肃和内蒙古等地的地面雷达对返回器二次入黑障前一直到返回器开伞期间进行连续不间断的可靠跟踪测量，为后续对返回器的搜索回收提供可靠的落点预报，确保了对返回器的顺利回收（见图4）。

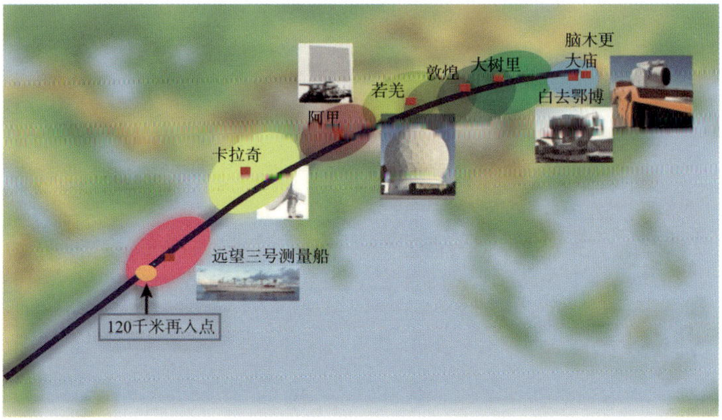

图4　嫦娥五号返回器再入测控走廊示意图

92 如何实现返回器的快速搜索回收?

嫦娥五号探测器2020年11月24日发射成功后，历经地月转移段、近月制动段、环月飞行段，于12月1日23时11分成功着陆月球正面，月面样品采集、封装工作完成后，经月面上升段、交会对接段、环月等待段、月地转移段，于12月17日1时12分，在距地球约5000千米高度处，返回器与轨道器分离，以半弹道跳跃方式再入返回。经过一段时间飞行后，在印度洋上空，返回器以第二宇宙速度进入大气层，启动第一次减速。下降至预定高度后，返回器向上跃起，跳出大气层，到达跳出最高点后开始逐渐下降。从西藏进入国境后，返回器再次进入大气层，启动二次减速。在距地面约10千米高度时，返回器降落伞开伞，最后着陆于四子王旗着陆场。再入返回飞行过程如图1所示。

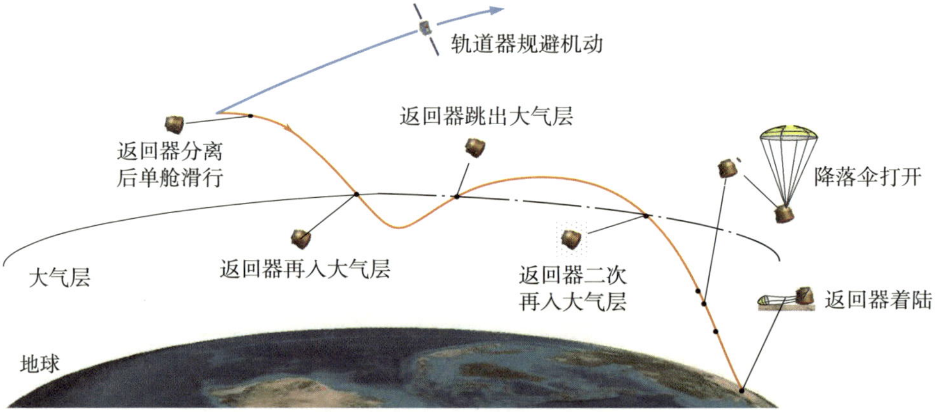

图1　嫦娥五号返回器再入返回飞行过程示意图

对返回器再入过程的连续跟踪测量，是确保实现对返回器顺利回收的关键。首先，为了确保返回器在第一次入黑障前的遥测接收并获取返回器一次再入最低点的外测数据，在索马里以东的印度洋海域布设了远望三号测量船，利用光学测量、雷达测量获取一次再入过程的飞行轨迹。考虑到返回器一次出黑障后的弹道可能的散布范围较大，在卡拉奇站布设了宽波束引导设备和在西藏阿里地区布设了车载多波束设备，负责返回器一次出黑障后的捕获跟踪。卡拉奇宽波束引导设备的捕获范围达到了18°，阿里地区车载多波束设备的捕获范围达到了20°，均能够覆盖返回器正常弹道偏差下的散布范围。之后，将由布设在新疆、青海、甘肃和内蒙古等地的地面雷达对返回器二次入黑障前一直到返回器开伞期间进行连续不间断的可靠跟踪测量，为后续对返回器的搜索回收提供可靠的落点预报，确保对返回器的顺利回收。

针对返回器夜间返回和复杂气象环境，着陆场配备了多架直升机，分别承担指挥、通信和搜索功能，实现快速机动搜索；配备航空型探照灯和光电设备，具备红外成像、微光成像等功能，可在5~8千米范围内搜寻发现返回器；对多架直升机进行科学、合理布局，优化作业流程，在确认空中没有危险物后，快速向返回器靠拢飞行，完成空中快速搜索（见图2、图3）。

图2 在机场待命的空中分队直升机

图 3　加装在直升机上的航空型探照灯

常规搜索系统通常配备定向仪作为主要的搜索手段，它能接收返回器上信标机发出的频率为 243 兆赫兹和 406 兆赫兹的两种求救信号。收到信号后，定向仪能够进行精确指向，为执行搜救任务的直升机和地面车辆指引方向。

其中 406 兆赫兹信标属于国际搜索和救援卫星系统（COSPAS-SARSAT），该系统是利用卫星系统测定来自海上、空中、地面遇险装置发出的求救信号，从而确定出险位置，并实施搜寻和营救的系统。遇险的信标机发出频率为 121.5 兆赫兹和 406 兆赫兹的遇险卫星报警信号，卫星接收并解调报警信号，完成多普勒频移测量，再用 1544.5 兆赫兹将有关数据信息发回地面。地面段包括地面终端、控制中心和搜索营救中心，如图 4 所示。卫星运行高度为 850~1000 千米，绕地球一周约需 100 分钟。利用卫星与信标机间的相对运动产生的多普勒频移，经过处理可获得信标机的位置。10 分钟可以检测到首次求救信号（99% 概率），使用频率 406 兆赫兹示位信标的定位精度为 5 千米（95% 概率）。如果 406 兆赫兹信标机能够报送导航卫星 GNSS 的定位坐标，则可以获得更高精度的示位性能。

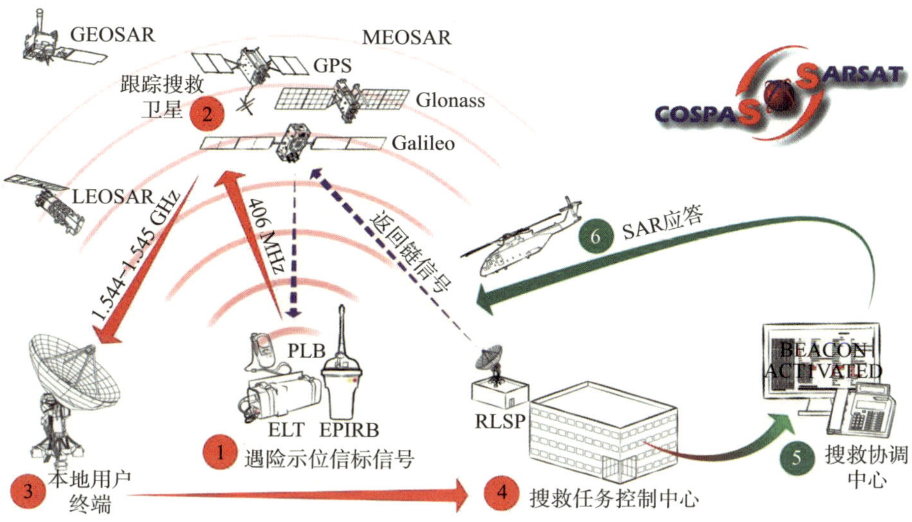

图 4　国际搜索和救援卫星系统组成与工作流程

针对嫦娥五号返回器“小弱”特点，着陆场配备一套地基无源定位系统（见图 5），与空中、地面的无线电搜索设备构成综合定位体系。该系统由 1 个主站和多个副站组成，这些站点依托着陆场已有通信基站构建，信号覆盖区域可达 2 万平方千米；该系统通过对嫦娥五号返回器 243 兆赫兹信号的捕获、

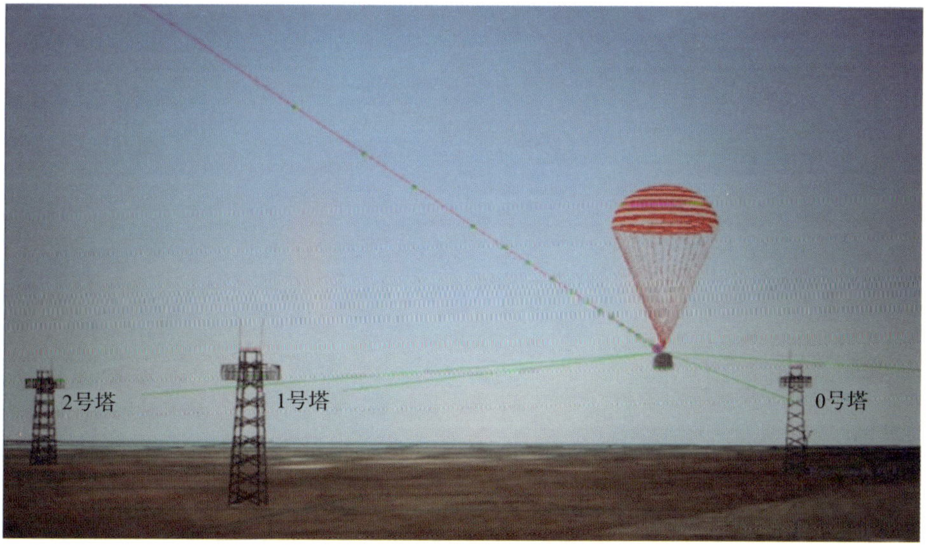

图 5　地基无源定位系统部署示意图

跟踪，并实时解算其位置信息，再通过通信链路分别传至北京航天飞行控制中心、空中指挥平台和地面指挥平台等，引导直升机和地面车辆快速赶赴返回器着陆现场，实施搜索回收。

参考文献

[1] 叶建设，李海涛．嫦娥五号返回回收那些事之测控与回收篇．知乎网 我们的太空，2020-12-17.
[2] COSPAS-SARSAT 官方网站：http://www.cospas-sarsat.int/.

第七章
地面应用

93 地面应用系统的主要功能是什么？

从2004年启动探月工程一期至今，中国已经成功实施了探月工程一期（嫦娥一号卫星）、二期（嫦娥二号、嫦娥三号、嫦娥四号探测器及鹊桥中继星）和三期（嫦娥五号再入返回飞行试验器、嫦娥五号）任务，如期完成了“绕”“落”“回”三步走规划。在这个过程中，嫦娥探测器每一次远赴月球开展科学探测活动，都是由探月工程的五大系统——探测器系统、运载火箭系统、发射场系统、测控与回收系统和地面应用系统共同完成的（见图1）。在探月工程的五大系统中，地面应用系统发挥着至关重要的作用。

探月工程的五大系统各司其职、协调配合。其中，探测器系统承担对月球开展科学探测，以及利用月球环境开展其他科学探测的任务。运载火箭系统为月球探测器、再入返回飞行试验器以及中继卫星飞往月球提供强大动力，负责将它们送入预定轨道。发射场系统是为运载火箭、月球探测器等航天器进行装配、测试、转运、推进剂加注等发射前准备以及实施发射控制的综合体，是嫦娥探测器的“母港”。测控与回收系统负责对月球探测器等航天器的飞行轨道、姿态及其各分系统的工作状态进行跟踪测量、监视与控制，探测器在月面活动的跟踪测量、监视与控制，以及返回器的再入返回、着陆与回收。地面应用系统负责和参加与科学探测计划以及月球科学研究相关的一系列任务。

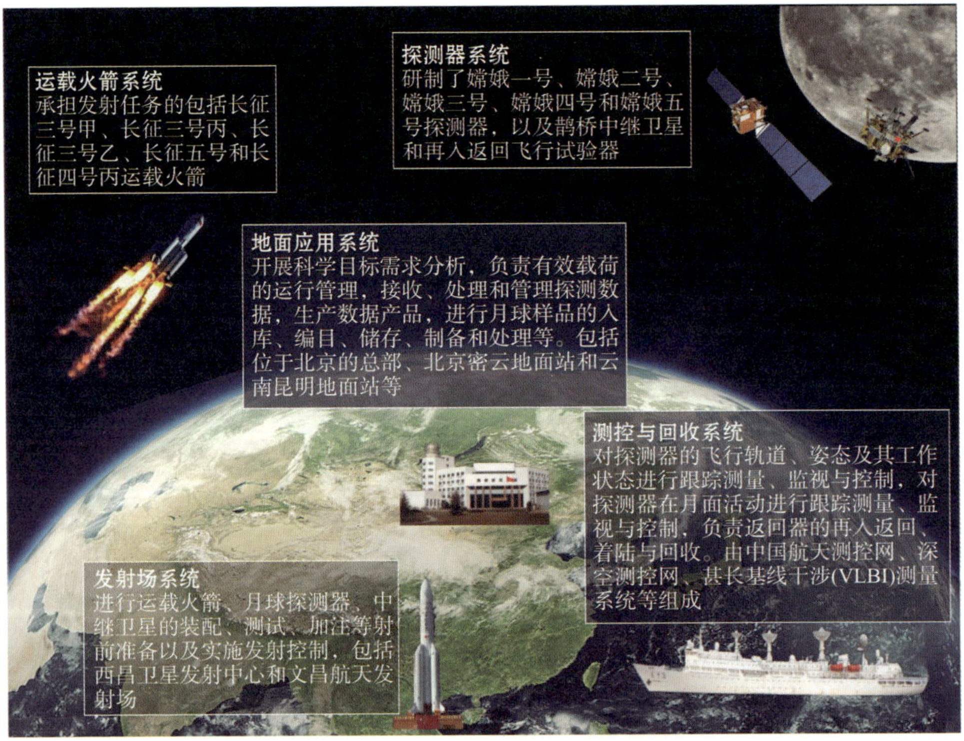

图1　探月工程的五大系统

在探月工程的五大系统中，地面应用系统是月球科学探测和科学研究方面的一个“多面手”，既要负责科学探测和月球样品采集计划的制定，有效载荷的在轨业务运行管理；又要承担探测数据的接收、处理、解译和管理，开展探测数据的分析和研究；还要负责月球样品的存储、制备和处理，组织开展月球样品的分析和研究等。

我们以探月三期工程为例，地面应用系统的主要任务包括以下各项：一是协助开展探月三期工程科学目标需求分析研究，以及嫦娥五号探测器携带各类科学探测设备（即有效载荷）的需求分析研究。二是制定有效载荷的探测计划和运行计划，以及月球样品采集的运行计划；监视有效载荷的运行状态，编制有效载荷控制指令和注入数据并通过测控系统发送给探测器，负责有效载荷的业务运行管理。三是利用位于北京密云和云南昆明两个地面站接收嫦娥五号探测器发回地面的下行科学探测数据，并对接收的探测数据进行存储和备份。四是对探测数据进行处理、解译，生产不同级别的数据产品，对探测数据组织开展科学应用与研究。五是接收月球样品，进行样品的入库、编目、储存、制备和处理，开展样品的测试和分析；建立月球样品的本地永久存储和异地容灾备份存储专用设施及实验室，对月球样品进行地面长期存储。六是管理探测数据及月球样品，按探月工程总体要求分发数据产品和月球样品。

在探月三期工程阶段，地面应用系统由运行管理分系统，数据接收分系统，数据预处理分系统，数据管理分系统，样品存储、制备与处理分系统，样品与探测数据研究分系统等六个分系统构成。经过多年的发展，地面应用系统建设了运行控制与科学操作中心、数据处理管理中心、遥科学实验室、月球样品实验室、北京密云地面站和云南昆明地面站、月球样品异地容灾备份存储实验室等设施，以确保完成其承担的探月工程的各项任务（见图2）。

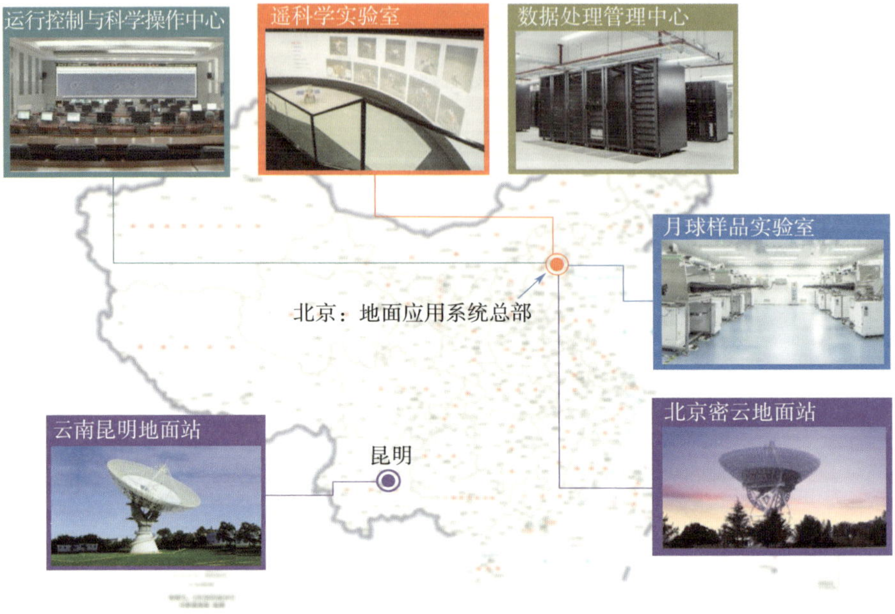

图 2　探月工程地面应用系统总体布局

94 地面应用系统是怎样履行职责的?

探月工程地面应用系统在月球探测任务中发挥着至关重要的作用，承担探测器上有效载荷（即用于开展探测的科学仪器）的探测计划和月球样品采集计划的制定，有效载荷在轨运行管理，探测数据的地面接收、处理和管理，探测数据产品的生产，以及月球样品的安全存储、制备和处理等一系列任务。

为了完成各项任务，地面应用系统构建了由不同分系统组成的运行体系，各分系统各司其职、协同工作，共同完成地面应用系统的各项任务。从探月工程一期到探月工程三期，随着探月工程实施，科学家和工程技术人员对地面应用系统的建设及其发挥的作用不断探索改进，各分系统也得到不断发展和调整，地面应用系统的功能不断完善（见图 1）。让我们以探月工程三期为例，看看各分系统有哪些功能，承担了哪些任务。

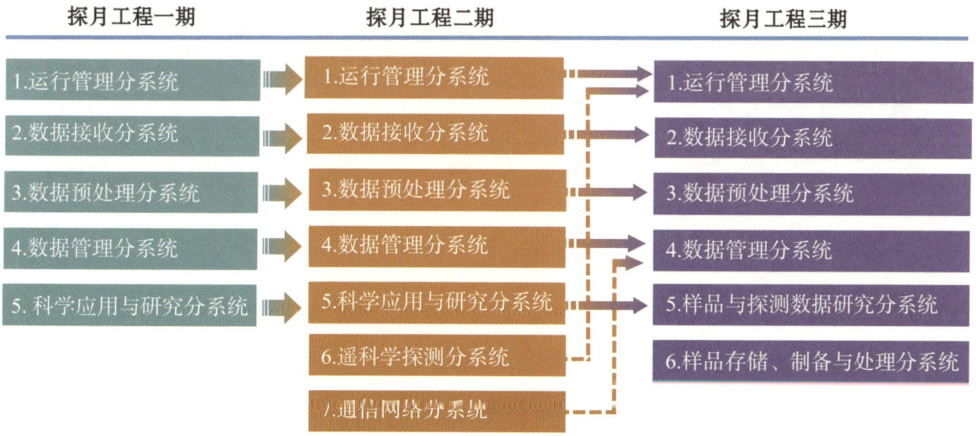

图 1　探月工程地面应用系统的构成及变化

1. 运行管理分系统

运行管理分系统被称为地面应用系统业务运行的神经中枢，它的主要职责包括两个方面：其一，承担嫦娥探测器搭载的有效载荷的业务运行管理，监视有效载荷在轨运行的状态，为有效载荷编制指令并通过北京航天飞行控制中心发送给探测器，以对有效载荷的探测工作进行调度和控制。例如，指挥相机和探测仪器在恰当的时间开机和关机等。其二，对地面应用系统各分系统的业务运行进行调度、监视和管理，确保各分系统协调、高效地运行。为了保障任务的成功实施，运行管理分系统还建设了运行控制与科学操作中心（见图2）。

图2　地面应用系统运行控制与科学操作中心的运控大厅

2. 数据接收分系统

数据接收分系统的主要功能是接收嫦娥探测器发回地面的科学探测数据，并将接收的数据转发给地面应用系统总部，或进行本地存储。嫦娥探测器远离地球，由此带来信号传输的空间衰减、时间延迟等问题，因此需要采用大口径接收天线和先进的通信技术来提高信道传输质量。数据接收分系统在北京密云水库北岸和云南昆明凤凰山分别建设了50米口径和40米口径的天线和数据接收设备，这两个地面站可以接收嫦娥探测器或鹊桥中继星转发的下行探测数据，具备探测数据实时/事后转发和存储的能力，以及远程操控能力。此外，两座天线还作为中国VLBI（甚长基线干涉测量技术）天文观测网的组成部分，承担对嫦娥卫星进行精密测轨的任务。

3. 数据预处理分系统

地面站天线接收的只是二进制数据，月球科学家无法直接用于科学研究，因而需要对这些数据进行预先处理，生成能够让科学家使用的图像、谱线等标准数据产品，这个过程称作“数据预处理”，承担这一使命的就是数据预处理分系统。数据预处理分系统由一套大型计算机和软件组成，它通过全自动化作业，按照预先设定的程序生产0级、1级和2级等不同级别的数据产品。这些数据产品采用按照国际标准制定的数据格式，就像工厂中的标准件一样，因而被称为标准数据产品。为了完成数据预处理，需要针对不同的有效载荷，在数据处理方法、信息提取和解译、数据处理模型和算法、数据产品分级方案等方面开展大量研究，建立针对不同有效载荷的数据预处理方法，最终生产出合格的标准数据产品。

4. 数据管理分系统

从数据接收到最终形成用户所需的数据产品，每一道工序都将产生海量的数据文件——包括所有历史数据和新生成数据，这些数据都要进行存储、归档以及面向用户提供数据服务，这些工作由数据管理分系统承担。数据管理分系统建设了数据存储中心、数据管理中心和数据发布中心，建立了数据接收、传输、存档、分发等资源和设施以及计算机系统运行环境；开发运行了提供数据产品检索查询、浏览和下载服务的系统，以及数据产品信息发布系统；形成了一整套的海量数据存储、管理和服务功能。为完成探月工程二期任务，数据管理分系统还专门建设了月球样品信息库。此外，数据管理分系统还负责为地面应用系统总部、北京密云地面站、云南昆明地面站和北京航天飞行控制中心之间的通信、数据信息传递提供保障。

5. 样品与探测数据研究分系统

样品与探测数据研究分系统承担了多项重要任务，第一项任务是在探月工程的任务论证中，帮助回答嫦娥探测器飞往月球应该实现哪些科学目标，需要携带什么有效载荷，以及实现科学目标的具体探测指标是什么。为了回答这些问题，需要利用各种探测数据开展大量的研究和论证。第二项任务是制定有效载荷的探测计划，指明探测器到达月球后有效载荷如何开展探测工作。第三项任务是开展探测数据的分析研究。月球探测器传回地面的数据经过数据预处理，本来抽象的探测数据变成了科学家能够识别的标准数据产品，但这些产品仍不能算是最终的数据产品，也不是公众能够理解的科普产品，如果要利用探测数据获得最终的科学研究成果，或用于科普活动，还需对标准数据产品进行深加工，实现“应用数据产品”的生产，从而把这些“标准件”转换成更直观反映月球特征的图件和论文，或者公众能理解的月球表面“立体地图”、岩石类型分布图等科普产品。第四项任务是开展月球样品的分析研究。月球样品的宝贵价值在于利用其揭示月球乃至太阳系的本质与规律，比如通过样品分析，研究月球演化历史，开展月岩的岩石学和矿物学研究等。对于这项研究活动，还将组织全国有关科研机构和高等院校广泛参与。

6. 样品存储、制备与处理分系统

这是探月三期工程地面应用系统新设的分系统。嫦娥五号从月球采集的样品，不论是钻取样品还是铲取样品，都要在这里进行解封、处理、储存、制备、入库和编目等一系列操作，完成这些操作之后，才能对月球样品开展更深入的分析研究。为了完成上述工作，该分系统建设了月球样品实验室、月球样品的永久存储设施和异地容灾备份存储设施。

以上介绍了探月工程三期地面应用系统的六个分系统。除此之外，有必要对探月工程二期地面应用系统的“遥科学探测分系统”进行特别介绍。这个分系统是为了操控玉兔号和玉兔二号巡视器所搭载的有效载荷专门设立的，主要任务是利用虚拟现实技术，开发和运行用于遥操作的人机交互界面，科学家和工程技术人员通过人机交互界面，可以操控和监视巡视器所搭载的有效载荷，并进行现场遥科学探测任务的仿真分析和规划。为了实现遥科学探测任务，还建设了遥科学实验室等设施（见图3）。探月工程二期任务完成后，遥科学探测分系统结束了使命，并入探月工程三期地面应用系统的运行管理分系统。

图3　地面应用系统遥科学实验室一角

95 我们看到的月球图像是用相机直接拍摄的吗?

我们从互联网上可以方便地看到嫦娥探测器拍摄的各种各样的月球图片，这些图片当然都是嫦娥探测器用相机拍摄的照片，比如嫦娥一号和嫦娥二号使用 CCD 立体相机，嫦娥三号和嫦娥四号使用巡视器上的全景相机或着陆器上的地形地貌相机拍摄的月球照片。不过，我们从网上看到的月球照片，都是经过探月工程地面应用系统进行一系列处理之后发布的照片，而不是嫦娥探测器相机最初获取的数据。我们以嫦娥一号卫星的 CCD 立体相机拍摄的照片为例，来说说嫦娥拍摄的月球立体图像，在经历了怎样的处理之后，才能来到我们眼前。

嫦娥一号携带了 CCD 立体相机等 8 种科学探测仪器，这些探测仪器获得的探测数据将以“打包”方式通过星载天线发回地球，由探月工程地面应用系统的 50 米（北京密云）和 40 米（云南昆明）口径天线接收，并实时传输给设在北京的地面应用系统总部。地面天线接收的“数据源包”提供的只是二进制数据，经过地面站解调、帧同步、解扰和译码等处理后，形成结构完成的原始数据。按照探月工程的数据分级，科学家将嫦娥一号卫星探测数据分成原始数据、0 级数据、1 级数据、2 级数据和 3 级数据等不同级别的数据。原始数据是最低级别的数据，不能直接使用。

原始数据既不能供给科学家直接进行科学研究，更不能向公众发布，需要地面应用系统进行一系列处理（见图 1）。首先要对原始数据进行预处理，生成 0 级、1 级和 2 级数据产品，这项工作主要由地面应用系统的数据预处理分系统完成。第一步是通过有效载荷数据源包的排序，优化拼接、去重、解包和解压缩等处理，生成 0 级数据产品。第二步是在 0 级数据的基础上，将测量数值，包括来自 CCD 立体相机的数值，转换成物理量值，并生成相关文件，从而形成 1 级数据产品。第三步是在 1 级数据的基础上，对数据进行辐射校正、几何校正、光度校正等数据处理，形成2级数据产品，存储在数据管理分系统的数据库中，并可面向广大科学研究人员发布。经过一系列的数据预处理，本来非常抽象的探测数据变成了科研人员能够识别和利用的标准数据产品，但这些数据产品还不能成为公众所能理解的成果。

为了将嫦娥探测相机获得的影像数据加工成能够很直观地反映月球表面各种特征的图像，例如我们期望看到的月球表面的"立体地图"、岩石类型的分布图等，还需要根据用户要求对这些数据产品进行"深加工"，形成更高级别的产品，以及科普数据产品，从而满足不同用户的使用需求。这项工作由地面应用系统的科学应用与研究分系统承担，通过对标准数据产品深加工，把嫦娥一号卫星传回的数据转变成看得见、摸得着、形象生动的图像，这就包括我们最终看到的月球表面的"立体地图"和其他科普数据产品。

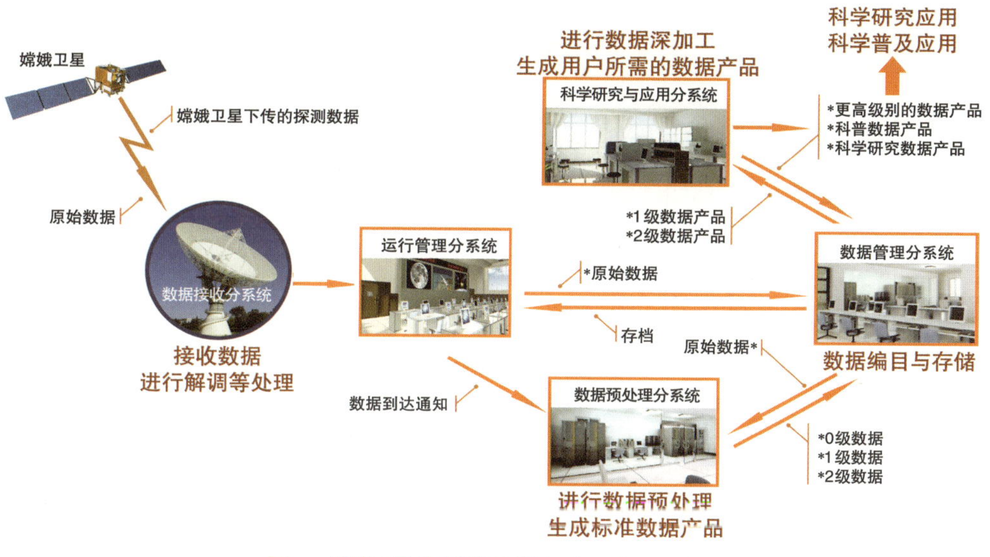

图1　嫦娥卫星的科学探测数据处理流程示意图

96 月球样品实验室如何开展工作?

2020年12月，嫦娥五号返回器从月球带回了1731克月球样品，这些珍贵的月球物质已经在月球表面的真空环境中存在了几十亿年，具有极高的科学研究价值。为保证月球样品科学价值不受影响，样品在月球表面高真空环境中完成采集后，被密封保存在特殊设计的“样品罐子”内，这是一种极低漏率密封封装装置，可以最大限度地保持样品的原始状态和物理、化学性质。月球样品返回地球后，必须在特殊条件下进行解封，并且在保持原始状态下对其进行处理、保存和研究，在处理和保存过程中避免样品受到污染，如地球上生命活动、尘埃、水、氧等因素的影响。一旦月球样品暴露在地球大气环境中，样品的化学、物理性质将可能发生改变，就会失去原有的科学研究价值。

为了迎接这批宝贵的月球物质，中国科学家们提出了安全解封、科学处理、妥善存储的目标，并且在中国科学院国家天文台建设了月球样品实验室。为了确保安全解封、科学处理、妥善存储，还研制了月球样品解封操作台（见图1）、显微观察操作台、永久和临时存储装置等设备。在月球样品实验室内，返回的月球样品首先在真空环境下从样品罐子取出，然后在高纯氮气环境下进行处理，并在专门的永久和临时存储装置内保存。月球样品实验室从接收样品罐子到完成样品存储，每一步工作都至关重要，研究人员的每一步操作都慎之又慎，这些工作是保证样品不受污染且能发挥最大科学价值的前提（见图2）。月球样品实验室的主要工作如下。

1. 月球样品解封

接收到样品罐子后，实验室面临的第一项重大问题，就是解封在月表真空环境下封装的罐子。样品解封就是打开装有样品的罐子盖体，这项操作是在“月球样品解封操作台”的真空解封舱中完成的。由于月球样品是在月球的真空环境下进行采集和封装密封的，因而也必须在真空环境下解封，以便在样品罐子的内外压力平衡下打开罐子盖体。真空解封舱可以为样品解封提供无水、无氧、无有机气体的高真空环境。经过消毒处理的样品罐子，在真空解封舱内由解封机构在高真空环境下打开样品罐子的盖子，自动完成解封操作。

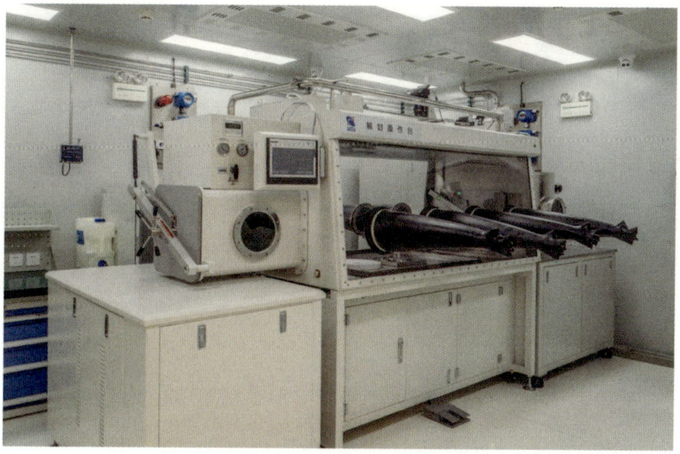

图 1　月球样品解封操作台

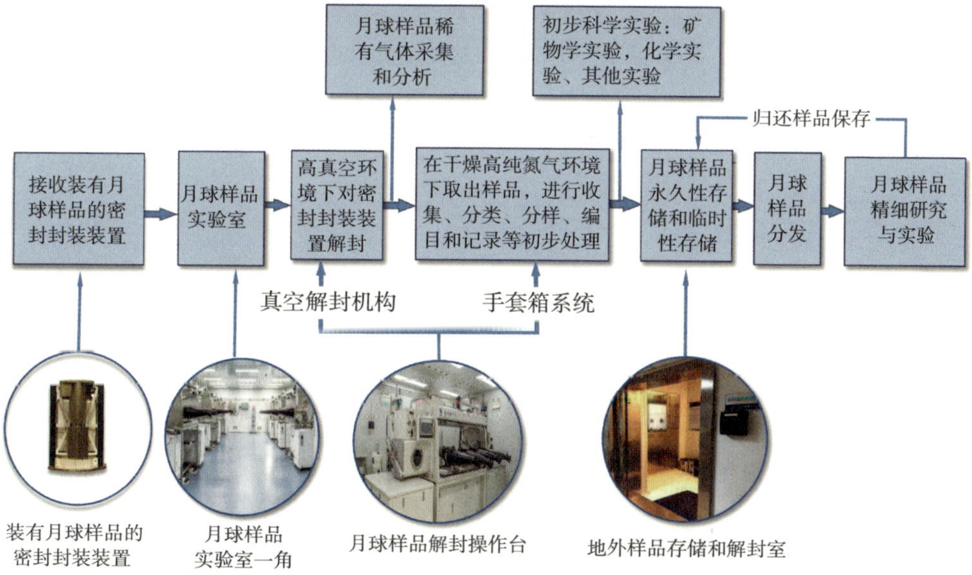

图 2　月球样品处理和存储流程示意图

2. 稀有气体采集和分析

当打开月球样品罐子的盖子，将月球样品暴露在高真空环境时，月球样品中的稀有气体会扩散至真空解封舱内。此时，利用气体采集装置对月球样品释放的稀有气体进行采集，然后利用气体分析仪器对稀有气体进行成分分析。

3. 取出月球样品并进行初步处理

这项操作是在“月球样品解封操作台”的样品处理舱中进行的，样品处理舱是用于处理月球样品的特殊的手套箱，舱内充满干燥的高纯氮气并且压力始终不低于设定值，以维持舱内正压状态。由于氮气在化学性质上的惰性，不会与月球样品发生化学反应，因而可以保证原始样品原有的状态，确保月球样品不会受到污染。完成月球样品的解封和气体采集分析后，打开真空解封舱与样品处理舱之间的真空阀门，当两个舱之间的压力达到平衡时，打开真空解封舱和样品处理舱之间的舱门，利用真空传送机构将打开盖体的月球样品罐子送至样品处理舱内，然后关闭舱门使两舱彼此封闭，随后研究人员在干燥的高纯氮气环境下，按照操作程序，在样品处理舱内从打开盖子的样品罐子中取出月球样品，进行样品处理的下一步工作（见图3）。从月球取回的样品按照采样方式有两类，一类是用铲子从月球表面采集的样品，另一种是通过钻具钻取的月面以下的样品。铲取样品和钻取样品存在不同的研究价值，因此，研究人员要分门别类地进行样品分样，然后对每一份分出来的子样品进行收集、分类、编目和初步处理，并将相关信息记录在月球样品数据库中。完成这些操作后，月球样品将在高纯氮气环境下密封于不锈钢容器内，随后送入永久存储和临时存储装置中进行保存。

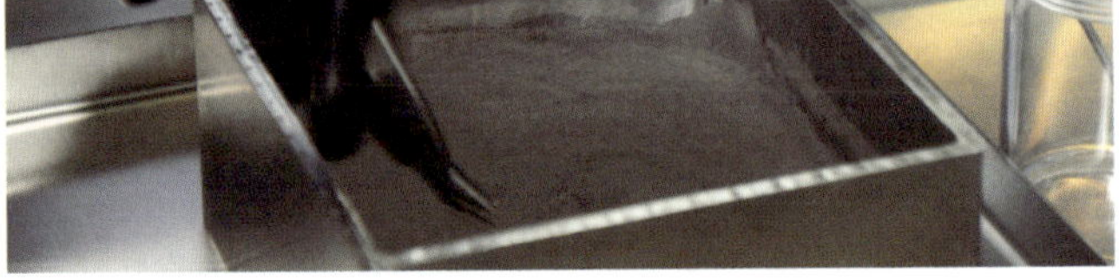

图3 研究人员通过手套箱系统对月球样品进行初步处理

4. 月球样品存储

月球样品存储在“地外样品存储和解封室”中，这是一个超净实验室，室内空气的尘埃粒子数、温度、湿度等都受到实时监测。实验室内有专门保存月球样品的手套箱，铲取样品和钻取样品分别保存在不同的手套箱中，手套箱具备干燥高纯氮气环境，箱内压力略高于外部压力，使外部空气无法渗入箱内，以使样品不会受任何外界污染。月球样品按两种类型保存：一种是作为原始样品存储在永久保存的手套箱中；第二种是存储在临时保存装置中（见图4），临时存储的样品可能会用于分发、研究或展示，或者是已经进行了某些科学分析的月球样品。

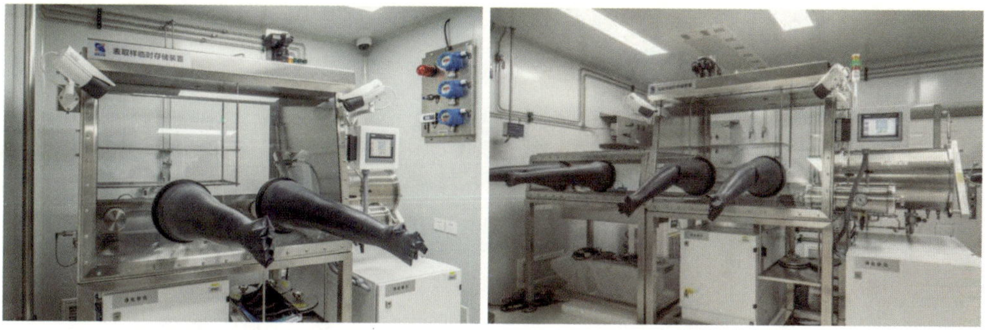

铲取样品临时存储装置　　钻取样品临时存储装置

图4　月球样品临时存储装置

5. 开展初步的月球样品试验

完成样品的初步处理和存储后，就可以进行下一步的研究工作了，比如利用显微观察操作台对样品进行拍照，对样品特征进行描述；利用X射线荧光分析仪、光谱仪、扫描电镜和电子探针等科学设备，开展月球样品的物理性质分析、化学成分与结构分析等。

6. 月球样品的分发和精细研究

月球样品主要存储在国家天文台月球样品实验室，全国需要月球样品开展科学研究的机构可以按规定和程序申请借用样品。月球样品实验室将按规定集中分发月球样品，通过评审的机构完成借用程序后可获得样品开展精细研究。借用单位须具备保存和使用月球样品的条件，用后归还样品。通过月球样品分发，将使更多科研机构参与到月球样品的研究中。

通过上面的操作，嫦娥五号探测器从月球采集回来的珍贵样品，不但可以长期保持极高的科学研究价值，而且可以提供给全国各相关研究和教育机构使用，发挥巨大的科学价值和社会效益。

相关链接

月球样品解封操作台

月球样品解封操作台是中国科学家为解决月球样品解封和处理问题研制的专用设备，主要由真空解封舱、样品处理舱、过渡舱以及气体净化系统和控制系统等组成，各舱之间通过舱门彼此相通和封闭。真空解封舱用于月球样品解封，装有月球样品的罐子通过真空解封机构在高真空环境下进行自动解封，解封后的罐子通过真空传送机构送至样品处理舱。样品处理舱用于月球样品的取出、分样处理等操作，样品处理舱是一种处理月球样品的特殊的手套箱，研究人员通过手套箱系统在高纯氮气环境下对样品进行取出和处理操作。气体净化系统和控制系统用于提供高真空和高纯氮气环境，通过高真空和高纯氮气环境交替方式，使月球样品在整个解封及处理过程中始终处于高真空环境或高纯氮气环境中，以解决防污染难题。

手套箱

手套箱是通过多次的抽取真空、将高纯惰性气体充入箱体内进行置换，循环过滤掉其中的活性物质，达到高纯无水、无氧、无有机气体的氮气环境条件下的实验室设备。其主要由主箱体、过渡舱、气体净化系统和PLC自动控制系统等组成。主箱体内可以保持超纯环境，箱体上有两个或多个手套操作接口，与塑胶手套密封相接，研究人员通过手套进行分样、切割、称量等操作。过渡舱作为主箱体与箱体外的过渡空间，实验样品通过过渡舱从外部进入主箱体，密封门和阀门能够有效地隔绝主箱体与外界的联系，使实验样品能够在主箱体与大气隔绝的情况下进出，从而保证主箱体内的超纯环境。

参考文献

[1] 吴启鹏，张广良，王春勇，等. 我国月球样品的处理和保存[J]. 真空科学与技术学报，2017，37(9).
[2] 吴启鹏，付朝晖，王春勇，等. 月球样品解封操作台[J]. 真空与低温，2021，27(1).

97 嫦娥五号取回的月球样品保存在哪里？

2020年11月24日，嫦娥五号探测器发射入轨，在历经23天的月球样品采集之旅后，嫦娥五号返回器于12月17日携带从月球采集的1731克样品，成功着陆于内蒙古四子王旗预定区域，随后科技人员顺利取出了装有月球样品的容器。12月19日，国家航天局举行探月工程嫦娥五号任务月球样品交接仪式，将装有月球样品的容器移交给地面应用系统，嫦娥五号任务由工程实施阶段转入科学研究阶段，我国首次地外天体样品存储、处理、制备、分析和研究拉开序幕。

人类从月球采集回来的月球样品极其珍贵，科学价值无法估量。月球样品来到地球，首先面临的重大挑战就是如何在地球环境下保持原始状态，防止受到地球环境的污染，并充分发挥它的最大价值。为妥善保存、管理和使用月球样品，发挥科研价值与社会效益，2021年1月，国家航天局制定了《月球样品管理办法》，规定国家航天局探月与航天工程中心（简称探月中心）负责月球样品的具体管理工作，中国科学院国家天文台作为主存储机构负责保存和管理月球样品。同年7月，国家航天局宣布在湖南韶山设立了月球样品的备份存储机构，确保月球样品在地面安全存储。

2020年12月19日，嫦娥五号任务月球样品正式落户探月工程地面应用系统的大本营——位于北京的中科院国家天文台，在这里月球样品被解封、分类、处理、制备、存储和建档，并组织开展月球样品的基础分析和研究活动，建立月球样品信息库。为了完成月球样品的存储和管理这一重大任务，地面应用系统专门设置了样品存储、制备与处理分系统，并在国家天文台建设了“月球样品实验室”，加强了月球样品存储、处理和分析的科研力量。月球样品实验室由地外样品存储和解封室、地外样品制备室、地外样品处理与物性分析室等实验室组成，来自月球的样品，将在这里得到安全解封、科学处理和妥善存储。

嫦娥五号带回来的月球样品包括通过铲取方式采集的月面样品和通过钻取方式采集的月面以下样品，月球样品实验室将按照铲取样品和钻取样品分别存储在相应的永久存储装置和临时存储装置中。保存在永久存储装置中的月球样品，将作为原始样品封存，不再用于研究、展示或分发；保存在临时存储装置中的月球样品，未来将会用于分发、科学研究和公益活动，或者是已经进行了某些科学分析之后归还的样品。地面应用系统为月球样品分门别类地设计建设了存储装置，所有样品都保存在干燥的高纯氮气环境中，以防止地球环境对月球样品的污染（见图 1、图 2）。

钻取样品（已分割成段）

铲取样品分样

图 1　嫦娥五号获得的月球样品

月球样品按照用途分为 4 种类别，其中，永久存储类样品、备份永久存储类样品作为原始样品被封存；研究类样品用于相关科学研究；公益类样品用于教育、科普和展览等公益活动（见表 1）。月球样品除了保存在国家天文台的月球样品实验室和备份存储机构外，还借给相关科研机构、高等院校和公益机构等单位，以便开展广泛深入的科学研究，或用于教育和科普等活动，由借用单位临时保存。这些借用机构需要具备妥善保存和使用月球样品的条件，并按照《月球样品管理办法》通过专家委员会评审并完成样品借用的所有程序，方可借用月球样品。国家天文台会按规定的程序开展月球样品的分发、返还和处置等工作，研究类样品借用期一般不超过 1 年，公益样品借用期一般不超过两个月。

编号CE5Z0204YJYX005，取样方式：钻取，样品特征：玄武岩，质量：17.4毫克

编号: CE5C0000YJYX072，取样方式：铲取，样品特征：角砾质岩屑，质量：17.4毫克

编号: CE5C0600，取样方式：铲取，样品特征：细粒月壤，质量：446504毫克

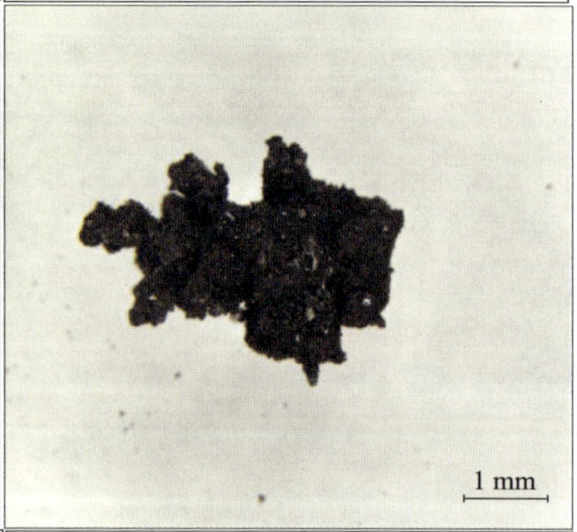

编号: CE5C0800YJYX142GP，取样方式：铲取，样品特征：细粒月壤，质量：6.3毫克

图 2　嫦娥五号采集的各种各样的月球样品

2021 年 7 月 12 日，国家航天局探月中心发放了第一批月球科研样品，来自中国科学院国家空间科学中心、地质与地球物理研究所、中国地质大学、中山大学等 13 所科研机构提交的 31 份申请通过审核，总共发放了 17.4764 克样品。2021 年 10 月 20 日，探月中心公布第二批月球科研样品发放公告，北京大学、清华大学等 17 家科研机构提交的 51 份借用申请获得通过，总共发放 17.936 克样品。

表 1　嫦娥五号月球样品分类

采样方式	分样份数	基础用途	存储地点 / 样品形态
铲取样	分成 10 份	永久存储样品	北京
		永久存储样品	湖南
		研究样品	岩屑样、粉末样
		公益样品	岩屑样、粉末样
钻取样	先分成段 每段分成 10 小节	永久存储样品	北京
		永久存储样品	湖南
		研究样品	岩屑样、粉末样
		公益样品	岩屑样、粉末样
说明：铲取样分成 10 份；钻取样分割成段，每段长 15 厘米，再细分成 10 小节，每节长 1.5 厘米。			

98 月球样品里真的有玻璃吗?

月球上存在玻璃？嫦娥五号月采集的样品中真的有玻璃吗？这好像是一个很奇怪的问题。不过，我要告诉你，嫦娥五号从月球上采集的月球样品中，确实有玻璃质物体。比如，中国探月工程地面应用系统在“月球与行星数据发布系统”网站上公布的CE5C0000YJYX005号月球样品，其样品特征就是“玻璃珠”（见图1），矿物组成为玻璃质；又如编号为CE5C0800YJYX007GP的样品，其样品特征为玄武岩，矿物组成为辉石、斜长石、钛铁矿和橄榄石等，而样品颗粒部分被玻璃覆盖。嫦娥五号采集的月球样品中，有若干样品被玻璃覆盖，可见月球上确实存在玻璃质物体。

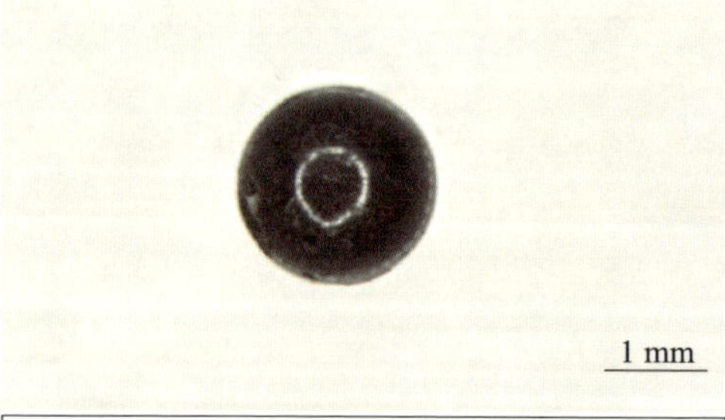

样品编号：CE5C0000YJYX005，铲取样，特征：玻璃珠，质量：1.2毫克，粒度：0.8～1毫米，颜色：黑色，矿物组成：玻璃质

样品编号：CE5C0000YJYX104，铲取样，特征：角砾岩，粒度：2～3毫米，颜色：灰黑色，矿物组成：辉石、斜长石、钛铁矿、橄榄石等。样品说明：角砾岩，玻璃含量高

图1　嫦娥五号探测器从月球采集的样品

不过，“玻璃”并非仅仅是人们在日常生活中看到的人造玻璃。从科学意义上讲，“玻璃”是指由物质熔融后快速冷却，因黏度逐渐增大而形成的具有固体机械性质的无定形物体，其内部原子或分子的排列无周期性，呈非晶态固体结构。在我们的生活中常见到的“玻璃”，通常是硅酸盐玻璃，如建筑玻璃、汽车玻璃，以及玻璃水杯、花瓶和镜子等玻璃制品，这些玻璃是现代工业的产物，一般以石英砂、纯碱、长石和石灰石等为原料，经过原料

混合、高温熔融、匀化，加工成型，再经退火处理而制成。

嫦娥五号采集的月球样品中含有较为丰富的玻璃质，它们是在月球漫长的演化进程中，经过“高温熔融”和“快速冷却”等过程后自然形成的，并且最有可能来自月球火山喷发以及外来天体高速撞击月球表面导致的月球物质高温熔融，然后快速冷却，从而自然形成玻璃质，由于组成玻璃质的成分不同，其可呈黑色、褐色、绿色、白色和黄色等多种颜色。

月球火山爆发可能是形成月壤中的玻璃质的原因之一。很多科学家认为月球火山活动始于月球形成初期，在大约10亿年前基本结束，还有科学家认为月球上还有更年轻的火山，活动结束时间要晚得多。根据嫦娥五号采集的月球样品分析，中国科学家推测嫦娥五号着陆区历史上可能多次发生过火山喷发活动。月球火山喷出的高温熔岩，经过迅速冷却，会形成无定形的火山玻璃，而来自火山岩区的月壤，其玻璃质成分可达50%以上。

小行星撞击月球表面是形成月壤玻璃质的另一原因。月球没有大气层，外来的小行星可以在月球引力下，不受任何阻力地高速撞击月面，撞击产生的巨大热量将瞬间熔化甚至气化月球表面物质，并使大量物质向四周溅射。撞击形成的熔融物质，不论留在撞击坑内还是溅射到周围地区，都将迅速冷却，使其经过高温熔融后快速冷却淬火的过程，从而形成撞击熔融玻璃。

至于嫦娥五号采集月球样品中的玻璃来自何方，中国科学家给出了答案：嫦娥五号采集的月壤中主要具有火山玻璃与撞击熔融玻璃两种玻璃，暗示嫦娥五号采样点玻璃成因存在有火山喷发与小行星撞击两种作用。

99 探月工程的科学成果面向全球公布吗？

从嫦娥一号到嫦娥五号月球探测器，中国发射的5个月球探测器获得了大量的科学探测数据，这些数据包括从月球轨道上对月球开展遥感探测，在月球表面进行就位探测，对宇宙空间进行观测，以及从月球上采集1731克月球样品形成的各类科学数据产品。

探月工程获得的大量数据已经在中国探月与深空探测网（www.clep.org.cn）“深空探测科学数据发布系统”和月球与行星探测工程地面应用系统网（moon.bao.ac.cn）的“月球与行星数据发布系统”（见图1）上公开发布。早在2015年，嫦娥一号有效载荷的所有2级和3级科学数据、嫦娥二号有效载荷的3级数据以及嫦娥三号有效载荷的2级科学数据就已对外开放，全球范围的用户在网站注册后，可以登录网站查询或下载所需的科学数据。截至2022年2月，开放并发布的科学数据已扩大到从嫦娥一号到嫦娥四号全部有效载荷不同级别的科学数据，以及嫦娥五号有效载荷的1级科学数据，用户

图1　月球与行星数据发布系统

登录网站可以查询和下载所需数据。除此之外，在发布的科学数据中，有一些数据处于专有期，如嫦娥五号有效载荷的2级科学数据在2022年2月仍处于专有期，对于这些数据，在专有期结束之前，用户须通过网站向探月与航天工程中心（简称“探月中心”）提交申请，在得到批准后，可以获得所需数据；而对于国外用户，在相关国家政府或国际组织签署合作协议，经探月中心报国家航天局批准后，也可以获得科学数据。

“月球与行星数据发布系统”公开发布的科学数据产品十分丰富，让我们进入这个网上发布系统，浏览了解嫦娥探月工程取得的辉煌成果。

首先，我们可以先进入发布系统的“科学数据”栏目，在这个网络栏目下，您可以分别进入嫦娥一号到嫦娥五号等五个探测器的数据库中。每个探测器之下，又按照不同的有效载荷设置了科学数据产品的目录。比如，嫦娥一号有八个有效载荷，你可以按8台有效载荷查询数据产品目录，并根据需要下载所需的科学数据产品。迄今已发布的嫦娥一号数据文件58157个，发布数据总量1010 GB。

随后，我们可以进入“PDS卷集”栏目，这里按照PDS格式发布嫦娥探测器的科学数据。PDS（即“行星科学数据系统”）是在国际深空探测领域广泛推广采用的一种数据存储标准，PDS格式的数据产品是用标签标识的、科学观测结果的集合。在嫦娥科学数据中，主要包括图像和表格两种数据形式，而每个PDS数据产品所含数据极其丰富。

我们再到“GRAS Moon”栏目中转转，这里展示的是地面应用系统开发的基于网络地理信息系统（WebGIS）的二维和三维月球影像、地形以及其他多种数据的浏览系统。GRAS Moon以一种可交互的形式面向用户提供全月球地图数据服务，实现全月范围内的数据漫游、月球地名查询、基础地理分析、数据下载及基本制图等功能。此外，这个数据发布系统还为用户提供了浏览嫦娥三号与嫦娥四号全景相机获取的月球表面全景影像的工具，通过交互式的操作，用户可以进行360度沉浸式的月球表面环境的漫游，观看和查询月球表面形貌和地形特征细节。

最后，让我们来找一找月球样品信息。进入“月球样品”栏目，你可以看到每份月球样品的照片，可以了解每一份样品的编号，根据编号，你就可以知道这份样品是嫦娥五号的铲取样品还是钻取样品，是永久存储样品、备份永久存储样品、研究样品，还是公益样品；通过样品说明信息，您还可以了解样品的颜色、质量和粒度；样品特征是玄武岩、角砾岩、角砾岩石屑，还是细粒月壤或玻璃颗粒；样品的主要矿物是辉石、橄榄石，还是长石等；在这里你还能知道每份样品的使用状态，是已经被借用了，还是可以被借用，等等。“月球样品”栏目还提供了借用和返还月球样品的流程说明以及申请借用的渠道。

发布探月工程获得的丰富的科学探测成果，有助于更多的研究机构和科学家参与空间科学和月球科学研究之中，对于推进中国空间科学发展，促进人类认识月球、认识宇宙，具有重要意义。

100 怎样对月球表面上的地理实体命名?

在月色皎洁的夜晚，举头望月，我们可以看到月亮之上洁白光莹、平坦如镜的区域，也可以看到的月亮表面暗黑色斑块状的区域，暗色镶嵌于光洁月亮上，勾勒出一只“玉兔”的形象。实际上，月球与地球一样，也有开阔的平地、高原、连绵不断的山脉、笔直陡峻的崖壁和幽深的大沟，还布满了大大小小的环形坑。

公元1609年，意大利科学家伽利略制造出人类历史上第一架按照科学原理设计的天文望远镜，利用这台望远镜，他亲手绘制了第一幅月面图。这幅月图显示月球表面既不平坦、又不光洁，有延绵的山脉和巨大的环形坑。那时的望远镜分辨率很低，以至伽利略和当时欧洲的天文学家们，都以为月球与地球一样，分布着江河湖海，那些暗黑色区域便是月球上的“海洋”，所以他们用海、洋、湾、湖、沼、溪等来给月球的地形单元命名。随着望远镜分辨率的提高和航天技术的发展，人们后来才认识到月球上的“海”是地势较低的宽广平原，由于“海面”被阳光反照率较低的玄武岩所掩盖，因而看上去呈暗黑色；洁白光亮的区域是高出月海的高地或月陆，由于被浅色的斜长岩覆盖，对阳光的反照率较高，所以肉眼看上去洁白发亮。

月海和月陆是月球上最主要的两种地形。除了月海和月陆，月面上有很多弯弯曲曲延绵数百千米、宽度达几千米到几十千米的暗色裂缝，人们把较宽的峡谷称之为“月谷”，而把较细长的小谷称之为“月溪”。月球表面还有许多绵延险峻的山峰带，有的高度可达7-8千米，人们把它们称为山脉或山系；而月球上大大小小的环形构造难以计数，统计表明，直径大于1千米的环形构造总数超过了33000个，这些环形构造称为环形坑，由于它们是小天体猛烈撞击月面形成的，因而也称为撞击坑。

从伽利略生活的时代开始，欧洲天文学家们就陆续对月球上的山脉、月海、月洋等进行命名。1651年，意大利的两位物理学家和天文学家格里马尔迪（Grimaldi）与利奇奥里（Riccioli）绘制的一幅标注着地理名称的月图，这幅月图成为那时为月球命名的参考基础，对以后的命名产生了巨大影响（见图1）。

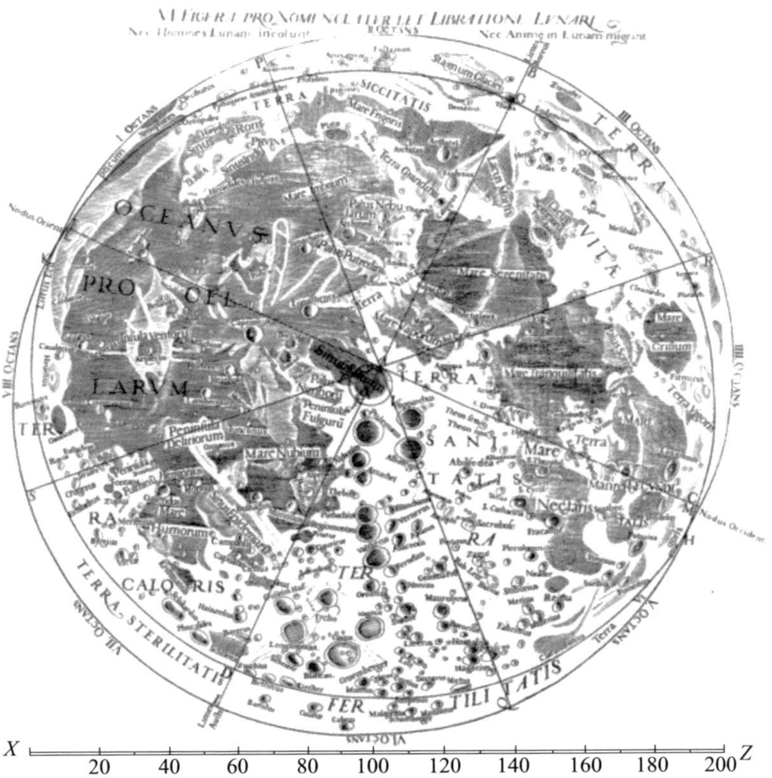

图1　格里马尔迪与利奇奥里于1651年绘制并标注地理名称的月图

数百年来，人们主要对月球朝向地球的一面（月球正面）的区域进行命名，1959年苏联发射了月球3号探测器，首次拍摄到月球背面的照片，尽管照片质量很差，但苏联迅速为新发现的月球特征命名，如齐奥尔科夫斯基环形坑和莫斯科海，从此月球背面的地形单元也有了自己的名称。早期对月球进行命名时，由于参与命名的国家多、语种多，存在多个月球命名系统的混乱现象。1919年，国际天文学联合会（IAU）首次介入命名工作，以规范月球命名系统，并提供了单一、可靠的表面地理实体名称官方目录。从 1935 年开始，国际天文学联合会月面地名命名委员会相继对这些地名进行了整理，逐一确认，并于当年形成了第一个系统性的月球地名列表《已命名月球形貌》。目前，国际天文学联合会是月球命名的唯一裁决者，来自世界各地的命名申请和各种各样的名字，要先提交给国际天文学联合会，经过批准后才可正式命名。

为了科学命名月面上的名称，国际天文学联合会确定了月球地理实体命名类型，包括环形坑、月海、月湖、月沼、月湾、月洋、山脉、峭壁、月谷、山脊、坑链、月溪和卫星坑（指根据附近较显著的环形坑名称来命名的环形坑）。按照命名的规则和惯例，对环形坑、坑链和月溪，采用已故科学家、哲学家、数学家和探险家等人名来命名；对于月海、月湖、月沼、月湾和月洋，采用描述天气现象和其他抽象概念的拉丁词汇命名，比如雨海、风暴洋、虹湾和宁静海等；对峭壁和月谷，采用附近的环形坑或其他地形来命名；对于山脉，用地球上的山脉、附近的环形坑名称或已故科学家人名来命名，比如伽利略就用他家乡的亚平宁山脉来为月球最大的山脉命名；而对航天器着陆区则可自由命名。

为了规范月球、行星及其卫星的命名，国际天文学联合会还制定了命名规则。例如，对地理实体的命名，首先要考虑简单、清晰和明确；只有地理实体具有特殊的科学意义，并且命名对科学和制图界有用时才可以进行命名；对于最长尺寸小于 100 米的地理实体，一般不给予正式名称；不使用具有政治、军事或宗教意义的名称（19 世纪之前的政治人物除外）；命名在名称的选择上应体现国际化；不鼓励在两个或多个天体上重复使用相同的地理实体名称等。

按照国际天文学联合会的规则，我国对月球地理实体进行命名时，充分体现了命名的科学意义。例如，对嫦娥五号着陆区地理实体的命名（图 2），有助于从多个尺度层级上对着陆区进行系统性描述：延绵 65 千米的华山（Mons Hua）在较大范围提供了嫦娥五号着陆区的方位参考；边界清晰的衡山（Mons Heng）则进一步明确了嫦娥五号着陆点的位置；裴秀坑（Pei Xiu）和刘徽坑（Liu Hui）为这两座山建立了有机的联系，提供了更丰富的位置参考信息；沈括坑（Shen Kuo）和宋应星坑（Song Yingxing）则大概标示出了原先工程上确定的预选着陆区的东侧边界；而直径约为400米的徐光启坑（Xu Guangqi）是嫦娥五号着陆点附近形貌特征最为显著、最容易辨认的环形坑，具有很好的位置标示作用。

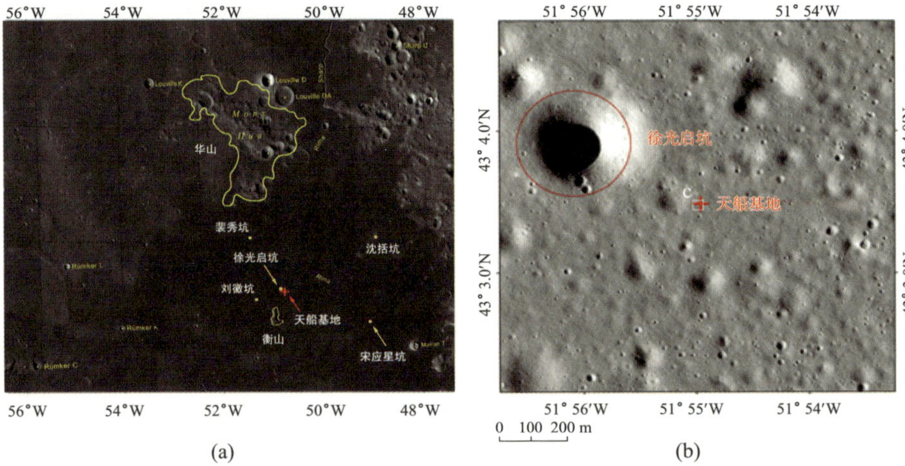

图2 嫦娥五号着陆区附近月球地理实体名称

101 月球上有多少以中国元素命名的地理实体？

数百年来，人类已赋予月球9000多个地名，其中绝大多数以欧、美、俄等国的元素来命名。一方面，由于人类利用望远镜对月球进行天文观测起源于欧洲，欧洲天文学界进行了长期的月球观测，持续不断地命名了很多地形单元。另一方面，20世纪六七十年代，美国和苏联利用月球探测器开展了大量的探测活动（美国九十年代至今再次进入探月“活动期”），两个航天大国由此以本国元素赋予月球大量名称。

截至2021年年底，以中国元素命名的月球地理实体有36个（见表1），其中16个是国际天文学联合会本着命名应体现国际化的原则确定的，20个是中国科学家依据探月工程的成果自主申请命名的。从1970年到2006年，国际天文学联合会按照国际化原则批准了16个以中国元素命名的月球地理实体，其中包括以中国古代神话人物嫦娥、战国时期天文学家石申、东汉时期天文学家张衡、南北朝时期的数学家祖冲之、元代天文学家和水利工程专家郭守敬，以及中国现代天文学家高平子（1888.12.23—1970.3.23）命名的12个环形坑，还有以中国男子和女子姓名景德、万玉和宋梅命名的2个环形坑和2条月溪。

2007年，中国发射了首颗月球探测器嫦娥一号卫星，随后开始依据探月工程的探测成果，自主申请命名月球地理实体名称。至2021年，已有20个名称分四批获得国际天文学联合会的批准。2010年8月2日，国际天文学联合会批准了中国科学家依据嫦娥一号获得的月面影像数据首次申请的名称，将月面上的三个环形坑分别以东汉时期蔡侯纸的发明者蔡伦、北宋时期活字印刷术的发明者毕昇和新中国首任中国科学院紫金山天文台台长、天文学家张钰哲（1902.2.16—1986.7.21）的名字命名，实现了中国月球探测工程科学应用成果在月球地理实体命名上零的突破。

表 1　以中国元素命名的月球地理实体名称（截至 2021 年年底）

	英文地名	中文地名	直径 / 千米	中心纬度	中心经度	批准时间	地形特征	命名来源
国际天文学联合会本着命名体现国际化的原则批准的名称（16 个）								
1	Kuo Shou Ching	郭守敬坑	33.48	8.1	−134.66	1970	环形坑	元代天文学家、水利工程专家、数学家
2	Chang Heng	张衡坑	42.65	18.9	112.21	1970	环形坑	东汉天文学家、数学家、文学家
3	Shi Shen	石申坑	46.52	75.78	104.13	1970	环形坑	战国中期天文学家，著《天文》八卷
4	Tsu Chung-Chi	祖冲之坑	28.53	17.16	145.16	1970	环形坑	南北朝时期的数学家、天文学家
5	Wan-Hoo (Van-Gu)	万户坑	53.28	-9.96	−138.91	1970	环形坑	试验利用火箭飞天的明代发明家
6	Ching-Te	景德坑	3.7	20.02	29.97	1976	环形坑	中国男子名称
7	Chang-Ngo	嫦娥坑	2.34	−12.69	−2.16	1976	环形坑	中国古代神话中的人物
8	Rima Wan-Yu	万玉月溪	13.72	19.98	−31.43	1976	月溪	中国女子名称
9	Kao Ping-Tse	高平子坑	34.54	−6.71	87.81	1982	环形坑	中国现代天文学家
10	Sung-Mei	宋梅坑	4.97	24.58	11.28	1985	环形坑	中国女子名称
11	Rima Sung-Mei	宋梅月溪	3.88	24.59	11.28	1985	月溪	同上
12	Chang Heng C	张衡 C 坑	19.9	20.38	113.93	2006	环形坑	同 2
13	Shi Shen P	石申 P 坑	21.26	71.64	96.82	2006	环形坑	同 3
14	Shi Shen Q	石申 Q 坑	33.85	73.99	96.18	2006	环形坑	同 3
15	Tsu Chung-Chi W	祖冲之 W 坑	24.46	18.55	143.8	2006	环形坑	同 4
16	Wan-Hoo (Van-Gu) T	万户 T 坑	21.22	−10.18	−141.13	2006	环形坑	同 5

续表

	英文地名	中文地名	直径 / 千米	中心纬度	中心经度	批准时间	地形特征	命名来源
中国自主申请命名并获得国际天文学联合会批准的名称（20 个）								
17	Bi Sheng	毕昇坑	55.27	78.35	148.46	2010	环形坑	北宋发明家，活字印刷术发明者
18	Cai Lun	蔡伦坑	44.89	80.12	113.66	2010	环形坑	东汉发明家，蔡侯纸发明者
19	Zhang Yuzh	张钰哲坑	38	-69.07	−137.82	2010	环形坑	中国现代天文学家
20	Guang Han Gong	广寒宫	0.08	44.12	−19.51	2015	着陆点	中国古代神话中位于月亮上的宫殿
21	Tai Wei	太微坑	0.48	44.15	−19.49	2015	环形坑	中国古代天文学的星官名
22	Tian Shi	天市坑	0.47	44.1	−19.45	2015	环形坑	中国古代天文学的星官名
23	Zi Wei	紫微坑	0.42	44.12	−19.52	2015	环形坑	中国古代天文学的星官名
24	Statio Tianhe	天河基地	0.01	−45.45	177.60	2019	着陆点	中国古代赋予银河的名称
25	Zhinyu	织女	3.8	−45.34	176.15	2019	环形坑	中国古代天文学的星官名
26	Hegu	河鼓	2.2	−46.30	177.57	2019	环形坑	中国古代天文学的星官名
27	Tianjin	天津	3.9	−44.93	178.81	2019	环形坑	中国古代天文学的星官名
28	Mons Tai	泰山	24	−44.56	175.83	2019	山	中国山脉，位于山东，为五岳之一
29	Statio Tianchuan	天船基地	0.04	43.06	−51.92	2021	着陆点	中国古代天文学的星官名
30	Mons Hua	华山	65	45.71	−52.26	2021	山	中国山脉，位于陕西，为五岳之一
31	Mons Heng	衡山	10.6	42.56	−52.12	2021	山	中国山脉，位于湖南，为五岳之一
32	Pei Xiu	裴秀坑	2.2	44.06	−52.75	2021	环形坑	魏晋时期地图学家，著《禹贡地域图》
33	Shen Kuo	沈括坑	0.9	44.0	−49.41	2021	环形坑	北宋科学家，著《梦溪笔谈》
34	Liu Hui	刘徽坑	1.5	42.88	−52.61	2021	环形坑	魏晋时期数学家，著《九章算术注》等
35	Song Yingxing	宋应星坑	1.8	42.34	−49.65	2021	环形坑	明末科学家，著《天工开物》等
36	Xu Guangqi	徐光启坑	0.4	43.06	−51.93	2021	环形坑	明代科学家，著《农政全书》等

此后，国际天文学联合会先后于2015年10月、2019年2月和2021年5月，三次批准中国科学家提出的月球地理实体命名的申请，使中国申请命名的月球地理实体达到20个。这些名称包括：依据中国嫦娥三号探测成果提出，以“广寒宫”命名的嫦娥三号着陆点，以及“广寒宫”附近以紫微、天市和太微命名的3个环形坑（见图1）；依据嫦娥四号探测成果提出，以“天河基地”命名的嫦娥四号着陆点，以及“天河基地”附近以织女、河鼓和天津命名的三个环形坑（见图2）；依据嫦娥五号探测成果提出，以“天船基地”命名的嫦娥五号着陆点，“天船基地”附近以中国南岳“衡山”和西岳“华山”命名的两座月球山，以及用裴秀、沈括、刘徽、宋应星和徐光启命名的五个环形坑。其中，“广寒宫”是中国古代神话传说中月亮上的宫殿，紫微、天市和太微是中国古代天文学中“三垣”中的星官名，织女、河鼓、天津和天船（意为“天上的船”）则是中国古代天文学“二十八宿”中的星官名，而裴秀、沈括、刘徽、宋应星和徐光启都是中国古代著名的科学家。在对这些地理实体命名时，采用了我国古代“三垣四象二十八宿”天文星图中的星官命名法，还选择了家喻户晓的神话传说“牛郎织女”及相关人物。

国际天文学联合会除了批准中国科学家提出的20个月球地理实体名称外，还将中国提出的12个名称作为推广使用的月球地理实体名称。这12个地理实体的尺寸均小于100米，位于嫦娥三号着陆点附近，中国科学家用“二十八宿”中的星官为它们起了名字。按照国际天文学联合会小于100米的地理实体一般不予正式名称的规则，国际天文学联合会建议12个名称作为推广使用的月球地理实体名称，可以用于科学研究与交流、科普以及制图等活动（见表2）。

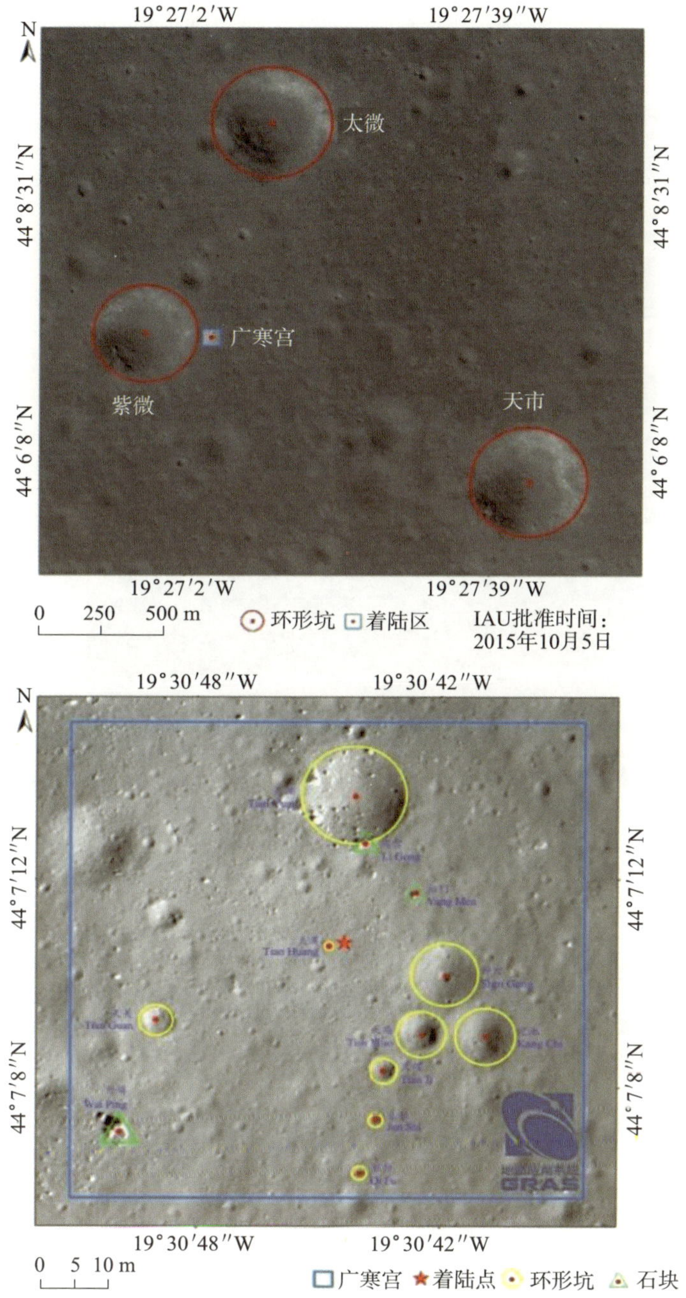

图 1　嫦娥三号着陆区附近月球地理实体名称（上）和推广使用的地理实体名称（下）

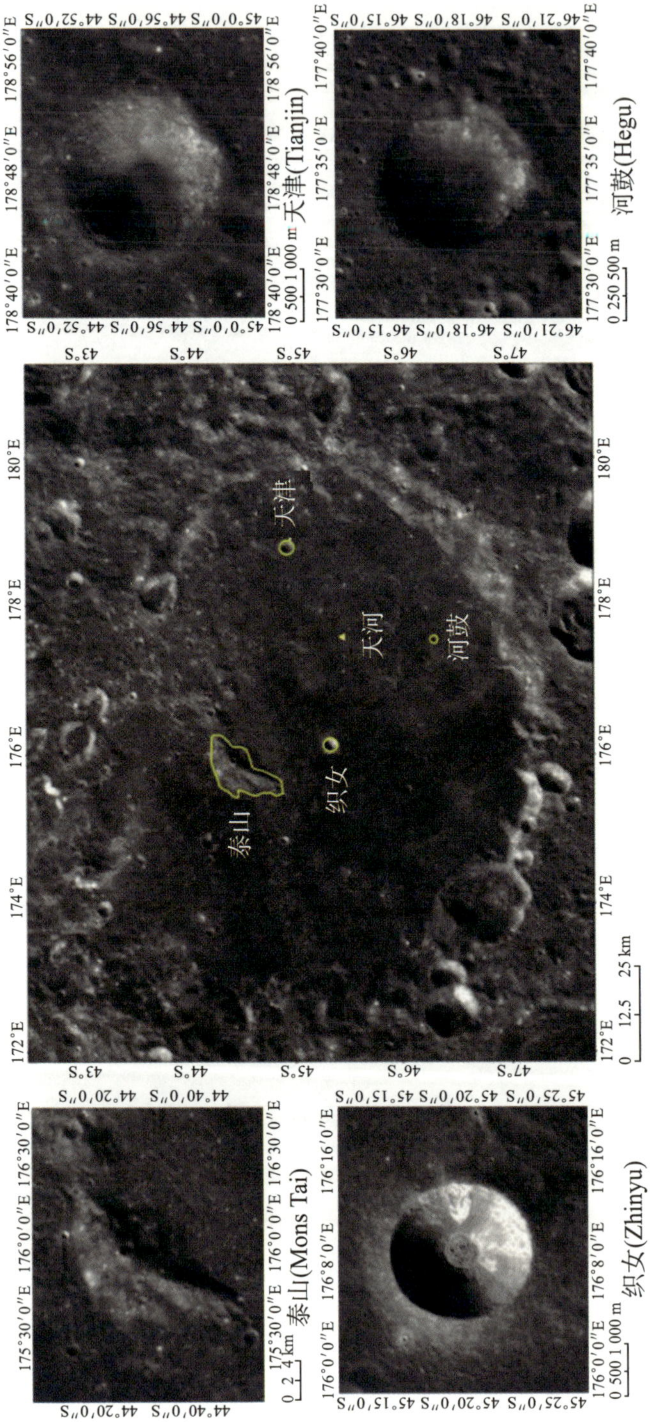

图 2 嫦娥四号着陆区附近月球地理实体名称

表 2　嫦娥三号着陆区推广使用的月球地理实体名称

序号	英文地名	中文地名	直径 / 米	中心纬度	中心经度	地形特征	命名来源
1	Tian Huang	天潢	1.31	44.11964°N	19.51243°W	环形坑	中国古代天文学的星官名
2	Tian Yuan	天渊	15.46	44.12044°N	19.51227°W	环形坑	中国古代天文学的星官名
3	Li Gong	离宫	2.48	44.12019°N	19.51219°W	石块	中国古代天文学的星官名
4	Yang Men	阳门	1.59	44.11992°N	19.51185°W	石块	中国古代天文学的星官名
5	Shen Gong	神宫	9.95	44.11950°N	19.51165°W	环形坑	中国古代天文学的星官名
6	Tian Miao	天庙	7.32	44.11918°N	19.51181°W	环形坑	中国古代天文学的星官名
7	Kang Chi	亢池	9.02	44.11917°N	19.51137°W	环形坑	中国古代天文学的星官名
8	Tian Ji	天稷	3.97	44.11899°N	19.51206°W	环形坑	中国古代天文学的星官名
9	Jun Shi	军市	2.11	44.11873°N	19.51212°W	环形坑	中国古代天文学的星官名
10	Qi Fu	器府	2.16	44.11845°N	19.51222°W	环形坑	中国古代天文学的星官名
11	Wai Ping	外屏	5.20	44.11866°N	19.51388°W	石块	中国古代天文学的星官名
12	Tian Guan	天关	4.92	44.11925°N	19.51360°W	环形坑	中国古代天文学的星官名

相关链接

三垣四象二十八宿

我国古代天文学为了观测天象以及日、月、五星（金、木、水、火、土）的运行，将全天分为三垣、二十八星宿，共三十一个大天区，每个天区以一垣或一宿为主体，并包含其他多少不等的星官。“星官”是中国古代天文学划分星空的基本单位，也就是把一个星空区域内相邻的若干恒星组合在一起，构成一个星群，每个星群都按地上的一种事物或官名起一个名字，称为星官。若干小星官又可组成一个更大的星官，而最大的星官就是三垣和二十八宿，它们即是星官名称，也是天区名称。三垣与二十八宿结合，构成我国古代划分天区的标准。

三垣即太微垣、紫微垣和天市垣，是北天极附近三个比较大的天区，每垣都含若干较小的星官（星群），较小星官之下又包括了数目不等恒星。例如，根据宋代的观测记录，紫微垣共有 39 个星官，每个星官又包括若干恒星，共 344 颗。按照现代星座划分，这些恒星对应着小熊座、天龙座、仙王座、仙后座等十多个星座中的恒星。

二十八宿主要位于黄道带与赤道带两侧，它又按东、西、南、北四个方位平均分为四组，每组七宿，共 28 个天区。每组又与苍龙、白虎、朱雀和玄武（龟蛇）四种动物相配，称为四象，即东方苍龙、西方白虎、南方朱雀和北方玄武。每宿之下又有数目不等的较小星官（星群），较小星官之下还有更小的星官。我们以“河鼓”和“织女”两星官（已用于嫦娥四号着陆点附近两个环形坑的命名）为例，看看二十八宿是如何构成的。在二十八宿中，北方玄武包括斗宿、牛宿、女宿、虚宿、危宿、室宿、壁宿等七宿，其中，第二宿牛宿又包含了十一个星官，即牛、天田、九坎、河鼓、织女、左旗、右旗、天桴、罗堰、辇道和渐台。在这些星官中，河鼓星官包括12颗星，每颗星都以“河鼓”为名，如河鼓一、河鼓二（即牛郎星）、河鼓三等，它们分别对应现代星座划分的“天鹰座”中的12颗恒星。同样，织女星官包括织女一（即织女星）、织女二等7颗星，对应着天琴座的7颗恒星。其他九个星官亦与此类似，只是每个星官包括的恒星数目和位置不同。